普通高等教育“十二五”电子电气基础课程规划教材

电路分析基础习题精练

蒋志坚　李　慧　编

机　械　工　业　出　版　社

本书是配合机械工业出版社2010年4月出版的普通高等教育“十一五”电子电气基础课程规划教材《电路分析基础教程》而编写的习题集，是充分考虑了一般高等院校培养工程应用型人才的特点，组织具有丰富一线教学经验的教师编写的。此习题集不仅对《电路分析基础教程》提供的全部习题进行了详细解答，同时对概念性较强的代表性题目总结了相应的基本理论和基本方法。考虑到一般高等院校学生的电路分析基础比较薄弱，层次参差不齐，补充了一些难度适中的新习题，并对习题的重点、难点、疑点做了相应注释。

本书力求结构简明，难度适中，实用够用。可作为一般高等院校本科电气与信息类专业电路理论课程的辅助教材，也可供其他不同类型院校的师生参考，或作为有志报考相关专业硕士研究生考生的一本复习参考书。

图书在版编目（CIP）数据

电路分析基础习题精练/蒋志坚，李慧编. —北京：机械工业出版社，2012.7（2024.12重印）
普通高等教育“十二五”电子电气基础课程规划教材
ISBN 978-7-111-38633-9

Ⅰ.①电… Ⅱ.①蒋…②李… Ⅲ.①电路分析-高等学校-习题集 Ⅳ.①TM133-44

中国版本图书馆CIP数据核字（2012）第117495号

机械工业出版社（北京市百万庄大街22号 邮政编码100037）
策划编辑：于苏华 责任编辑：于苏华 贡克勤 聂文君 刘琴琴
版式设计：霍永明 责任校对：胡艳萍
封面设计：张 静 责任印制：刘 媛
涿州市般润文化传播有限公司印刷
2024年12月第1版·第9次印刷
184mm×260mm·11.75印张·285千字
标准书号：ISBN 978-7-111-38633-9
定价：29.80元

电话服务 网络服务
客服电话：010-88361066 机 工 官 网：www.cmpbook.com
010-88379833 机 工 官 博：weibo.com/cmp1952
010-68326294 金 书 网：www.golden-book.com

机工教育服务网：www.cmpedu.com

前　　言

机械工业出版社2010年4月出版的普通高等教育“十一五”电子电气基础课程规划教材《电路分析基础教程》是一本电路理论教材，服务对象是一般高等院校，尤其是培养工程应用型人才的工科院校。该书作为电类专业重要专业基础课“电路原理”教学之用，可以使学生掌握电路的基本理论、分析方法和实验技能。

对于电类专业，“电路原理”是极为重要的专业基础课，是学生专业发展的看家本领，其中许多概念看似简单，但真正透彻理解很难，熟练掌握基本的电路分析方法必须下苦功，演练相当的习题。为配合《电路分析基础教程》一书的使用和满足学生专业基础课阶段的实际需求，我们编写了这本习题集。本习题集充分考虑了一般高等院校培养工程应用型人才的特点，组织具有丰富一线教学经验的教师编写。其中，对《电路分析基础教程》提供的全部习题进行了详细解答，对概念性较强的代表性题目总结了相应的基本理论和基本方法。考虑到一般高等院校学生的电路分析基础比较薄弱，层次参差不齐，书中还补充了一些难度适中的新习题，并对习题的重点、难点、疑点做了相应注释。希望本习题集的编写能帮助学生更好地掌握课程教学的重点和难点，扩展解题的思路和技巧，提升电路原理教学的教学效果，提高学生的学习效率。

本书的编写具有以下特点：

1）定位于一般高等院校教学，不追求“高大全”。编写内容首先不求“全”，适用，实用，够用，好用即可；不求“高大”是考虑到所教学生并不是以电路理论为主修专业，编著重点回归电路理论基本概念。

2）习题的解答与《电路分析基础教程》的各章节内容密切配合，进度基本一致，以便读者逐渐深化掌握相应章节讲授的基本概念和基本分析方法。

3）解题过程力求概念清晰，步骤完整，附图丰富，计算准确，同时阐明主要的分析思路和解题方法。对一些概念较强的题目给出多种解题思路，通过比较和相互验证，加深读者对基本概念的理解，扩展解题思路，提高电路分析的能力与效率。

4）书中所用公式、符号和解题风格与《电路分析基础教程》一致。习题的数量、分布考虑了不同层次学生的不同需求，基本从难到易呈正弦分布。对较难的习题，力求用深入浅出的方法加以分析引导。对难点、重点和易于发生错误之处加以注释，提醒并帮助学生深入思考和正确理解。强调基本概念是第一位的，解题技巧是第二位的，力求概念的论述准确、明确，不模棱两可。

蒋志坚负责制订全书的写作框架、写作大纲和写作风格，并负责全书的组织统稿工作，同时编写了第1~5章。李慧编写了本书的第6~10章。北京建筑工程学院电路原理课程建设组全体成员为编好本书提出了不少很好的建议。在此向所有关心本书编写的同志们表示衷心感谢！由于编者的水平和能力有限，加之编写时间仓促，本书的不足之处在所难免，希望读者批评指正。

作者于北京

目　　录

第 1 章　电路的模型与基本概念

【本章学习要点】

本章介绍实际电路，并从实际电路抽象出理想电路；论述电路的基本概念；建立理想化的无源元件、独立电源、受控源等电路模型；分析电路的功率问题；本章的目的是使读者对电路理论有初步认识，并为本课程后续学习打下基础。

学习难点：参考方向；独立电源；受控源。

1.1　实际电路与理想电路

1）实际**电路**是由若干电路元器件连接而成的网络，因此又称电路为**网络**。

2）通过建立电路，人们主要达到两个目的，即**电能的处理与信号的处理**。

3）实际电路一般由 4 部分组成：**电源、负载、控制环节、连接导线**。

4）电路理论对实际电路进行了若干**理想化处理**，得到的是理想化的**电路模型**。

1.2　电路的基本概念

1. 电流及其参考方向

定义：**电流是通过某导体横截面积 S 的电荷对时间的变化率**，用符号 i 表示，基本单位为 A（安培）。

公式表达为

$$i=\frac{\mathrm{d}q}{\mathrm{d}t}$$

显然，电流有方向和强弱的不同。现代科学确定，在金属导体中带负电荷的自由电子流动的方向才是电流的真实方向。但由于历史原因，人们**习惯约定：正电荷的流动方向为电流方向。**

在电路分析过程中准确判断电流的实际方向很困难。首先实际电路复杂，分析者仿佛走入迷宫，对电路各个分支中电流的实际方向很难把握。其次，交流电路中电流的实际方向随时间不断变化，即便确定了某时刻电流的方向，但另一时刻，电流方向仍难以确定。

为解决以上问题，电路理论引入一个重要概念：电流的**“参考方向”**。

定义：**在开始分析电路之前，分析者可以任意设定电路各个分支的电流方向，叫做电流的“参考方向”。**

关于设定电流的参考方向，同学们注意两点：**大胆设定，坚持始终。**

不要怕设定的电流方向是错误的，可以证明：当设定的参考方向与实际方向一致时，电流的计算值为正数；当电流的计算值为负数时，电流的实际方向将与设定的参考方向相反。分析结束，结合参考方向和计算值的正负，总可以准确判断电流的实际方向。坚持始终告诫大家：分析开始前确定的电流参考方向，在分析过程中不要改变。因为随意改变电流参考方向，将使电路方程出现错误。

2. 电压及其参考方向

定义：在电路中，把单位正电荷从 a 点移动到 b 点电场力所做的功定义为 a、b 两点之间的**电压**。用符号 u_{ab} 表示，单位为 V（伏特）。

电压的强弱可用公式表达为

$$u_{ab}=\frac{dw}{dq}$$

电压表达了电场力将电荷移动的能力。电压有大小和方向，一般用 ± 表示两端电压的参考方向，其中“+”号表示电压的高端，“-”号表示电压的低端。电荷总是被电场力从高端移动到低端，此间由于做功，电场能量下降，因此电压又称“电压降”。

由于与电流相似的原因，电路分析过程中很难准确判断电压的实际方向。为此，引入重要概念：电压的**“参考方向”**。

定义：**在开始分析电路之前，分析者可以任意设定电路两点之间电压的方向，叫做电压的“参考方向”**。设定电压的参考方向同样要注意两点：**大胆设定，坚持始终**。

3. 电动势

定义：**在电源内部非静电力作用下，单位正电荷从电源负极 b 移动到电源正极 a 所做的功，定义为该电源的电动势**。用符号 e_{ba} 表示，单位为 V（伏特）。

电动势的强弱用公式表达为

$$e_{ba}=\frac{dw}{dq}$$

表面看，电动势与电压的公式相同，**但实质上电动势与电压是截然不同的两个概念。它们有如下几点本质差异：**

1）电压表示电场力对电荷做功，而电动势则表示电源提供的某种外力（如化学力、机械力）对电荷做功。

2）正常情况下电压驱使电荷运动使电场能量不断下降，故**电压又被称为“电压降”**；相反，电动势驱使电荷运动使电场能量不断上升，故**电动势又被称为“电压升”**。所以，本质上**两者**（做功）**方向相反**。

3）电动势是电源独有的概念，但电压的概念适用于电路任何部分（包括电源）。

4. 端口

***n* 端网络的定义**：如果一个集成电路对外有 n 个联络端子，该集成电路就叫做 n 端网络。

“端口”的定义：如果 n 端网络的一对端子满足条件 $i=i'$，**即从一个端子流进的电流等于从另一个端子流出的电流**，则这对端子就构成观测或联络网络内部的一个“端口”。

任何两端电路元件或电路，如电阻、电容都构成具有一个端口的网络，简称**一端口网络**。而变压器电路，由于有一次侧和二次侧两个端口，叫做**两端口网络**。由此推导，假如一个集成电路有 n 个端口就叫 n 端口网络。n 端口网络表明某集成电路对外有 n 个观测或联络的“窗口”。

5. 参考方向关联

参考方向关联的定义：**设定某端口的电压与电流的参考方向，假如电流从某端口电压为正的端子流入端口，就约定该电流与该电压的参考方向相互关联。**

简单情况下，参考方向关联的概念主要用到两端电路元件，如电阻、电容等。

1.3　无源元件的理想模型

电阻、电容、电感三个元件共同的特点是不能为电路提供能量，统称“无源”元件。

1. 电阻

电路中，只有电阻可将电能消耗，并且不可逆转地转换成其他形式的能量。

理想电阻的图形符号如图 1-1a 所示，有如下基本性质：

当电阻的电压 $u(t)$ 与电流 $i(t)$ 选取“**关联参考方向**”时，两者成正比，比例系数为正**实数**，符号为 R。

公式表达为

$$R=\frac{u(t)}{i(t)} \tag{1-1}$$

式（1-1）称为欧姆定律，R 的单位为 Ω（欧姆）。

电阻的基本性质可用 u—i 关系曲线表达，如图 1-1b 所示。

电阻的倒数定义为电导，符号为 G，基本单位为 S（西门子），关系为

$$G=\frac{1}{R}$$

电路分析时，电阻的电压与电流**可以选取“非关联参考方向”**，但式（1-1）中将多出一个负号，似乎出现了所谓“负阻”现象。事实上，作为无源元件，电阻的阻值只能是正实数，**不可能出现“负阻”**，那么，唯一的可能就是电阻的电压或电流的参考方向中有一个与实际方向不符，使分析结果出现了负数。当然，负负相抵，式（1-1）的关系其实没变。

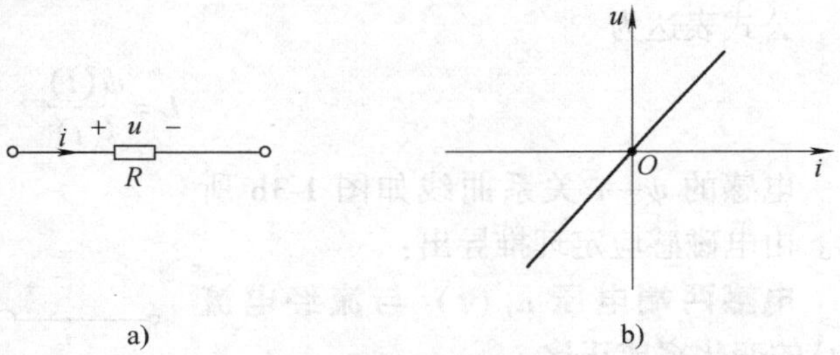

图 1-1　电阻的图形符号及其基本性质

分析得出：**电阻的电压与电流的实际方向总是“关联”的。**

2. 电容

在电路中，只有电容可将电能存储或交换为电场能量。

理想电容的图形符号如图 1-2a 所示，有如下基本性质：

电容器存储的电荷 $q(t)$ 与两端电压 $u(t)$ 成正比，比例系数为正实数，符号为 C，C 的基本单位为 F（法拉）。

公式表达为

$$C=\frac{q(t)}{u(t)} \tag{1-2}$$

电容的 q—u 关系曲线如图 1-2b 所示。电流是电荷的变化率，有如下性质：**流经电容的**

电流与其两端电压的变化率成正比。

用公式表达为

$$i(t)=\frac{\mathrm{d}q(t)}{\mathrm{d}t}=C\frac{\mathrm{d}u(t)}{\mathrm{d}t} \tag{1-3}$$

式(1-3)中约定：**电容的电压与电流选取“关联参考方向”，否则公式中将出现“-”号。**

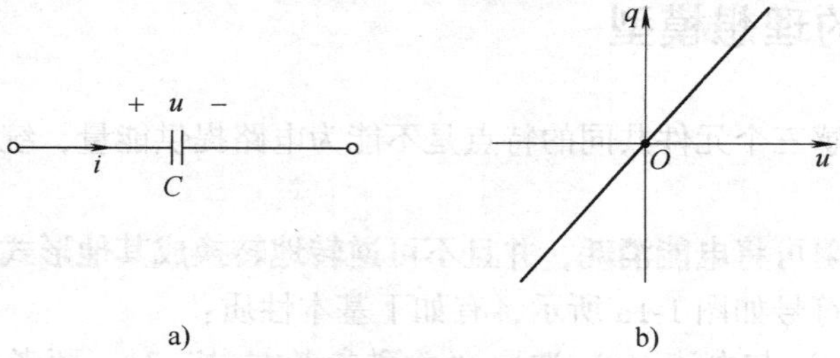

图 1-2　理想电容的图形符号及其基本性质

3. 电感

电路中，只有电感可将电能存储或交换为磁场能量。

理想电感的图形符号如图 1-3a 所示，有如下基本性质：

在理想电感的磁场中，磁链 $\psi(t)$ 与电流 $i(t)$ 成正比，比例系数为正实数，符号为 L，L 的基本单位为 Wb（韦伯）。

公式表达为

$$L=\frac{\psi(t)}{i(t)} \tag{1-4}$$

电感的 ψ—i 关系曲线如图 1-3b 所示。由电磁感应定理推导出：

电感两端电压 $u_L(t)$ 与流经电流 $i(t)$ 的变化率成正比。

用公式表达为

$$u_L(t)=\frac{\mathrm{d}\psi(t)}{\mathrm{d}t}=L\frac{\mathrm{d}i(t)}{\mathrm{d}t} \tag{1-5}$$

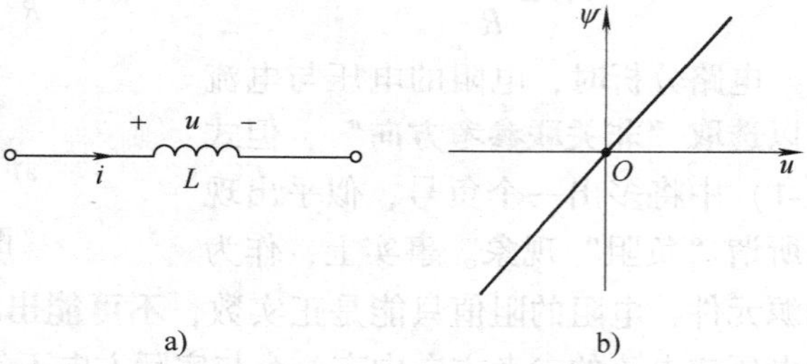

图 1-3　理想电感的图形符号及其基本性质

式（1-5）中约定：**电感器的电压与电流选取“关联参考方向”，否则公式中将出现“-”号。**

1.4　独立电源模型

在实际应用中，必须有化学电池、发电机组、太阳电池板、信号源等装置为电路提供能量或信号，从而激活电路。这类装置叫做“电源”，又称“激励”。由于这类电源的主要特性基本不受相连电路的影响，因此称之为独立电源。本节讨论独立电源的理想模型，分为独立电压源和独立电流源两种。

1. 独立电压源

独立电压源的图形符号如图 1-4a 所示。独立电压源的特点是：电源两端的电压有其独立的内部变化规律，不受外连电路的影响。由此得出如下重要性质：

独立电压源两端的电压 $u_s(t)$ 与流经电流 $i(t)$ 的大小、方向皆无关。

图 1-4b、c 体现了电压与电流的无关性质。

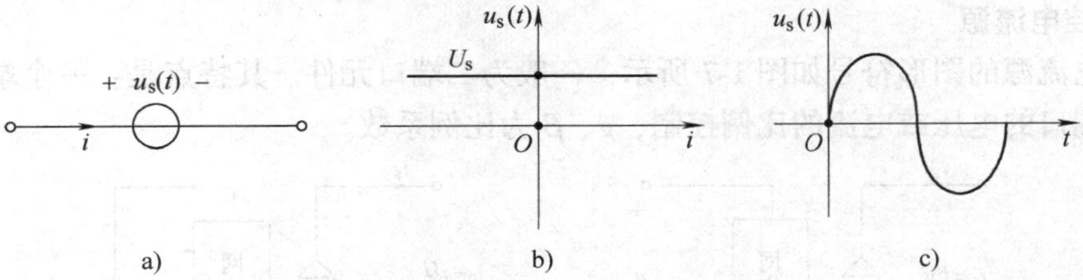

图 1-4　独立电压源及其性质

2. 独立电流源

独立电流源的图形符号如图 1-5a 所示。独立电流源的特点是：流经电源的电流有其独立的内部变化规律，不受外连电路的影响。由此得出如下重要性质：

独立电流源的电流 $i_s(t)$ 与其两端电压 $u(t)$ 的大小、方向皆无关。

图 1-5b、c 体现了电流与电压的无关性质。

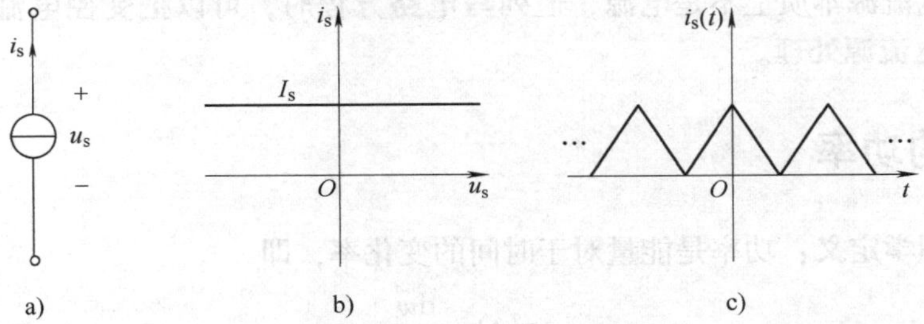

图 1-5　独立电流源及其性质

1.5　受控源模型

受控电源，简称受控源。受控源表面上相似于独立电源。但由于不能为电路提供原始的能量或信号，**本质上受控源不是电源**，实质上反映了复杂电路不同工作参数之间的关联与耦合，一般情况下必须用二端口元件表达。

1. 受控电压源

受控电压源的图形符号如图 1-6a、b 所示，一般为二端口元件。其特点是：**一个端口的电压受另一个端口的电压或电流的比例控制**，其中 μ、γ 为比例系数。

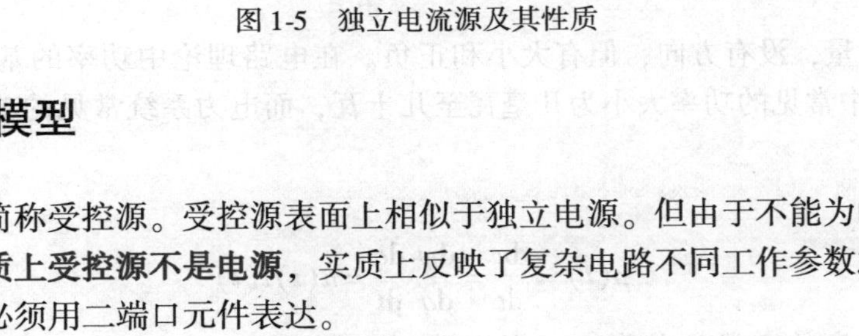

图 1-6　受控电压源的图形符号

受控电压源可划分成两种：电压控制电压源（VCVS）、电流控制电压源（CCVS）。

虽然受控电压源本质上不是电源，**但列写电路方程时，可以把受控电压源的“被控对象”部分当作独立电压源处理。**

2. 受控电流源

受控电流源的图形符号如图 1-7 所示，一般为二端口元件。其特点是：**一个端口的电流受另一个端口的电压或电流的比例控制**，g、β 为比例系数。

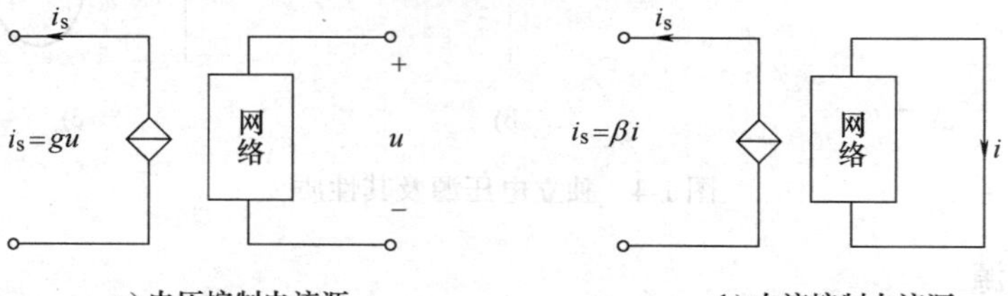

a) 电压控制电流源　　b) 电流控制电流源

图 1-7　受控电流源的图形符号

受控电流源可划分成两种：电压控制电流源（VCCS）、电流控制电流源（CCCS）。

虽然受控电流源本质上不是电源，**但列写电路方程时，可以把受控电流源的“被控对象”当作独立电流源处理。**

1.6　电路的功率

功率的物理学定义：功率是能量对于时间的变化率，即

$$p(t)=\frac{\mathrm{d}w}{\mathrm{d}t}$$

功率是代数量，没有方向，但有大小和正负。在电路理论中功率的基本单位是 W（瓦特）。电子电路中常见的功率大小为几毫瓦至几十瓦，而电力系统常见的功率大小为几千瓦至几千兆瓦。

推导如下：

$$p(t)=\frac{\mathrm{d}w}{\mathrm{d}t}=\frac{\mathrm{d}w}{\mathrm{d}q}\frac{\mathrm{d}q}{\mathrm{d}t}=u(t)i(t)$$

电路瞬时功率的定义：电路的一个“端口”如图 1-8 所示。假定端口的电压参考方向与电流参考方向**相互“关联”**，则瞬时功率 $p(t)=u(t)i(t)$。当 $p(t)\geqslant0$ 时，该端口内部正在吸收外电路能量；当 $p(t)<0$ 时，该端口内部正在向外电路发出能量。

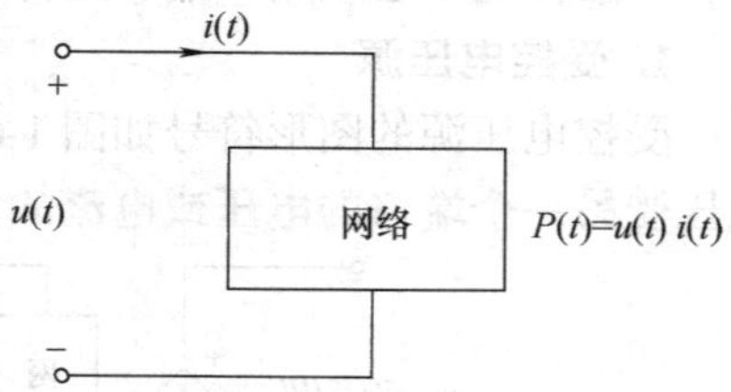

图 1-8　端口的瞬时功率

当端口的电压参考方向与电流参考方向不“关联”时，瞬时功率的计算公式变为 $p(t)=-u(t)i(t)$，注意：公式中多了一个“－”号。

在电流方向交变的电路中，虽然瞬时功率精确地反映了电路时时刻刻的能量变化，但由于正负大小不断变化，让人很难掌握其特征。为此，人们对周期变化的瞬时功率在一个周期

内取平均值。

电路的平均功率为

$$P = \frac{1}{T}\int_0^T p(t)\,\mathrm{d}t$$

将功率 $p(t)$ 对时间积分就得到电能的公式。电能表示电路电场吸收存储或发出释放的能量，用大写符号 W 表示，单位是 J（焦耳）。

电能的计算： 假定端口的电压参考方向与电流参考方向相互“关联”，则电能 $W = \int_0^t p(t)\,\mathrm{d}t = \int_0^t u(t)i(t)\,\mathrm{d}t$。

当 $W \geqslant 0$ 时，表示内部电路从该端口吸收了外部电路的能量；当 $W \leqslant 0$ 时，表示内部电路通过该端口向外部电路发出了能量。

本章习题及其解答

1-1　图 1-9 中已经指定各元件的电压 u 与电流 i 的参考方向，请写出各个元件的 u—i 关系式。

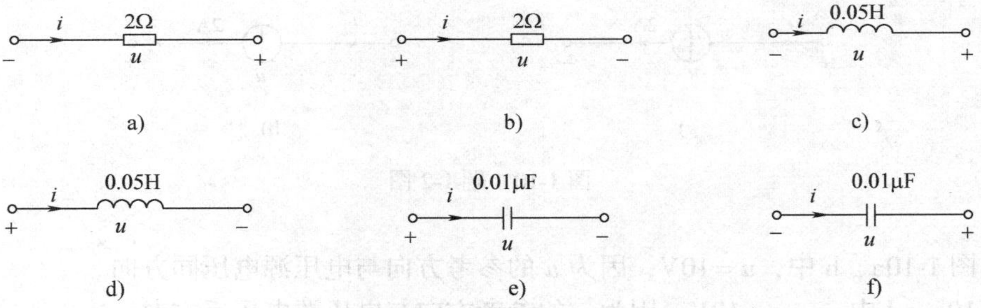

图 1-9　题 1-1 图

解： 图 1-9a 中，u 与 i 的数值方程式（下同）为 $u = -2i$，u 与 i 参考方向不关联，公式加“ - ”号。

图 1-9b 中，$u = 2i$，u 与 i 参考方向关联。

图 1-9c 中，$u = -0.05\dfrac{\mathrm{d}i}{\mathrm{d}t}$，$u$ 与 i 参考方向不关联，公式加“ - ”号。

图 1-9d 中，$u = 0.05\dfrac{\mathrm{d}i}{\mathrm{d}t}$，$u$ 与 i 参考方向关联。

图 1-9e 中，$i = 0.01 \times 10^{-6}\dfrac{\mathrm{d}u}{\mathrm{d}t}$，$u$ 与 i 参考方向关联。

图 1-9f 中，$i = -0.01 \times 10^{-6}\dfrac{\mathrm{d}u}{\mathrm{d}t}$，$u$ 与 i 参考方向不关联，公式加“ - ”号。

注：在使用元件 u—i 基本关系公式时，如元件的 u 与 i 的参考方向相互关联，公式不变；当 u 与 i 的参考方向相互不关联时，公式需加入一个“ - ”号（一般加在公式右侧）。

1-2　写出图 1-10 所示独立电源的 u 或 i 约束方程。

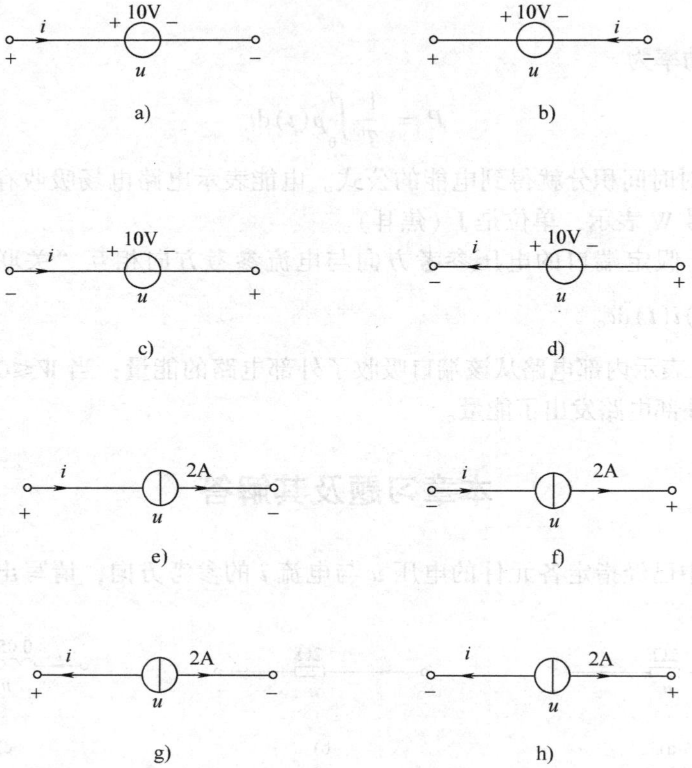

图 1-10　题 1-2 图

解：图 1-10a、b 中，$u=10\text{V}$，因为 u 的参考方向与电压源电压同方向。

图 1-10c、d 中，$u=-10\text{V}$，因为 u 的参考方向与电压源电压反方向。

注：不要受电流参考方向变化干扰，电压源的输出电压与电流无关。

图 1-10e、f 中，$i=2\text{A}$，因 i 的参考方向与电流源电流同方向。

图 1-10g、h 中，$i=-2\text{A}$，因 i 的参考方向与电流源电流反方向。

注：不要受电压参考方向变化干扰，因为电流源输出电流与其两端电压无关。

1-3　判断图 1-11 所示元件或端口，哪些 u、i 的参考方向是关联的？哪些是不关联的？

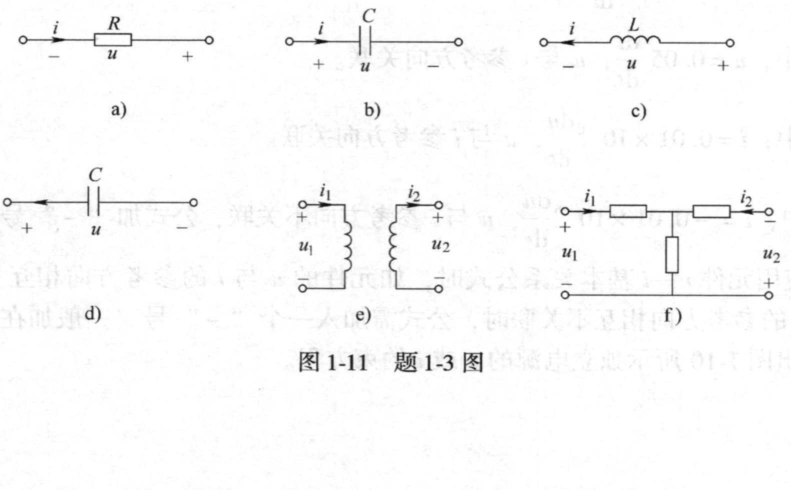

图 1-11　题 1-3 图

解：图 1-11a、d 所示不关联，图 1-11b、c 所示关联。

图 1-11f、e 左端口关联，右端口不关联。

注：判断元件或端口的 u、i 参考方向是否关联的依据是：电流 i 从电压参考方向"+"端流入元件或端口的内部，然后从电压参考方向"-"端流出元件或端口。

1-4　如图 1-12 所示，$R=5\Omega$，$C=0.05\text{F}$，$L=2\text{H}$。如电路稳定后电流源电流 $i=4\sin(314t)$ A，求 u_R、u_L、u_C。

解：$u_R=Ri=20\sin 314t\text{V}$

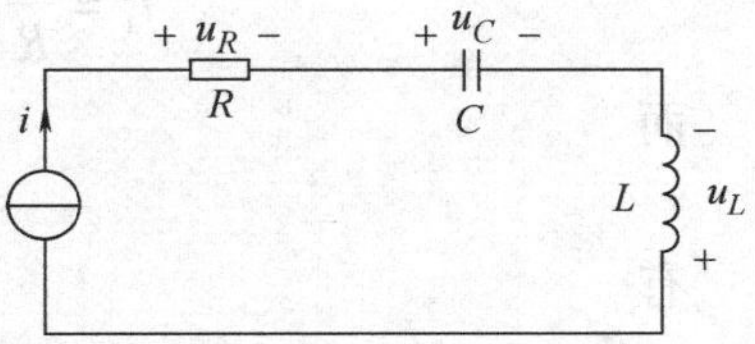

图 1-12　题 1-4 图

由 $i=C\dfrac{\mathrm{d}u_C}{\mathrm{d}t}$，得

$$u_C=\frac{1}{C}\int_0^t i\mathrm{d}t=20\int_0^t 4\sin 314t\mathrm{d}t\text{V}$$
$$=-0.25\cos(314t)\text{V}$$

而

$$u_L=-L\frac{\mathrm{d}i}{\mathrm{d}t}=-2\times4\times314\cos(314t)\text{V}$$
$$=-2512\cos(314t)\text{V}$$

注：u_L 表达式中多出一个负号，原因是 i 与 u_L 的参考方向不关联。

1-5　如图 1-13 所示，$i_s=3\text{A}$，$u_s=20\text{V}$。

(1) 分析电流源与电压源各自的功率。

(2) 如在回路中串入一个电阻 $R=1\Omega$，再分析电流源与电压源的功率；

(3) 如在电流源两端并联一个电阻 $R=1\Omega$，再分析电流源与电压源的功率。

解：(1) 电流源功率

$$p_i=-ui=(-20\times3)\text{W}=-60\text{W}$$

式中，$u=u_s=20\text{V}$；$i=i_s=3\text{A}$；负号是因 u 与 i 的参考方向不关联。

而
$$p_u=ui=(20\times3)\text{W}=60\text{W}$$

(2) 此种情况下，电路变化如图 1-14 所示。

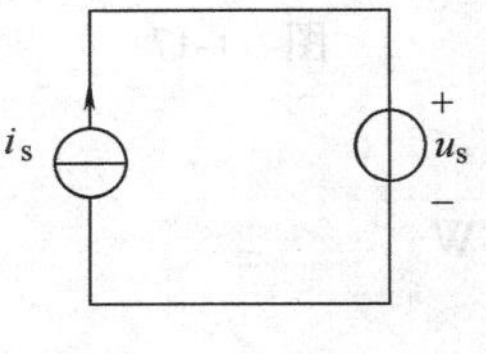

图 1-13　题 1-5 图

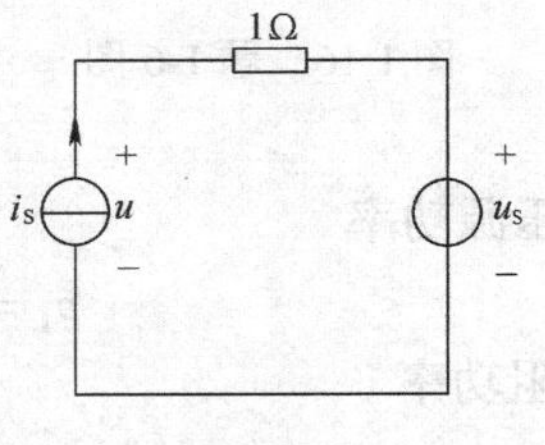

图　1-14

首先标出电流源电压 u 的参考方向如图 1-14 所示。

显然

$$u=u_R+u_s=(3\times1+20)\text{V}=23\text{V}$$

有

$$p_i=-ui=(-23\times3)\text{W}=-69\text{W}$$

而

$$p_u = u_s i = (20 \times 3)\text{W} = 60\text{W}$$

其中，$i = i_s = 3\text{A}$。

(3) 此种情况下，电路变化如图 1-15 所示。

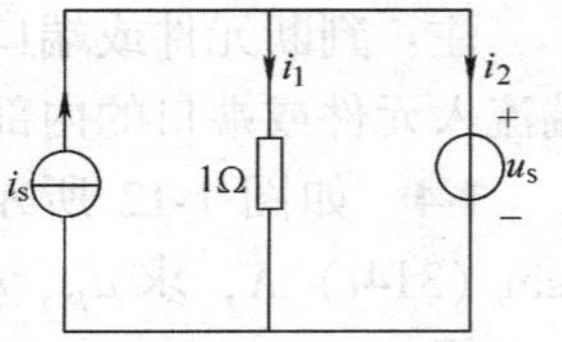

图 1-15

首先标注电流 i_1 与 i_2 的参考方向。

显然

$$i_1 = \frac{u_s}{R} = 20\text{A}$$

而

$$i_2 = i_s - i_1 = -17\text{A}$$

有

$$p_i = -i_s u_s = (-3 \times 20)\text{W} = -60\text{W}$$

$$p_u = i_2 u_s = (-17 \times 20)\text{W} = -340\text{W}$$

注：功率计算公式 $p = ui$ 中，如电压 u 与电流 i 的参考方向相互不关联，公式右侧需加入一个“－”号。

1-6 求图 1-16 中每个元件发出或吸收的功率。如定义吸收功率为正，发出功率为负，验证电路中全部元件发出与吸收功率的代数和为零（所谓功率守恒定律）。

解：首先规定 i、i_1、i_2 的参考方向如图 1-17 所示。其中

$$i_1 = \frac{2\text{V}}{1\Omega} = 2\text{A}$$

$$i = \frac{(4-2)\text{V}}{2\Omega} = 1\text{A}$$

$$i_2 = i - i_1 = (1-2)\text{A} = -1\text{A}$$

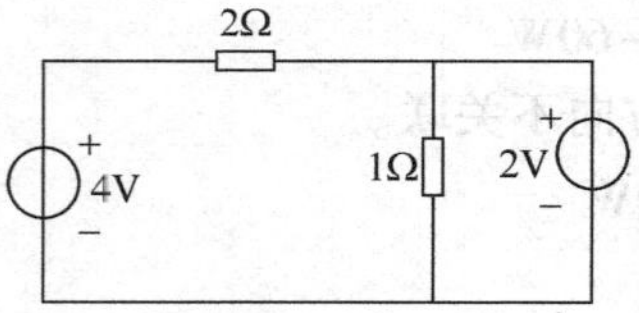

图 1-16　题 1-6 图

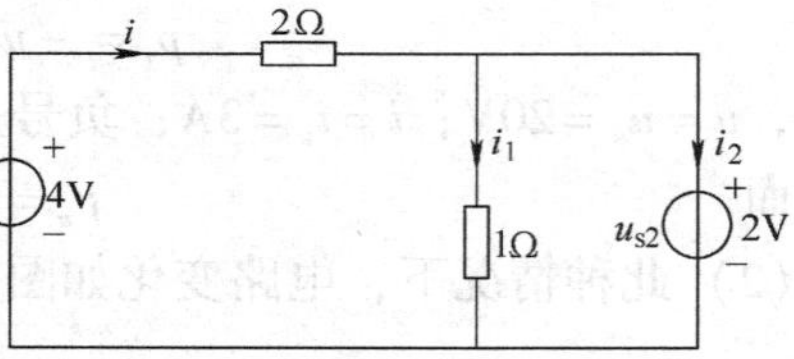

图　1-17

4V 电压源功率

$$p_1 = -u_{s1} i = (-4 \times 1)\text{W} = -4\text{W}$$

2Ω 电阻功率

$$p_2 = i^2 R_1 = 2\text{W}$$

1Ω 电阻功率

$$p_3 = i_1^2 R_2 = 4\text{W}$$

2V 电压源功率

$$p_4 = u_{s2} i_2 = [2 \times (-1)]\text{W} = -2\text{W}$$

显然，$p_1 + p_2 + p_3 + p_4 = 0$。

1-7 求图 1-18 所示各独立电源和受控电源的功率，并计算电阻上吸收的功率。

解：由电压关系式 $i \times 1 + 3 = 1$，$i = -2\text{A}$，可得：

1V 电压源的功率

$$p_1 = -[1\times(-2)]\,\mathrm{W} = 2\mathrm{W}$$

1Ω 电阻消耗功率

$$p_2 = [(-2)^2\times 1]\,\mathrm{W} = 4\mathrm{W}$$

2i 受控电流源的功率

$$p_3 = -[3\times(-4)]\,\mathrm{W} = 12\mathrm{W}$$

3V 电压源的功率

$$p_4 = 3\times 3i = [3\times(-6)]\,\mathrm{W} = -18\mathrm{W}$$

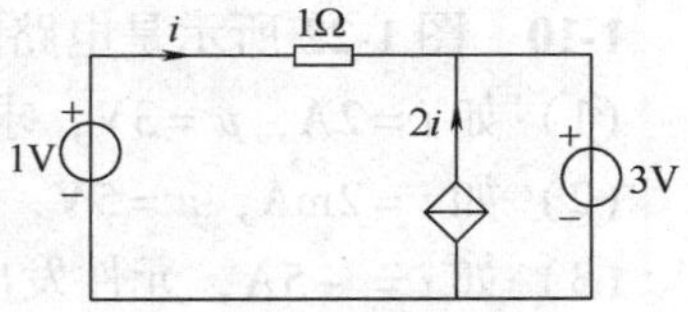

图 1-18 题 1-7 图

显然，$p_1+p_2+p_3+p_4=0$。

注 1：电路分析中受控源在列方程时等同独立电源对待。但受控源的“控制量”（如本题 i）是未知量，必须寻找关系式（如本题 $i+3=1$）将其解出，这是破解全题的关键所在。

注 2：功率守恒定律 $\Sigma p=0$ 可以用来验证电路分析中得到的各个电压与电流计算结果是否正确。

1-8 如图 1-19 所示，受控源的控制系数 $\beta=2$，$\mu=3$，求两受控电源各自功率。

解： 由电流关系式 $q=i_1+\beta i_1=3i_1$ 知 $i_1=3\mathrm{A}$，而 $u_1=-2i_1=-6\mathrm{V}$（负号出现是因为 u_1 与 i_1 参考方向不关联）。设定两个受控源电压与电流的参考方向如图 1-20 所示。

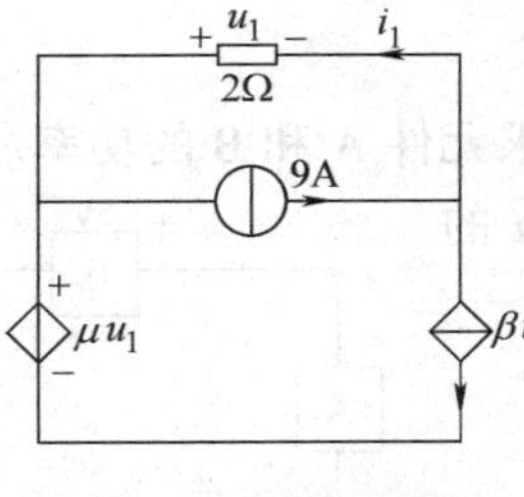

图 1-19 题 1-8 图

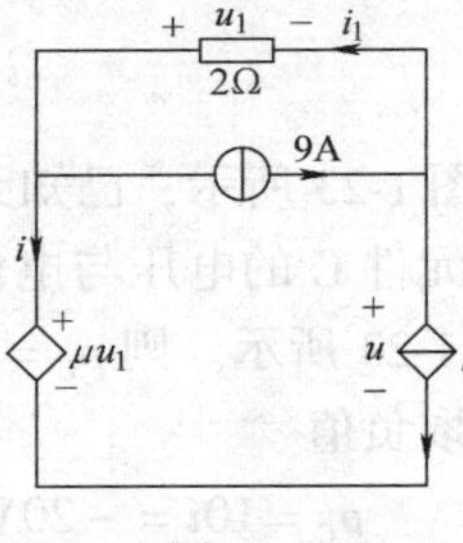

图 1-20

受控电流源的功率

$$\begin{aligned} p_1 &= u\beta i_1 = [(2\times 3-6\times 3)\times 2\times 3]\,\mathrm{W} \\ &= [(-12)\times 2\times 3]\,\mathrm{W} = -72\mathrm{W} \end{aligned}$$

受控电压源的功率

$$p_2 = \mu u_1 i = [3\times(-6)\times(3-9)]\,\mathrm{W} = 108\mathrm{W}$$

1-9 如图 1-21 所示，$u_s=20\mathrm{V}$，求受控源发出的功率 p_1。

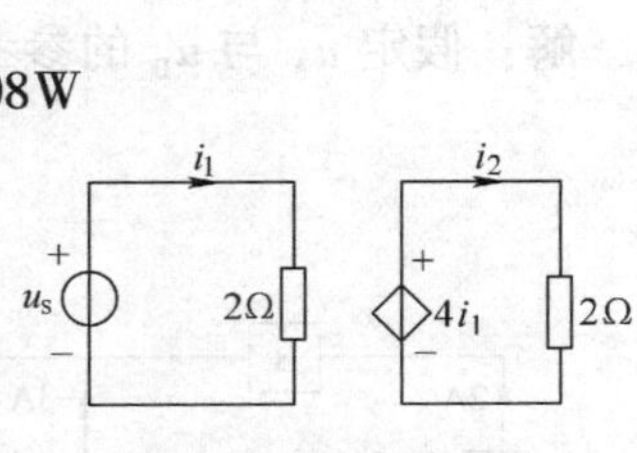

图 1-21 题 1-9 图

解： $i_1=\dfrac{u_s}{2\Omega}=10\mathrm{A}$，受控电压源输出电压 $4i_1=40\mathrm{V}$。受控源发出的功率有两种分析方法：

（1）从受控源自身入手：$p_1=-4i_1i_2$，而 $i_2=\dfrac{4i_1}{2}=20\mathrm{A}$，

所以

$$p_1 = (-4\times 10\times 20)\,\mathrm{W} = -800\mathrm{W}$$

（2）从负载电阻入手：因受控源发出功率全部被负载电阻消耗，有

$$p_R = i_2^2 \times 2 = (20^2 \times 2)\,\mathrm{W} = 800\mathrm{W}$$

所以

$$p_1 = -p_R = -800\mathrm{W}$$

1-10 图 1-22 所示是电路的一条支路，其电流 i 与电压 u 的参考方向如图所示。

（1）如 $i=2\mathrm{A}$，$u=3\mathrm{V}$，求元件功率 p；

（2）如 $i=2\mathrm{mA}$，$u=5\mathrm{V}$，求元件功率 p；

（3）如 $i=-5\mathrm{A}$，元件发出功率为 15W，求电压 u；

（4）如 $u=100\mathrm{V}$，元件吸收功率为 2kW，求电流 i。

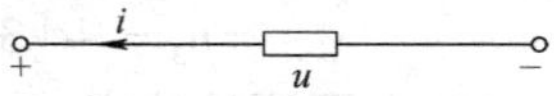

图 1-22 题 1-10 图

解：（1）$p=-ui=(-3\times 2)\mathrm{W}=-6\mathrm{W}$（发出）

（2）$p=-ui=(-5\times 2\times 10^{-3})\mathrm{W}=-10\mathrm{mW}$（发出）

（3）由 $p=-ui$ 得

$$u=-\frac{p}{i}=-\frac{(-15)}{(-5)}\mathrm{V}=-3\mathrm{V}$$

注：因 u 与 i 参考方向不关联，p 的公式中需加"－"号。而发出功率取负值，吸收功率取正值。

（4）由 $p=-ui$ 得

$$i=-\frac{p}{u}=-\frac{2000}{100}\mathrm{A}=-20\mathrm{A}$$

1-11 如图 1-23 所示，已知元件 C 发出功率为 20W，求元件 A 和 B 的功率。

解：假定元件 C 的电压与电流取关联参考方向，电流 i 的参考方向如图 1-23 所示。则 $p_C=ui=10i$。

发出功率取负值

$$p_C=10i=-20\mathrm{W},\ i=-2\mathrm{A}$$

元件 B 的功率

$$p_B=6\times i=[6\times(-2)]\mathrm{W}=-12\mathrm{W}$$

元件 A 的功率

$$p_A=-(6+10)\times i=[-16\times(-2)]\mathrm{W}=32\mathrm{W}$$

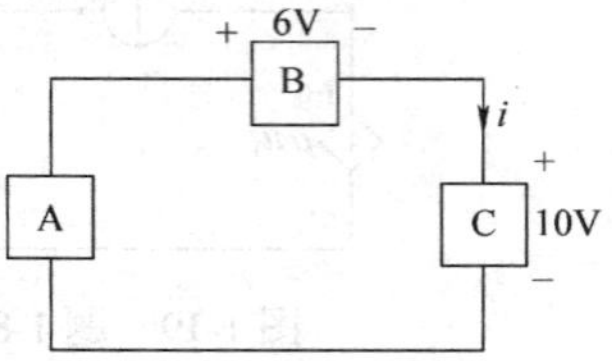

图 1-23 题 1-11 图

***1-12** 如图 1-24 所示电路，若已知元件 A 吸收功率为 20W，求元件 B 和 C 的功率。

解：假定 u_A 与 u_B 的参考方向如图 1-25 所示。其中

$$u_A=\frac{20}{2}\mathrm{V}=10\mathrm{V}$$

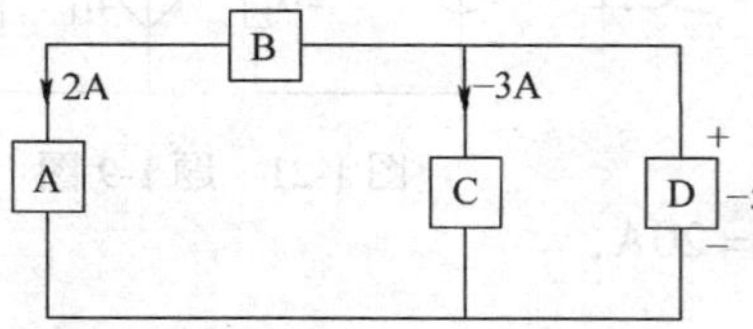

图 1-24 题 1-12 图

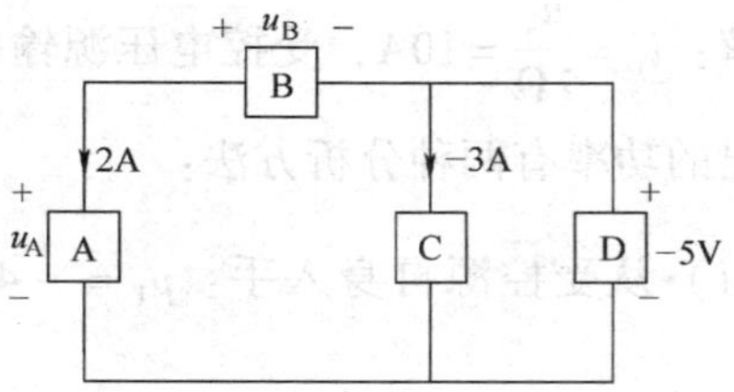

图 1-25

$$u_B = u_A - u_D = 10V - (-5V) = 15V$$

所以

$$p_B = -u_B \times 2A = (-15 \times 2)W = -30W(\text{发出功率})$$
$$p_C = u_C \times (-3A) = [(-5) \times (-3)]W = 15W(\text{吸收功率})$$

1-13　如图1-26所示电容串联回路，$C_1 = 1F$，$C_2 = 2F$，$u_s = 10V$。当时间足够长，电路稳定时，回路中的电流将为零，回路相当于开路。能否从电容的 u—i 关系式解释这一现象？并计算电容各自的分压（提示：电容串联分压相似于电阻并联分流）。

解：（1）由电容 u—i 关系式 $i = C\dfrac{du_C}{dt}$，当时间足够长时，电容按各自容量将电荷充足，电压分配稳定不变，因此电压变化率 $\dfrac{du_C}{dt} = 0$，所以电容电流 $i = 0$，回路自然相当于开路。

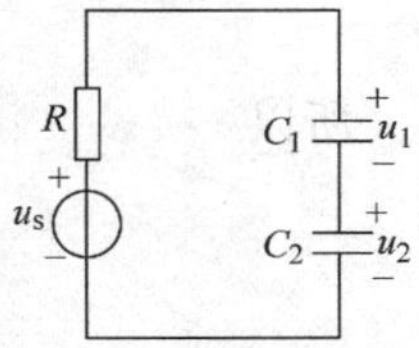

图1-26　题1-13图

（2）电容串联时，相互分压相似于电阻并联分流规律

$$u_1 = \frac{C_2}{C_1 + C_2}u_s = \frac{2}{3} \times 10V = \frac{20}{3}V$$

$$u_2 = u_s - u_1 = \left(10 - \frac{20}{3}\right)V = \frac{10}{3}V$$

1-14　如图1-27所示电感并联电路，$L_1 = 1H$、$L_2 = 2H$，$i_s = 10A$。当时间足够长，电路稳定时，电路两端的电压将为零，并联的电感相当于短路，能否从电感的 u—i 关系式解释这一现象？并计算两电感的分流各为多少（提示：电感并联分流相似于电阻串联分压）？

解：（1）由电感 u—i 关系式 $u_L = L\dfrac{di}{dt}$ 知，当时间足够长时，电感按各自容量存储磁能，电流分配达到稳定，因此电流变化率 $\dfrac{di}{dt} = 0$，自然 $u_L = 0$，并联的电感相当于短路。

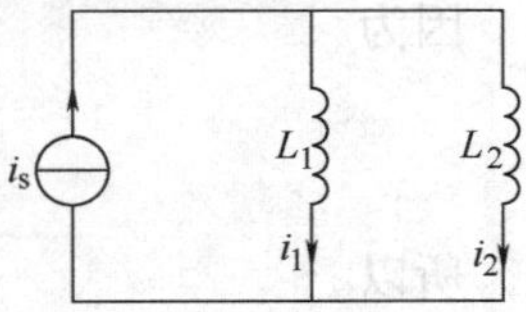

图1-27　题1-14图

（2）电感并联时，相互分流相似于电阻串联分压规律

$$i_{L1} = \frac{L_1}{L_1 + L_2}i_s = \frac{1}{3} \times 10A = \frac{10}{3}A$$

$$i_{L2} = \frac{L_2}{L_1 + L_2}i_s = \frac{2}{3} \times 10A = \frac{20}{3}A$$

1-15　如图1-28所示，电感 L 与电容 C 在 $t = 0$ 时都没有储能。设 $u_s = 2t$（$t \geqslant 0$），求：t 为何值时 L 与 C 两元件的储能相等？此储能数值是多少？

解：电容能量

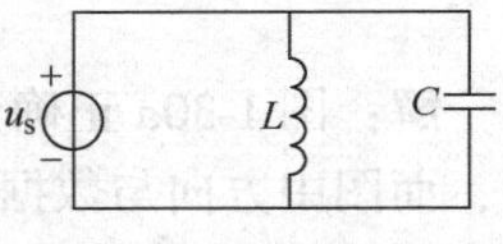

图1-28　题1-15图

$$W_C = \int_0^t p\,dt = \int_0^t u_s C\frac{du_s}{dt}dt$$
$$= \int_0^{u_s(t)} Cu_s\,du_s = \frac{1}{2}Cu_s^2(t) = 2Ct^2$$

电感能量

$$W_L = \int_0^t p\mathrm{d}t = \int_0^t L\frac{\mathrm{d}i_C}{\mathrm{d}t}i_C\mathrm{d}t$$

$$= \int_0^t Li_C\mathrm{d}i_C = \frac{1}{2}Li_C^2$$

由 $u_s = L\frac{\mathrm{d}i_C}{\mathrm{d}t}$ 知

$$i_C = \int_0^t \frac{u_s}{L}\mathrm{d}t = \frac{1}{L}\int_0^t 2t\mathrm{d}t = \frac{t^2}{L}$$

所以

$$W_L = \frac{1}{2}L\left(\frac{t^2}{L}\right)^2 = \frac{t^4}{2L}$$

由 $W_C = W_L$，$2Ct^2 = \frac{t^4}{2L}$知，$t = 2\sqrt{LC}$时

$$W_L = W_C = 8LC^2$$

1-16 求图 1-29 所示电路中的电压 u_1。

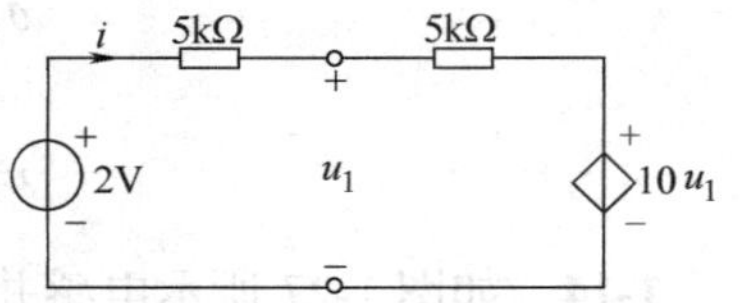

图 1-29 题 1-16 图

解：由电压的计算与路径无关可得：

沿左侧路径有关系

$$u_1 = 2 - 5000i$$

沿右侧路径有关系

$$u_1 = 5000i + 10u_1$$

因为

$$i = \frac{2-u_1}{5000} \qquad 9u_1 = -5000i$$

所以

$$u_1 = -\frac{1}{4}\mathrm{V} \qquad i = \frac{9}{20}\times 10^{-3}\mathrm{A} = \frac{9}{20}\mathrm{mA}$$

1-17 根据图 1-30 所示的电压与电流参考方向，判断电阻元件的电压与电流数据正确与否。

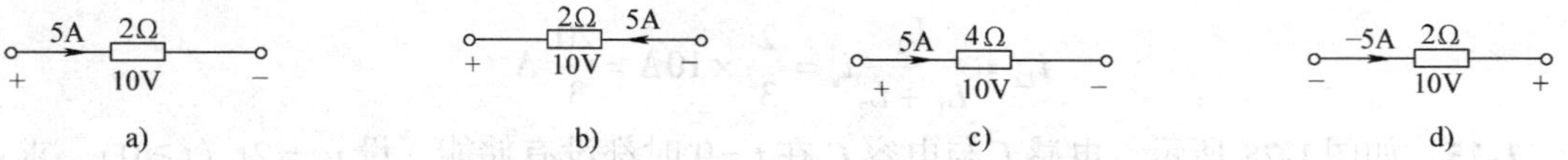

图 1-30 题 1-17 图

解：图 1-30a 正确，图 1-30b 不正确。因电阻元件的实际电压与实际电流方向总是关联的，而图中方向与数据不符合如上结论。图 1-30c 不正确，因数据不符合欧姆定律 $u = Ri$。图 1-30d 正确，虽 u 与 i 参考方向不关联，但电流为负，仍符合电阻元件实际电压与实际电流方向总是关联的结论。

1-18 电容如图 1-31a 所示，流经电容的电流波形如图 1-31b 所示。已知 u_C（0）=1V，求 t=1s、5s、10s 时的电容电压。

解：由 $i_C = C\dfrac{du_C}{dt}$，$u_C(t) = u(0) + \dfrac{1}{C}\int_0^t i_C dt$ 可得：

（1）$t=1s$ 时

$$u_C(1) = \left(0 + \frac{1}{2}\int_0^1 i(t)dt\right)V = \left(0 + \frac{1}{2}\int_0^1 2tdt\right)V = \left(\frac{1}{2}t^2\Big|_0^1\right)V = \frac{1}{2}V$$

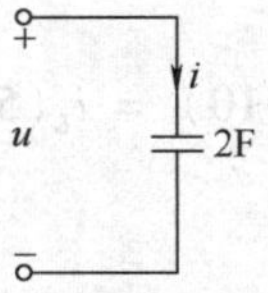

a)

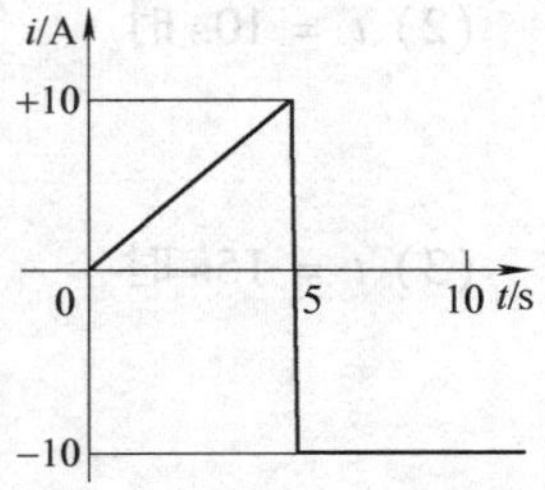

b)

图 1-31　题 1-18 图

式中

$$i(t) = \begin{cases} 0 & t<0 \\ 2t & 0\leqslant t\leqslant 5s \\ -10 & t>5s \end{cases}$$

（2）$t=5s$ 时

$$u_C(5) = \left(\frac{1}{2}t^2\Big|_0^5\right)V = 12.5V$$

（3）$t=10s$ 时

$$u_C(10) = \left(12.5 + \frac{1}{2}\int_5^{10} -10dt\right)V = \left(12.5 + \frac{1}{2}(-10t)\Big|_5^{10}\right)V = -12.5V$$

注：电容的电压是其电流的积分，因此具有一定记忆性，虽然在 $t=5s$ 时电流变化规律发生了突变，但 $t=5s$ 之前电容电压累计值 12.5V 仍被记忆且保留在 $t=5s$ 之后的 u_C 计算公式中。

1-19　电感如图 1-32a 所示，电感两端的电压波形如图 1-32b 所示。已知 $i_L(0)=0$，求 $t=5s$、10s、15s 时的电感电流。

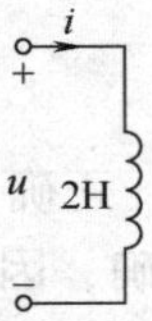

a)

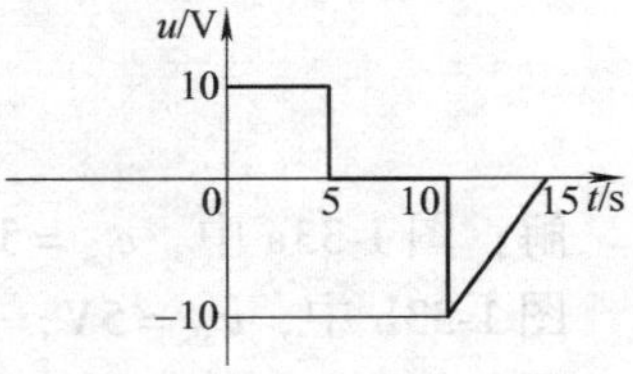

b)

图 1-32　题 1-19 图

解：由 $u_L(t) = L\dfrac{di_L}{dt}$，$i_L(t) = i_L(0) + \int_0^t \dfrac{1}{L}u_L(t)dt$，可得

$$u(t) = \begin{cases} 0 & t<0 \\ 10 & 0\leqslant t<5 \\ 0 & 5\leqslant t<10 \\ 2t-30 & 10\leqslant t<15 \\ 0 & t\geqslant 15 \end{cases}$$

（1）$t=5s$ 时

$$i_L(t) = i_L(0) + \frac{1}{L}\int_0^5 u(t)dt$$

$$i_L(5) = \left(0 + \frac{1}{2}\int_0^5 10\mathrm{d}t\right)\mathrm{A} = \left(\frac{1}{2}(10t)\Big|_0^5\right)\mathrm{A} = 25\mathrm{A}$$

（2）$t = 10\mathrm{s}$ 时

$$i_L(10) = i_L(5) + \left(\frac{1}{2}\int_5^{10} 0 \times \mathrm{d}t\right)\mathrm{A} = 25\mathrm{A}$$

（3）$t = 15\mathrm{s}$ 时

$$\begin{aligned} i_L(15) &= i_L(10) + \left(\frac{1}{2}\int_{10}^{15}(2t-30)\mathrm{d}t\right)\mathrm{A} \\ &= \left(25 + \frac{1}{2}t^2\Big|_{10}^{15} - 15t\Big|_{10}^{15}\right)\mathrm{A} \\ &= \left[25 + \left(\frac{225}{2} - 50\right) - 15\times 5\right]\mathrm{A} \\ &= \left[25 + \frac{225}{2} - 125\right]\mathrm{A} = 12.5\mathrm{A} \end{aligned}$$

注：电感的电流相似于电容的电压具有一定“记忆性”。

1-20 如图 1-33 所示，电池的电压为 5V，从电动势与电压概念区别的角度分析，图中哪些电动势或电压的标注存在概念错误？哪些标注正确？

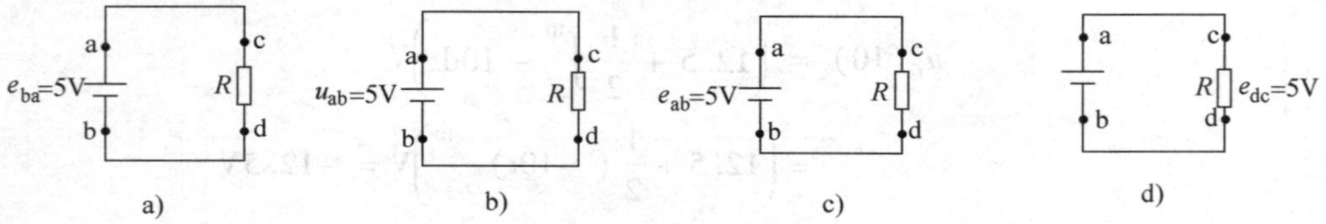

图 1-33 题 1-20 图

解：图 1-33a 中，$e_{ba} = 5\mathrm{V}$，正确，因 b 点到 a 点电压上升。

图 1-33b 中，$u_{ab} = 5\mathrm{V}$，正确，因 a 点到 b 点电压下降。

图 1-33c 中，$e_{ab} = 5\mathrm{V}$，错误，因 a 点到 b 点电压下降。

图 1-33d 中，$e_{dc} = 5\mathrm{V}$，错误，因电阻不存在电动势，电动势是电源独有概念。

注：电动势为正表示电压上升。电压为正表示电压下降。

1-21 如图 1-34 所示，在某电容 $C = 0.1\mathrm{F}$ 两端施加电压源 $u_s(t) = 10\cos(314t + 30°)$ V，求：电路稳定后流经电容的电流是多少？电压源输出的平均功率是多少？

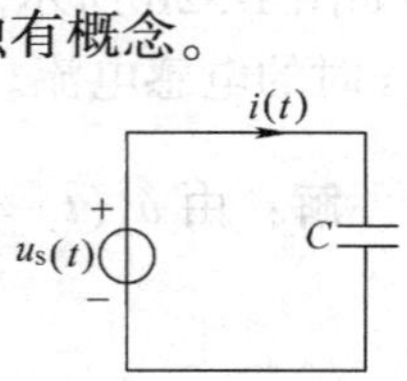

图 1-34 题 1-21 图

解：由电容 u—i 基本关系 $i = C\dfrac{\mathrm{d}u}{\mathrm{d}t}$，有

$$\begin{aligned} i(t) &= 0.1[10\cos(314t + 30°)]t\mathrm{A} \\ &= -314\sin(314t + 30°)\mathrm{A} \end{aligned}$$

$$\begin{aligned} P &= \frac{1}{T}\int_0^T p\mathrm{d}t = \frac{1}{2\pi}\int_0^{2\pi} u_s(t)i(t)\mathrm{d}(t) \\ &= \left(\frac{1}{2\pi}\int_0^{2\pi} -10\cos(314t + 30°) \times 314\sin(314t + 30°)\mathrm{d}t\right)\mathrm{W} = 0 \end{aligned}$$

注：电容吸收的平均功率为零表明电容不是耗能元件，只具有能量的存储与交换功能。

1-22　实际独立电压源的特性并不理想，存在内阻 R_0。其等效电路如图 1-35 所示。试分析：当电源短路时的输出电压与输出电流是多少？当电源开路时，输出电压与输出电流如何？当电源两端连接负载电阻 R_L 工作时，伴随输出电流 i 上升，电源输出电压 u 的变化趋势如何？（注：点画线框内为实际独立电压源整体）

解：(1) 电压源短路，相当把 a、b 两点用导线直接连接，$u=0$，而 $i=\dfrac{u_s}{R_0}$，在内阻很小情况下，短路电流 i 很大，时间过长会损坏电源。

(2) 电压源开路，a 与 b 两点悬浮，$u=u_s$，但 $i=0$。

(3) 当电源接负载 R_L 时，有 $u_s=u+R_0i$ 或 $u=u_s-R_0i$，显然，$i\uparrow\rightarrow u\downarrow$，变化曲线如图 1-36 所示，即随着 i 上升，电源输出电压 u 下降。

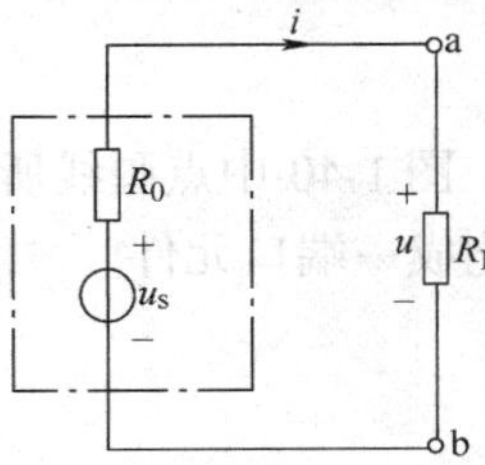

图 1-35　题 1-22 图

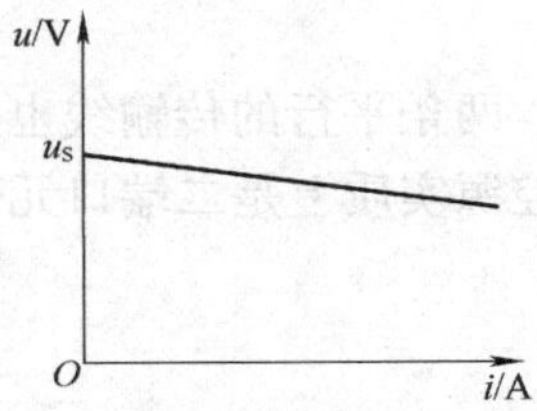

图 1-36　实际独立电压源特性

1-23　实际独立电流源的特性并不理想，如图 1-37 点画线框内所示等效电路，存在漏导 G_0，试分析：当电流源短路时输出电压 u 与输出电流 i 如何？而当电流源开路时，u 等于多少？i 等于多少？当电流源两端连接负载电阻 R_L 时，如输出电压 u 上升，电源输出电流 i 的变化趋势如何？

解：(1) 电流源短路，相当 $R_L=0$，$u=0$，$i=i_s(t)$。

(2) 电流源开路，相当 $R_L\rightarrow\infty$，$u=\dfrac{i_s(t)}{G_0}$，$i=0$，因 G_0 很小，u 的数值会很大。

(3) 电流源接普通负载电阻 R_L，有关系式

$$i=i_s(t)-uG_0$$

显然，$u\uparrow\rightarrow i\downarrow$，变化曲线如图 1-38 所示。

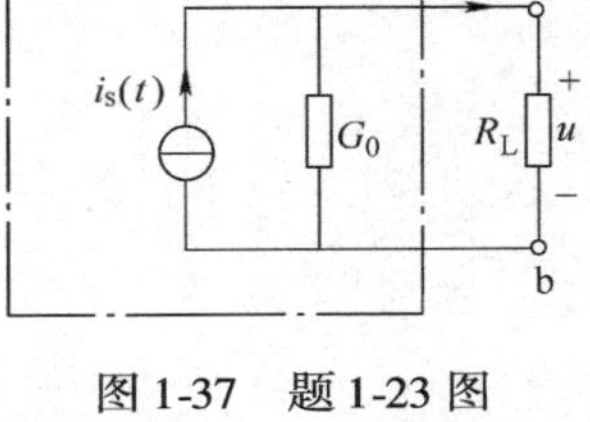

图 1-37　题 1-23 图

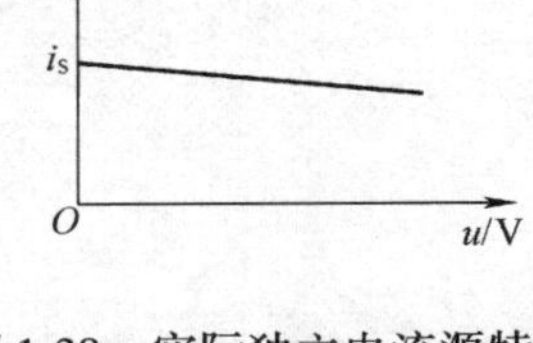

图 1-38　实际独立电流源特性

1-24　如何将电阻用电流控制电压源（CCVS）表达？如何将电阻用电压控制电流源（VCCS）表达？（提示：把二端口元件的两个端口重合，使之退化为一端口元件或二端元件。）

解：(1) 电阻的 CCVS 模型演变如图 1-39 所示。

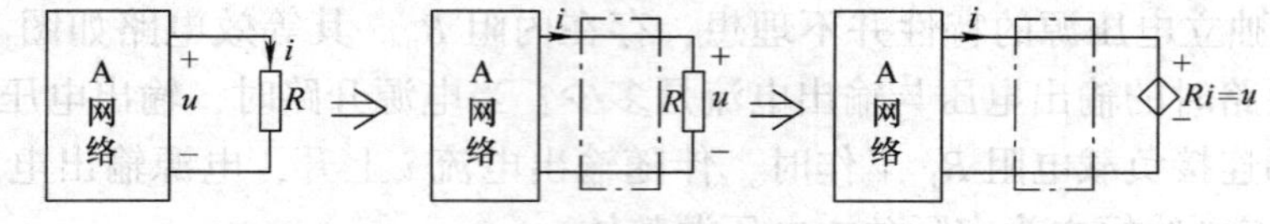

图 1-39 电阻 CCVS 模型

(2) 电阻的 VCCS 模型演变如图 1-40 所示。

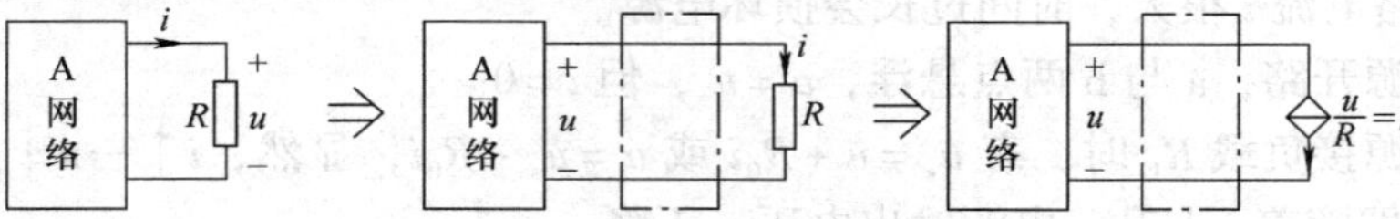

图 1-40 电阻 VCCS 模型

注：1）两条平行的传输线也是二端口网络，如图 1-39、图 1-40 中点画线所框。

2）受控源实质上是二端口元件，但特殊情况下也可退化成一端口元件。

第 2 章　电路基本定律

【本章学习要点】

本章介绍电路理论最重要的内容，这些内容构成了经典电路理论大厦的基石。这些内容是：基尔霍夫定律、欧姆定律、线性定律和功率守恒定律。为简化论述，本章内容以分析简单的电阻电路为背景，但结论适合所有线性集总参数电路。

学习难点：基尔霍夫定律；线性定律。

2.1　基尔霍夫定律

基尔霍夫定律实质上反应了电路作为一个复杂网络，各个电路元件相互连接的几何拓扑特性，它所提供的关系式与电路元件的具体特性无关，因而最基本、最普遍。

1. 基尔霍夫电流定律（KCL）

基尔霍夫电流定律（Kirchhoff current law，KCL）：

集总参数电路任何时刻沿若干支路流入某节点的电流之和等于流出该节点的电流之和。

用公式表达为

$$\sum_{\text{in}} i = \sum_{\text{out}} i \tag{2-1}$$

假如规定流出某节点的电流取正号，则流入某节点的电流必定取负号，即有 $\sum_{\text{in}}(-i) + \sum_{\text{out}} i = 0$，推论：流入与流出某节点的电流代数和为零。因此得到**KCL 更为简洁的形式**

$$\sum i = 0 \tag{2-2}$$

采用“黑匣子”理论可以扩大 KCL 的适用范围。**密封于“黑匣子”之中的立体电路等同于一个节点**，KCL 自然适用！相似结论：**在平面电路中，假如某部分电路可以用封闭曲线围合，可以将围合电路等同于一个节点**，KCL 自然适用！

2. 基尔霍夫电压定律（KVL）

基尔霍夫电压定律（Kirchhoff Voltage Law，KVL）：

集总参数电路任何时刻沿任意回路各个部分电压的代数和为零，即

$$\sum u = 0 \tag{2-3}$$

在实际应用 KVL 时，一般规定一个回路绕行方向，**标示电压下降的方向**。当回路某部分电压的参考方向与绕行方向一致时，该电压分量取正，反之取负。

由回路绕行方向的规定，电压分量取正表示电压下降、电压分量取负表示电压上升。因此有另一表达方式

$$\sum_{\text{down}} u = \sum_{\text{up}} u \tag{2-4}$$

即任意回路电压降的代数和等于电压升的代数和。

电动势使电场能量上升，是电压升，则单独将电动势分离出来，KVL 还可以写成

$$\sum u = \sum e \tag{2-5}$$

式（2-5）说明，在一个回路里，电压分量的代数和等于电动势分量的代数和。在可以区分回路中电压分量与电动势分量的情况下，应用式（2-5）比较方便。

KVL 实质上说明电路两点之间电压的计算与路径无关。

2.2 典型支路欧姆定律

本节将单一元件的欧姆定律推广到更加一般化的“典型支路”。

典型支路：在图 2-1a 中，一个电阻串联一个电压源，再并联一个电流源的组合叫典型支路。

特殊情况下，如图 2-1b 所示，当典型支路的电流源电流为零时，则得到常见的电阻串联电压源的组合；如图 2-1c 所示，当典型支路的电压源电压为零时，则得到常见的电阻并联电流源的组合；如图 2-1d 所示，当典型支路的电压源电压和电流源电流全为零时，则得到常见的无源电阻支路；如图 2-1e 所示，典型支路中的电压源可以包含受控电压源。如图 2-1f 所示，典型支路中的电流源可以包含受控电流源。支路两端的电压叫支路电压，流经支路的电流叫支路电流。在图 2-1a 中，注意支路电压 u 与支路电流 i 的**准确位置**。

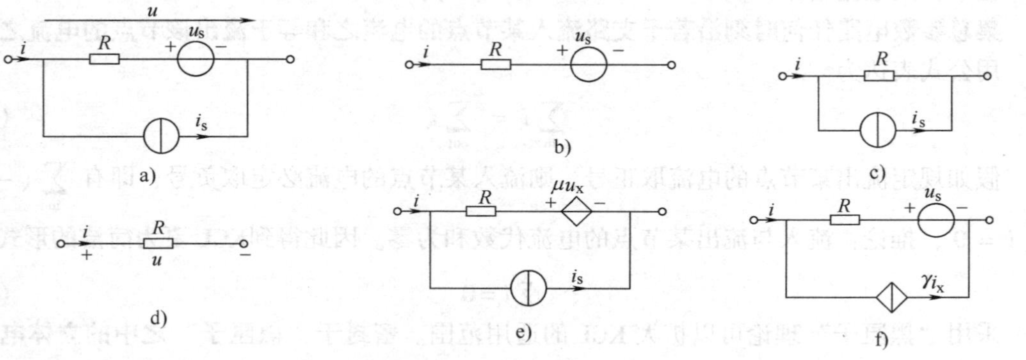

图 2-1　典型支路的定义

典型支路欧姆定律：假设图 2-1a 所示典型支路中，支路电压 u 与支路电流 i 的参考方向取关联方向，则有如下关系称为典型支路欧姆定律：

$$R = \frac{u - u_s}{i - i_s} \tag{2-6}$$

式中，u_s 与 i_s 分别是电压源的电压和电流源的电流；R 为支路电阻。

2.3 线性定律

叠加原理和**齐性原理**二者合一，就构成**线性定律**。

事实上，线性定律是任何线性系统必然遵守的规律，线性电路也不例外。但当分析的电路涉及非线性电路元件或运算关系时，线性定律将失效。

1. 叠加原理

叠加原理：线性电路中有多个独立电源。当全部独立电源共同作用时，在任一支路产生的电流（或任意两点间产生的电压）等于各个独立电源单独作用时在该支路产生的电流（或该两点间产生的电压）的代数和。

叠加原理实质上是将复杂电路问题分解成若干相对简单问题分别解决，采用科学研究常用的“分解”思想，很多情况下可以降低电路分析的难度。

叠加原理的运用要点总结如下：

1）首先将独立电源分组（一般情况下的分组方案是一个电源一组，但也可几个电源分为一组。），分组的原则是使相应的“分电路”易于求解。

2）画出各组电源单独作用时的“分电路”。在分电路中，将暂不考虑的电源“置零”，即独立电压源短路、独立电流源开路，电路其他部分不变（包括受控源）。

3）在各个“分电路”中，电压与电流的参考方向与原电路相同，所求响应在叠加时，应注意根据原有参考方向确定各个分量的 ± 号，并求取代数和。

4）叠加原理不适用于功率的计算。由电阻的功率计算公式 $p=i^2R=u^2/R$ 可见，功率 p 与电压 u 或电流 i 不是比例关系，或者说不是线性关系。由于叠加原理仅适用于线性系统，因此计算功率采用叠加原理自然失效。

叠加原理的重要性在于它为电路理论提供了重要的理论基础，利用它形成一种解题技巧反倒是次要的。事实上，很多情况下利用叠加原理分析电路虽然可以降低难度，但不一定简单和效率高。

2. 齐性原理

齐性原理：在线性电路中，如果某激励（独立电源）的大小变化 k 倍，那么该激励贡献给电路各个支路电流或任意两点间电压的“分量”也将变化 k 倍。

3. 线性定律

线性定律：线性电路中有多个独立电源。首先将各个电源进行比例变换，分别变换为原有电源的 k_1 倍、k_2 倍……。然后将比例变换后的电源共同作用于电路，则在任一支路产生的电流（或任意两点间产生的电压）等于各个独立电源单独作用时在该支路产生的电流（或该两点间产生的电压）进行相应比例变换后的叠加。

公式表达为

$$f_x=\sum k_m f_{um}+\sum k_n f_{in}$$

式中，f_x 为电路总响应，可以是某支路电流，也可是某两点间电压；f_{um} 与 f_{in} 则是各个激励 u_{sm} 与 i_{sn} 单独作用时产生的响应。

显然，线性定律是叠加原理和齐性原理的综合。

2.4　功率守恒定律

功率守恒定律（特勒根第一定理）：某电路具有 b 条支路，各支路电流为（i_1，i_2，…，i_b），各支路电压为（u_1，u_2，…，u_b），且各支路的电流与电压取关联参考方向，则在任何时刻，全部支路吸收功率的代数和为零。公式表达为

$$\sum_{k=1}^{b} u_k i_k = 0$$

功率守恒定律又称为**特勒根第一定理**，实质上表达了在一个电路系统中，电源提供（或发出）的功率与电路吸收的功率相等，就整个系统而言，功率是守恒的。

本章习题及其解答

2-1 试计算图 2-2 中各支路的支路电压 u，或支路电流 i。

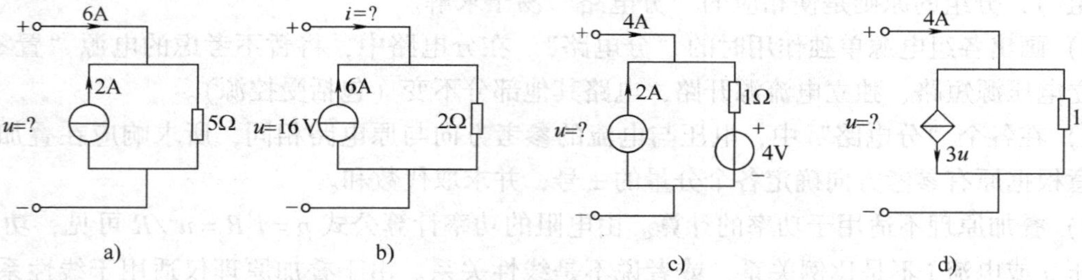

图 2-2 题 2-1 图

解：（1）图 2-2a 中，$u=[(6+2)\times 5]\text{V}=40\text{V}$。

（2）图 2-2b 中，$i=\frac{16}{2}\text{A}-6=2\text{A}$。

（3）图 2-2c 中，$u=(4+2)\times 1\text{V}+4\text{V}=10\text{V}$。

（4）图 2-2d 中，$u=(4-3u)\times 1$，$4u=4\text{V}$，$u=1\text{V}$。

注：本题练习典型支路欧姆定律。

特别要弄清楚支路电压 u 与支路电流 i 的确切位置，在图 2-3 所示电路中

$$R=\frac{u-u_s}{i-i_s}$$

2-2 利用 KCL 与 KVL 确定图 2-4 中全部未知电流 i_1、i_2、i_3、i_4、i_5。已知 $R=1\Omega$。

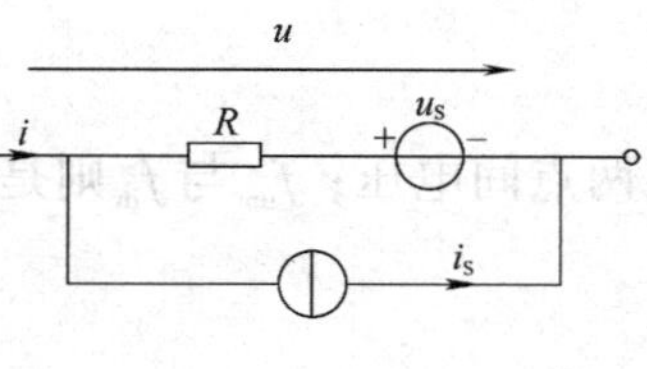

图 2-3

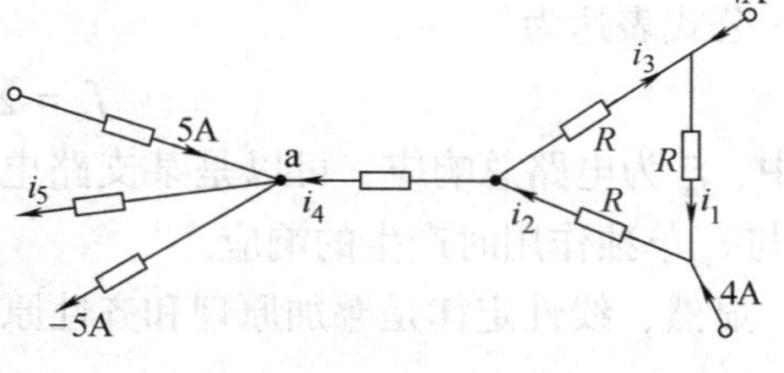

图 2-4 题 2-2 图

解：把整个三角形连接的电阻当成一个节点，有 $i_4-4-4=0$，得 $i_4=8\text{A}$。

注：节点的概念可以扩展到封闭的平面电路结构或封闭的立体电路结构。

在 a 点用 KCL，有 $i_5-5+(-5)-i_4=0$，得 $i_5=18\text{A}$。

求解方程，计算 i_1、i_2、i_3

$$\begin{cases}Ri_1+Ri_2+Ri_3=0(\text{KVL})\\ i_1-i_3-4=0(\text{KCL})\\ i_2-i_1-4=0(\text{KCL})\end{cases}$$

解得：$i_1=0$，$i_2=4\text{A}$，$i_3=-4\text{A}$。

2-3　图2-5中，已知$u_s=10\text{V}$、$i_1=2\text{A}$、$R_1=4\Omega$、$R_2=1\Omega$，求i_2。

解：左侧窗口应用KVL

$$u_1+4\times2=10$$

右侧窗口应用KVL

$$i_2\times1+3u_1=2\times4$$

可得：

$$u_1=2\text{V}\qquad i_2=(8-6)\text{A}=2\text{A}$$

2-4　求图2-6中电压u_{cb}。（其中$\alpha=0.01$）

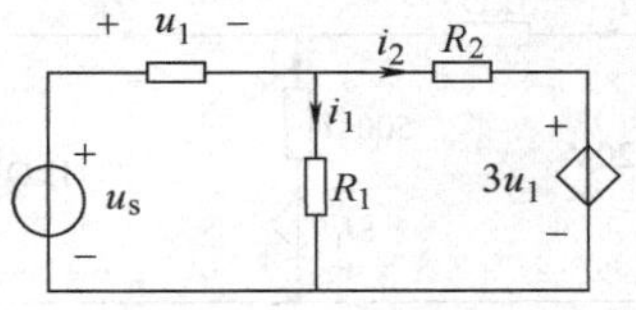

图2-5　题2-3图

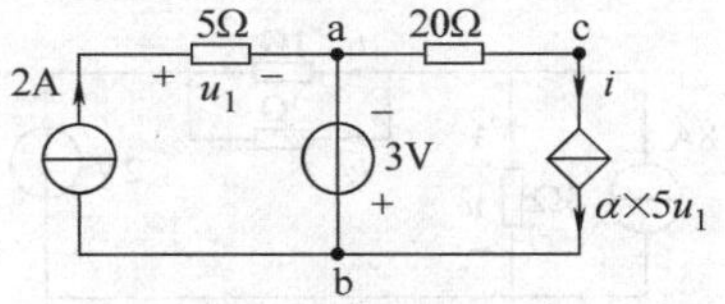

图2-6　题2-4图

解：

$$u_1=(2\times5)\text{V}=10\text{V}$$
$$i=5\times0.01\times u_1,\ i=0.5\text{A}$$
$$u_{cb}=-(u_{ba}+u_{ac})=-(3+20i)$$
$$u_{cb}=-(3+20\times0.5)\text{V}=-13\text{V}$$

注：计算两点电压，先选一个通达的路径，然后分段计算电压，再取代数和。

2-5　如图2-7所示电路，列出所有可能的回路KVL方程，列出所有节点的KCL方程。这些方程都相互独立吗？

解：由KCL方程可知，只有$n-1=4-1=3$，三个方程独立，例如

$$i_1+i_2+i_4=0$$
$$-i_2+i_3+i_5=0$$
$$-i_1-i_3-i_6=0$$

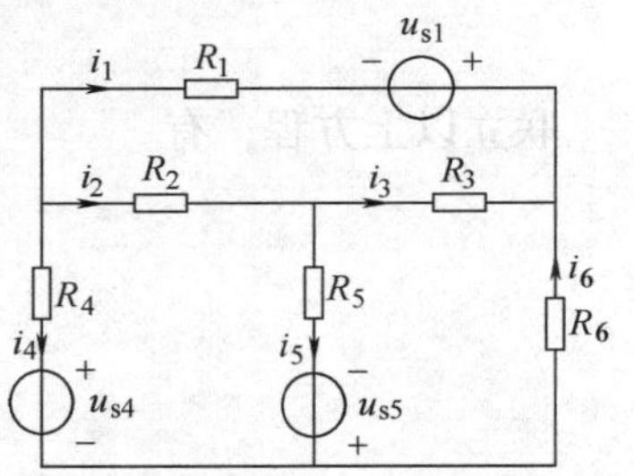

图2-7　题2-5图

而$-i_4-i_5+i_6=0$不独立，可由前三个方程推导出来。

由KVL方程可知，有$b-(n-1)=6-(4-1)=3$，三个方程独立，因为平面电路的独立方程列写最好依据网孔，所以有

$$R_1i_1-u_{s1}-R_3i_3-R_2i_2=0$$
$$R_2i_2+R_5i_5-u_{s5}-u_{s4}-R_4i_4=0$$
$$R_3i_3-R_6i_5+u_{s5}-R_5i_5=0$$

而余下的回路方程都不独立，可由上面三个方程推导，即

$$R_1i_1-u_{s1}-R_6i_6-u_{s4}-R_4i_4=0$$

$$R_2i_2+R_3i_3-R_6i_6-u_{s4}-R_4i_4=0$$
$$R_1i_1-u_{s1}-R_3i_3+R_5i_5-u_{s5}-u_{s4}-R_4i_4=0$$
$$R_1i_1-u_{s1}-R_6i_6+u_{s5}-R_5i_5-R_2i_2=0$$

2-6 利用 KVL 与 KCL 确定图 2-8 中电压 u。

解：由 KVL 回路方程可得：

$$(8-i_3)\times\frac{2}{3}+2=u$$

而 $u=3i_3$，有

$$\left(8-\frac{u}{3}\right)\times\frac{2}{3}+2=u$$

解得 $u=6\text{V}$。

2-7 求图 2-9 中的 I_1、U_o。

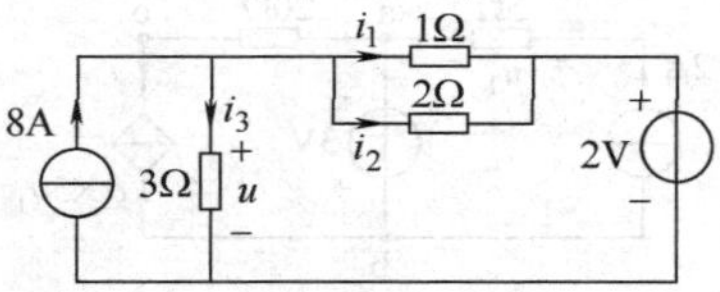

图 2-8 题 2-6 图

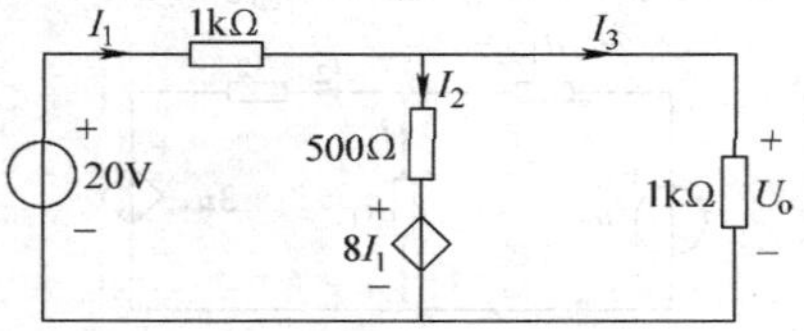

图 2-9 题 2-7 图

解：本题电阻单位取 kΩ，如电压单位仍为 V，则计算出电流的单位为 mA。图 2-9 中 $500\Omega=0.5\text{k}\Omega$。

由 KCL

$$I_1=I_2+I_3$$

由 KVL

$$I_1+0.5I_2+8I_1=20$$
$$I_1+I_3=20$$

联立以上方程，有

$$\begin{cases}I_1=I_2+I_3\\9I_1+0.5I_2=20\\I_1+I_3=20\end{cases}$$

$$\begin{cases}I_1=3\text{mA}\\I_2=-14\text{mA}\\I_3=17\text{mA}\end{cases}$$

解得：$U_o=1\text{k}\Omega\times I_3=17\text{V}$。

2-8 求图 2-10 中的电压 U_1。

解：分别沿左、右两路经列写 KVL 方程

$$10i+10U_1=U_1$$
$$-i+2=U_1$$

解得：$U_1=20\text{V}$。

2-9　利用叠加原理确定图 2-11 中的电压 u。

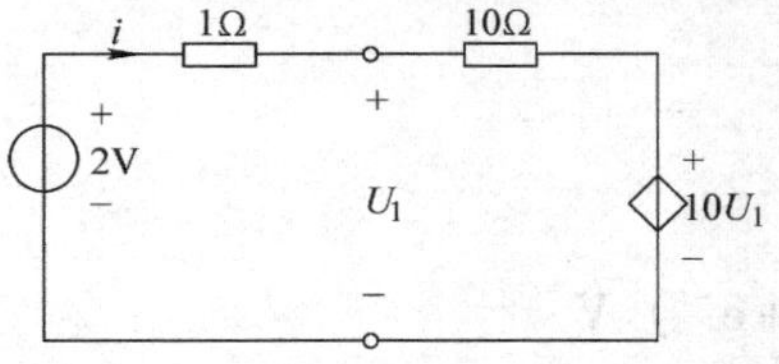

图 2-10　题 2-8 图

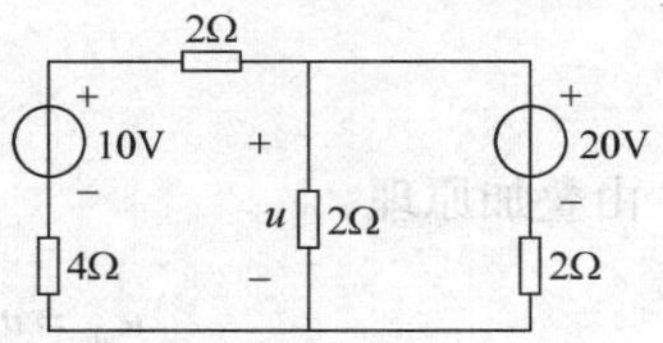

图 2-11　题 2-9 图

解：（1）由图 2-12a，电阻分压得

$$u' = \frac{1}{7} \times 10\text{V} = \frac{10}{7}\text{V}$$

（2）由图 2-12b，电阻分压得

$$u'' = \frac{\frac{3}{2}}{2 + \frac{3}{2}} \times 20\text{V} = \frac{3}{4+3} \times 20\text{V} = \frac{60}{7}\text{V}$$

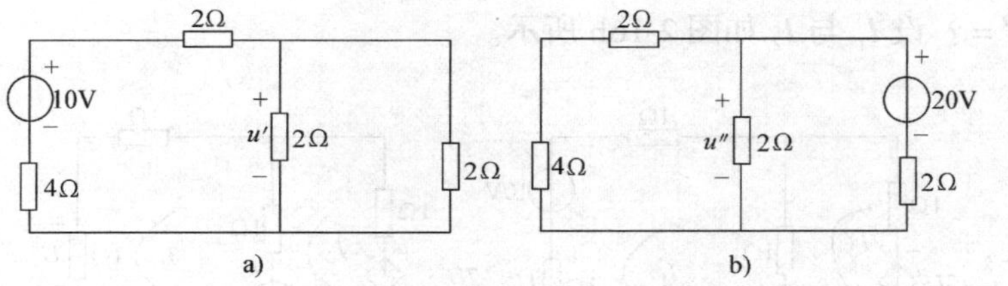

图　2-12

（3）由叠加原理

$$u = u' + u'' = \frac{10}{7}\text{V} + \frac{60}{7}\text{V} = \frac{70}{7}\text{V} = 10\text{V}$$

2-10　利用叠加原理求图 2-13 中开路电压 u_{ab}。（电压、电流、电阻取标准单位，且 a、b 两端开路）

解：（1）由图 2-14a 得：

$$u'_{ab} = \frac{1}{4}\sin t\text{V}$$

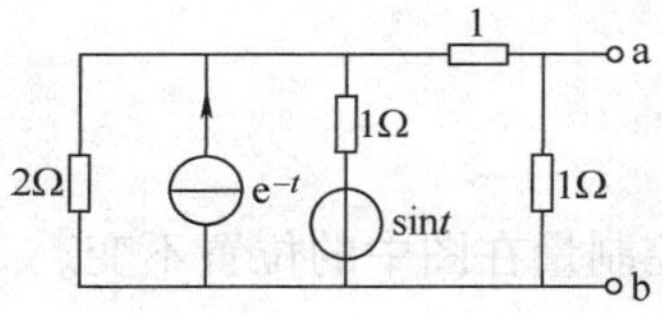

图 2-13　题 2-10 图

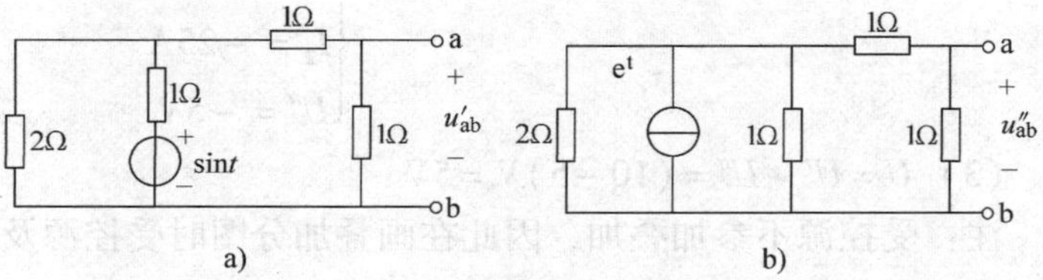

图 2-14　分解图

（2）由图 2-14b 得：

$$u''_{ab} = \frac{1}{4}e^{-t}V$$

（3）由叠加原理

$$u_{ab} = u'_{ab} + u''_{ab} = \frac{1}{4}\ (\sin t + e^{-t})\ V$$

2-11 利用叠加原理求图 2-15 中的电压 U。

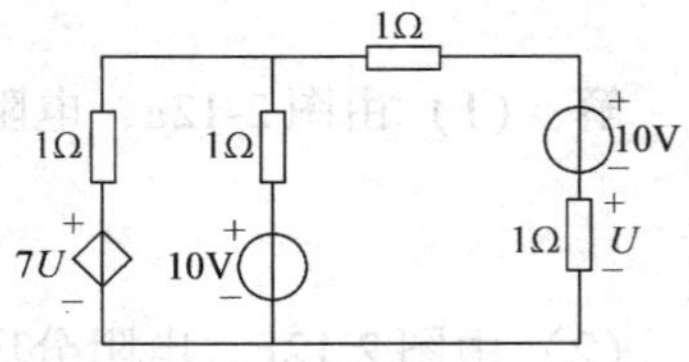

图 2-15 题 2-11 图

解：（1）求 U' = ？设 I_1 与 I_2 如图 2-16a 所示。

由 KVL 得：

$$\begin{cases} 3I_1 - I_2 = -10 \\ -I_1 + 2I_2 = 7U' \\ U' = I_1 \end{cases}$$

解得：

$$\begin{cases} I_1 = 10A \\ I_2 = 4I_1 = 40A \\ U' = 10V \end{cases}$$

（2）求 U'' = ？设 I_1 与 I_2 如图 2-16b 所示。

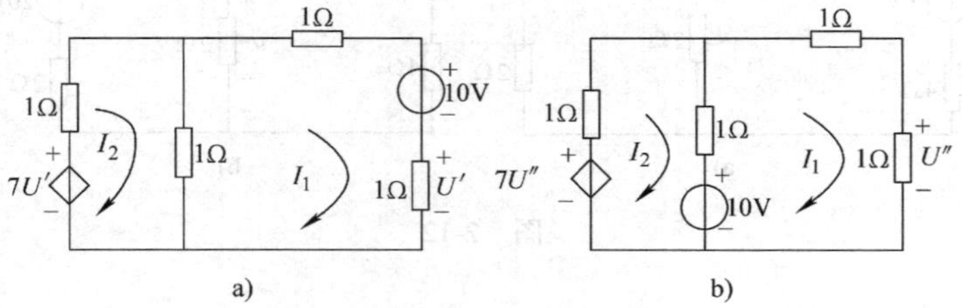

图 2-16 分解图

由 KVL 得：

$$\begin{cases} 3I_1 - I_2 = 10 \\ -I_1 + 2I_2 = 7U'' - 10 \\ U'' = I_1 \end{cases}$$

解得：

$$\begin{cases} I_1 = 5A \\ I_2 = -25A \\ U'' = -5V \end{cases}$$

（3）$U = U' + U'' = (10-5)V = 5V$

注：受控源不参加叠加，因此在画叠加分图时受控源及其控制量在图中的位置不变。

2-12 应用齐性原理求图 2-17 中梯形电路中各支路电流与 u_o。

解：采用倒推方法，假定 $u_o = 6V$，则

$$i_5=1\text{A}\qquad u_1=11\text{V}\qquad i_4=11/4\text{A}\qquad i_3=\left(1+\frac{11}{4}\right)\text{A}=\frac{15}{4}\text{A}$$

$$u_2=\left(\frac{15}{4}\times 3\right)\text{V}+u_1=\left(\frac{45}{4}+11\right)\text{V}=22\frac{1}{4}\text{V}$$

$$i_2=\frac{89}{8}\text{A}=11\frac{1}{8}\text{A}\qquad i_1=i_2+i_3=\left(11\frac{1}{8}+\frac{30}{8}\right)\text{A}=\frac{119}{8}\text{A}$$

$$u_s'=i_1\times 1\Omega+u_2=\left(\frac{119}{8}+\frac{89}{4}\right)\text{V}=\frac{297}{8}\text{V}$$

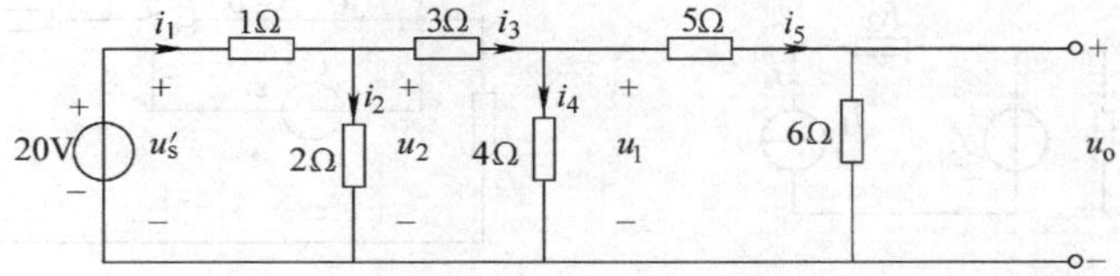

图2-17　题2-12图

而实际 $u_s=20\text{V}$，由齐性原理激励与响应同比例变化，有

$$\frac{\frac{297}{8}}{20}=\frac{6}{u_o}$$

$$u_o=\frac{6\times 20\times 8}{297}\text{V}=3.23\text{V}$$

2-13　在图2-18所示集成电路中，当电源 i_{s1} 与 u_{s1} 反向时（u_{s2} 不变），输出电压 u_{ab} 是原有值的0.5。当电源 i_{s1} 与 u_{s2} 反向时（u_{s1} 不变），输出电压 u_{ab} 是原有值的0.3倍。问：仅仅 i_{s1} 反向（u_{s1} 与 u_{s2} 均不变），输出电压 u_{ab} 是原有值的几倍？

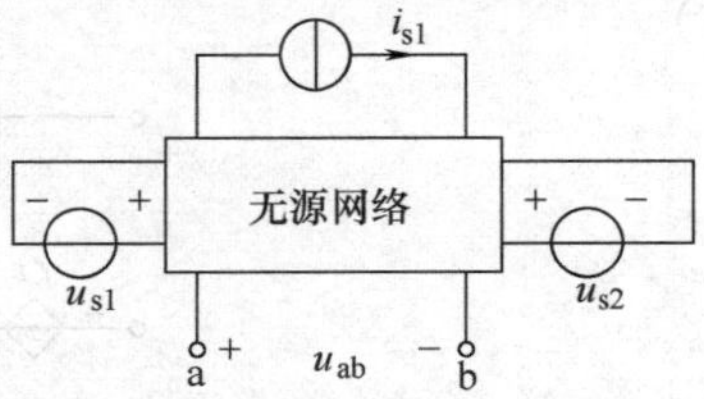

图2-18　题2-13图

解：由叠加原理得

$$u_{ab}=k_1i_{s1}+k_2u_{s1}+k_3u_{s2}\qquad ①$$

由条件1得

$$0.5u_{ab}=-k_1i_{s1}-k_2u_{s1}+k_3u_{s2}\qquad ②$$

由条件2得

$$0.3u_{ab}=-k_1i_{s1}+k_2u_{s1}-k_3u_{s2}\qquad ③$$

由条件3得

$$xu_{ab}=-k_1i_{s1}+k_2u_{s1}+k_3u_{s2}\qquad ④$$

把式①～式③直接相加，有

$$1.8u_{ab}=-k_1i_{s1}+k_2u_{s1}+k_3u_{s2}$$

显然，上式右侧完全符合条件3情况，对比式④，得到 $x=1.8$ 倍。

2-14　图2-19所示电路中，$R_1=1\Omega$，$R_2=2\Omega$，$u_s=1\text{V}$，$i_s=2\text{A}$，其中电流源 i_s 发出功率为12W，求受控源的系数 γ。

解：规定电流源 i_s 的电压 u 的参考方向为上正下负。由功率计算公式得

$$-ui_s=-12\text{W}\qquad u=6\text{V}$$

注：u 与 i_s 参考方向不关联，且发出功率规定取负值。

对右侧电路 KVL，有

$$\gamma i_1 + R_2 i_s - u = 0 \qquad i_1 = \frac{u_s}{R_1}$$

代入已知数据，得 $\gamma = 2$。

2-15 图 2-20 中，$U_{s1} = 10\text{V}$，$U_{s2} = 15\text{V}$，当开关 S 在位置 a 时，电流表读数 $I' = 40\text{mA}$；当开关 S 在位置 b 时，电流表读数 $I'' = -60\text{mA}$；当开关 S 在位置 c 时，电流表读数为多少？

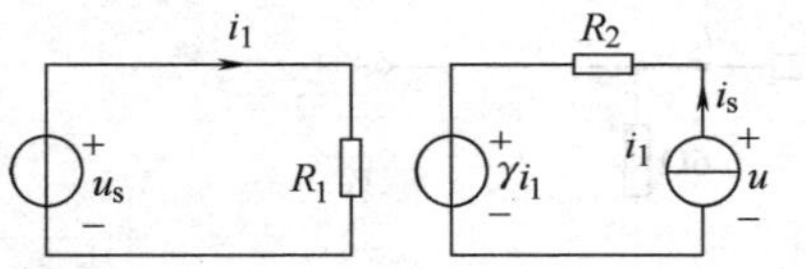

图 2-19 题 2-14 图

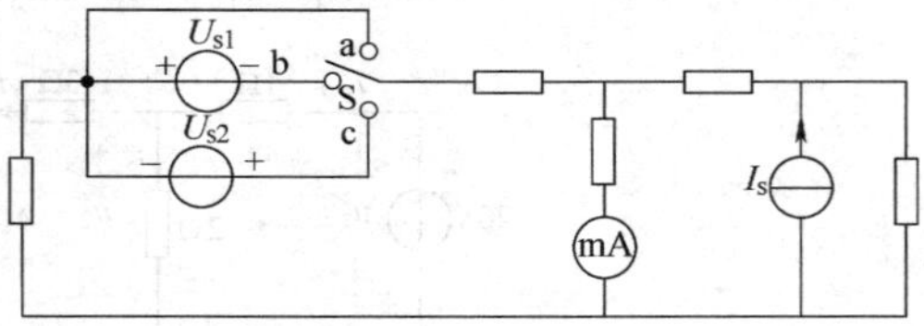

图 2-20 题 2-15 图

解：（1）开关在 a 时，I_s 单独作用，有 $I' = 40\text{mA}$。

（2）开关在 b 时，I_s 与 U_s 联合作用，且 $U_{s1} = 10\text{V}$，这时有 $I' + I'' = -60\text{mA}$，得 $I'' = -100\text{mA}$（I''为 U_{s1} 单独作用的贡献）。

（3）开关在 c 点时，I_s 与 U_{s2} 联合贡献，但比较 I_s 与 U_{s1} 的联合作用，$U_{s2} = 1.5U_{s1}$，所以总贡献为

$$I' + 1.5I'' = 40\text{mA} + 1.5 \times (-100\text{mA}) = -110\text{mA}$$

2-16 分别求图 2-21a、b 所示一端口电路的端口方程（即端口电压与电流的 u—i 关系）。

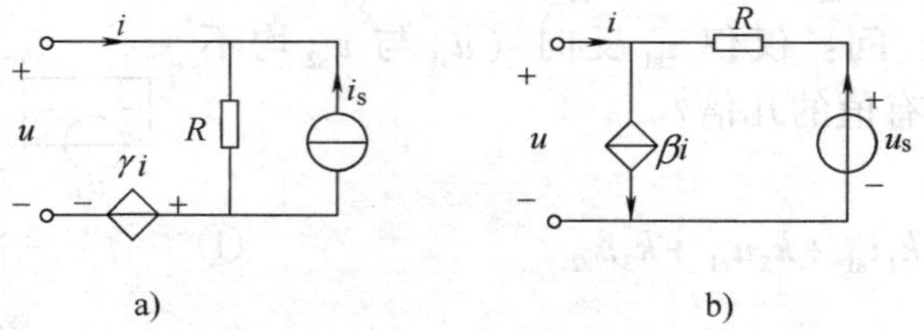

图 2-21 题 2-16 图

解：（1）采用激励法，在图 2-22a 所示端口加电压源 $u_s = u$，再按 a→b→c 回路计算电压得关系

$$u = R(i + i_s) + \gamma i$$

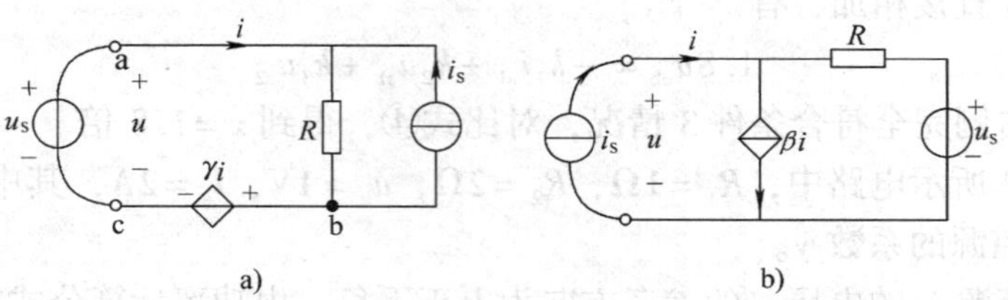

图 2-22

$$u=(R+\gamma)i+Ri_s$$

（2）采用激励法，在图 2-22b 所示端口加电流源 $i_s=i$，得

$$u=(i-\beta i)R+u_s$$

$$u=(1-\beta)Ri+u_s$$

2-17　图 2-23 示电路中，$U_{s1}=1\text{V}$ 时，$U=\dfrac{4}{3}\text{V}$。求 $U_{s1}=1.2\text{V}$ 时，电压 U 等于多少？

解：将 U_{s1} 分解成两部分，即

$$U_{s1}=U'_{s1}+U''_{s1}=1.2\text{V}=1\text{V}+0.2\text{V}$$

则电路响应也分成两部分

$$U=U'+U''$$

式中，U' 为当 $U_{s1}=1\text{V}$ 时，其余两电源不变时的响应。

按已知，$U'=\dfrac{4}{3}\text{V}$，而 U'' 为 $U''_{s1}=0.2\text{V}$ 单独作用，其余电源归零时的响应，相应电路如图 2-24 所示。

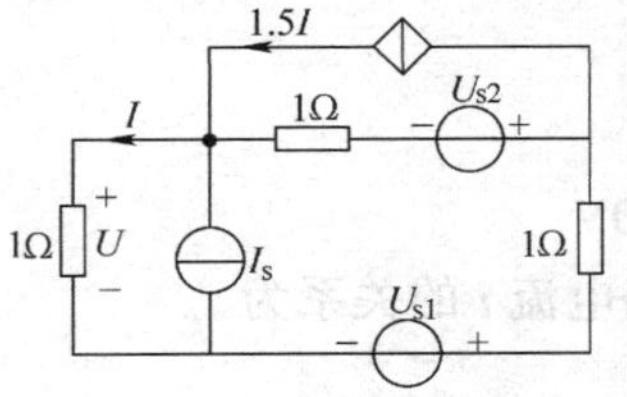

图 2-23　题 2-17 图

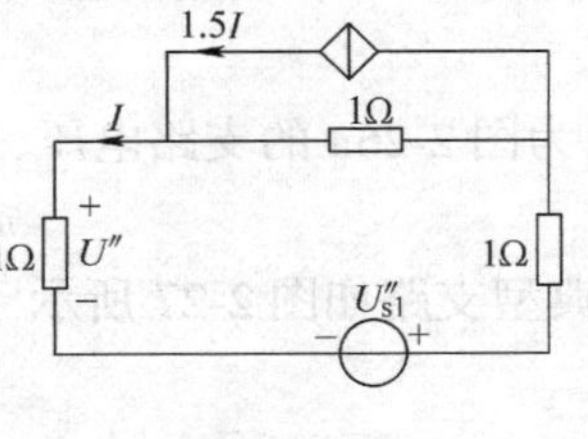

图　2-24

由 KVL 得

$$1\times I-0.5I+1\times I=U''_{s1}$$

$$I=\frac{0.2}{1.5}\text{A}=\frac{2}{15}\text{A}\qquad U''=1\Omega\times I=\frac{2}{15}\text{V}$$

由叠加原理

$$U=U'+U''=\left(\frac{4}{3}+\frac{2}{15}\right)\text{V}=\frac{22}{15}\text{V}$$

2-18　图 2-25 中，N 为线性含源电阻网络，$R=100\Omega$，已知：$I_s=0$ 时，$I=1.2\text{mA}$；$I_s=10\text{mA}$ 时，$I=1.4\text{mA}$。求当 $I_s=15\text{mA}$ 时，电流 I 等于多少？

解：（1）$I_s=0$ 相当电流源开路不作贡献，此时响应 $I'=1.2\text{mA}$ 必为网内（N 网）全部电源对总响应的贡献。

（2）当 $I_s=10\text{mA}$ 时，N 网内全部电源也参加贡献，这时 $I=1.4\text{mA}$（全部电源贡献）。由此推断，$I_s=10\text{mA}$ 单独贡献

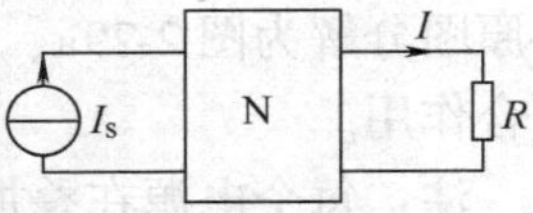

图 2-25　题 2-18 图

$$I''=I-I'=1.4\text{mA}-1.2\text{mA}=0.2\text{mA}$$

（3）当 $I_s=10\text{mA}$ 时，其单独贡献 $I''=0.2\text{mA}$ 而当 $I_s=15\text{mA}$ 时，由齐性原理，其单独贡献必然按比例变化

$$I''_x=\left(\frac{15}{10}\times0.2\right)\text{mA}=\frac{3}{2}\times\frac{2}{10}\text{mA}=\frac{3}{10}\text{mA}=0.3\text{mA}$$

（4）当 $I_s=15\text{mA}$，且 N 网其余电源也参与工作时

$$I=I''_x+I'=0.3\text{mA}+1.2\text{mA}=1.5\text{mA}$$

注：齐性原理的比例变换只适用于某激励和该激励所产生的响应分量之间，一般不能把比例变换用于全体响应。

2-19 如图 2-26 所示，分别求两条支路的各自电压 u_x 和 u_{ab}。

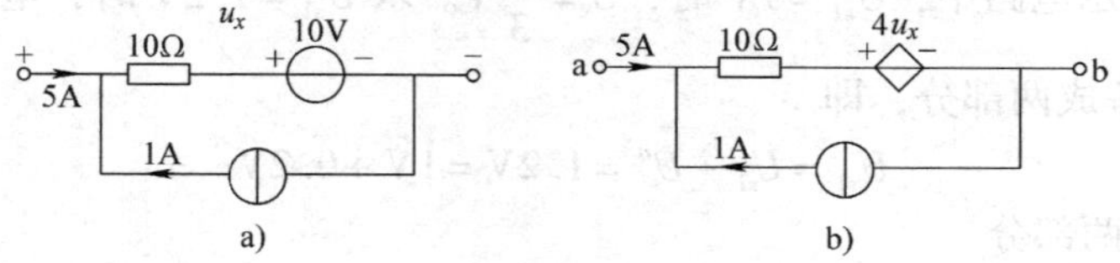

图 2-26 题 2-19 图

解：（1）由图 2-26a，利用典型支路欧姆定律，得

$$u_x=10\times(5+1)\text{V}+10\text{V}=70\text{V}$$

（2）由图 2-26b，利用典型支路欧姆定律，得

$$u_{ab}=(5+1)\times10+4u_x$$

而 u_x 为图 2-26a 的支路电压，代入，得

$$u_{ab}=60\text{V}+4\times70\text{V}=340\text{V}$$

注：典型支路如图 2-27 所示，则支路电压 u_{ab} 与支路电流 i 的关系为

$$R=\frac{u_{ab}-u_s}{i-i_s}$$

2-20 应用叠加原理求图 2-28 所示的电压 U。

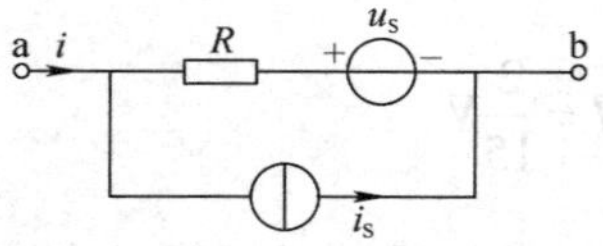

图 2-27

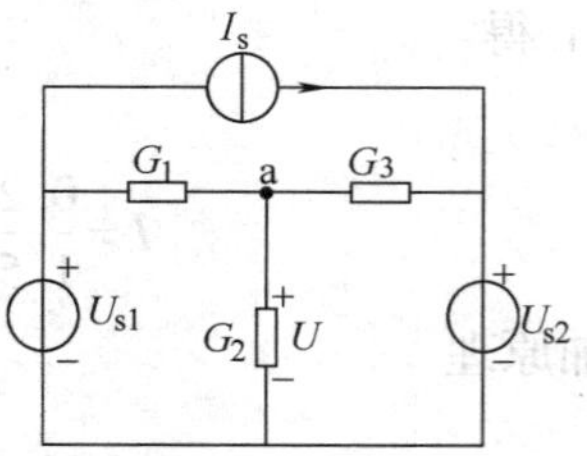

图 2-28 题 2-20 图

解：将三个独立电源分为两组考虑，其中 U_{s1} 与 U_{s2} 为一组，I_s 为一组。依据叠加原理，将原图分解为图 2-29a、b 两图。在图 2-29a 中，电流源单独作用，在图 2-29b 中，U_{s1} 与 U_{s2} 联合作用。

注：每个电源在叠加原理应用过程中只能作用一次。不作用的电压源短路，不作用的电流源开路，受控源及其控制量不变。

在图 2-29a 中，电流源经 U_{s1} 与 U_{s2} 形成的短接线直接环流，G_2 中无电流，故 $U'=0$；在图 2-29b 中，可在 a 点应用 KCL，有

$$G_1(U''-U_{s1})+G_2U''+G_3(U''-U_{s2})=0$$

$$U''=\frac{G_2U_{s2}+G_3U_{s1}}{G_1+G_2+G_3}$$

由叠加原理，电导 G_2 上最终压降为

$$U = U' + U'' = 0 + \frac{G_2 U_{s2} + G_3 U_{s1}}{G_1 + G_2 + G_3} = \frac{G_2 U_{s2} + G_3 U_{s1}}{G_1 + G_2 + G_3}$$

2-21　图 2-30 中含有受控源，用叠加原理计算电压 U。

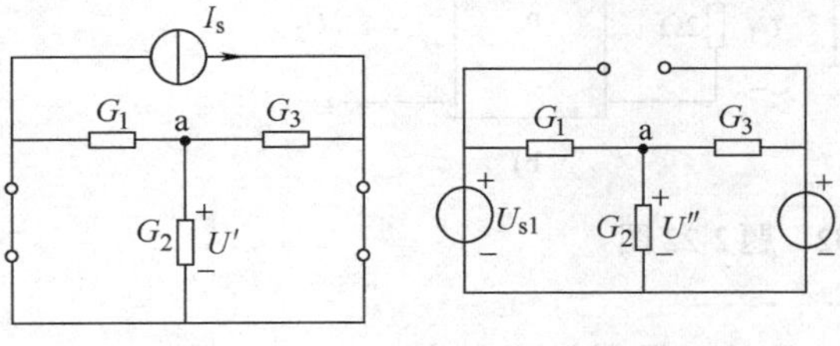

图　2-29

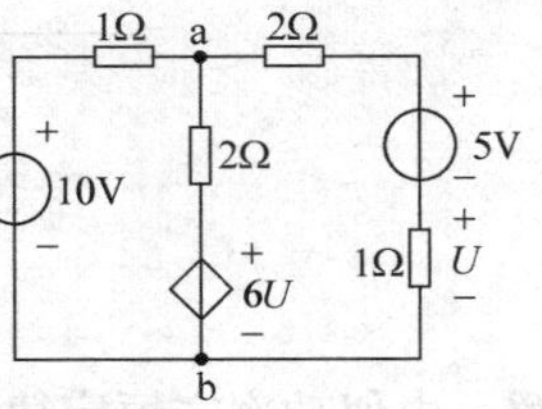

图 2-30　题 2-21 图

解：叠加原理只针对独立电源，对受控源不适用。当电路中包含受控源时，分析过程中可保持其不变（控制量也不变）。这里，将原图分解成图 2-31a、b 两图。

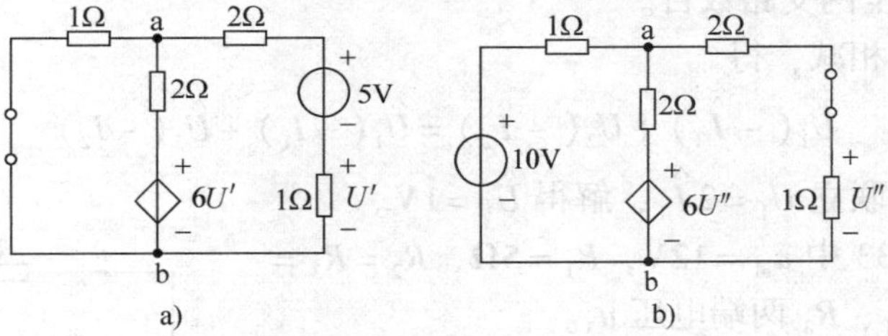

图　2-31

在图 2-31a 中，当 5V 电源单独作用时，在节点 a 列写 KCL 方程

$$\frac{U_{ab}}{1} + \frac{U_{ab} - 5}{3} + \frac{U_{ab} - 6U'}{2} = 0$$

再根据 5V 电压源所在支路的欧姆定律关系

$$U' = 1 \times \frac{U_{ab} - 5}{3}$$

联立求解，得 $U' = -3V$。

在图 2-31b 中，当 10V 电压源单独作用时，在节点 a 列写 KCL 方程

$$\frac{U_{ab}}{3} + \frac{U_{ab} - 10}{1} + \frac{U_{ab} - 6U''}{2} = 0$$

再由电阻分压公式

$$U'' = \frac{U_{ab}}{3}$$

联立求解，得 $U'' = 4V$。

依据叠加原理最终有

$$U = U' + U'' = 1V$$

2-22 图 2-32 中为两个相似网络，其中 P 为纯电阻网络，已知 $U_1=10\text{V}$，$I_1=-5\text{A}$，$U_2=0$，$I_2=1\text{A}$，$\hat{U}_2=10\text{V}$，求解 $\hat{U}_1$。（参考教材中介绍的特勒根第二定理）

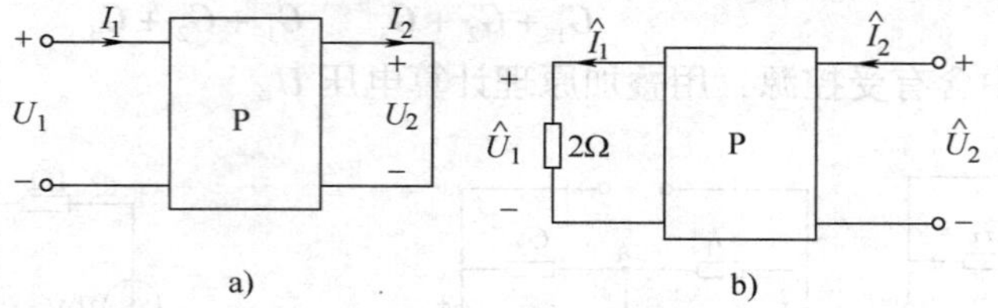

图 2-32 题 2-22 图

解： 由似功率守恒定律（即特勒根第二定理）得到如下两式：

$$U_1(-\hat{I}_1)+U_2(-\hat{I}_2)+\sum_{k=3}^{b}R_k i_k \hat{i}_k=0$$

$$\hat{U}_1(-I_1)+\hat{U}_2(-I_2)+\sum_{k=3}^{b}R_k \hat{i}_k i_k=0$$

式中，b 为两电路的全网支路数目。

将两方程式两侧相减，得

$$U_1(-\hat{I}_1)+U_2(-\hat{I}_2)=\hat{U}_1(-I_1)+\hat{U}_2(-I_2)$$

代入已知数据，联立 $\hat{U}_1=2\hat{I}_1$，解得 $\hat{U}_1=1\text{V}$。

2-23 已知图 2-33 中 $u_{s1}=12\text{V}$，$R_1=5\Omega$，$R_2=R_3=3\Omega$，求支路的电流 i_1、R_3 两端电压 u_3。

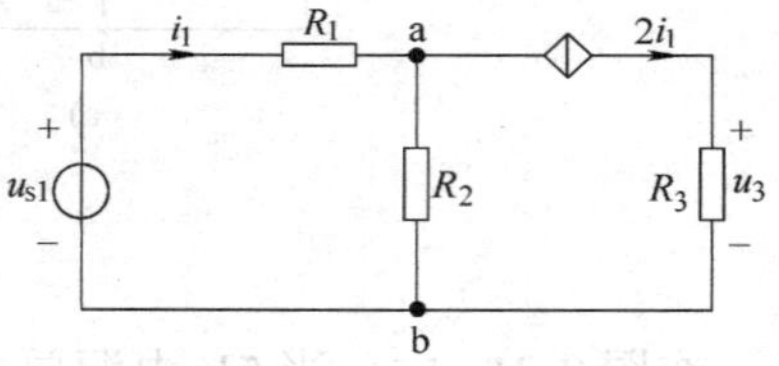

图 2-33 题 2-23 图

解： 对节点 a 应用 KCL，并对由 R_1 与 R_2 及电压源组成的回路应用 KVL，得到

$$i_1R_1+(i_1-2i_1)R_2=u_{s1}$$

解得 $i_1=6\text{A}$，则

$$u_3=(2i_1)R_3=(2\times6\times3)\text{V}=36\text{V}$$

第 3 章　电阻电路的系统分析方法

【本章学习要点】

本章论述了全面系统地分析电阻电路的基本方法，包括 2b 法，以及支路电压法和支路电流法、回路电流分析法和节点电压分析法。

学习难点：回路电流分析法；结点电压分析法。

3.1　电路的独立方程

要全面分析含有 b 条支路的电阻电路，必须求解 b 个支路电压和 b 个支路电流，共 $2b$ 个未知量。为此**必须找到 $2b$ 个线性无关的代数方程**。

集总参数电路各支路电流受到 KCL 约束，各支路电压受到 KVL 约束，这两种约束只与电路元件的连接方式有关，与元件特性无关，称为网络拓扑约束。

集总参数电路的支路电压和电流还要受到元件特性，即欧姆定律的 VCR 的约束，这类约束只与元件的 VCR 有关，与元件连接方式无关，称为元件约束。

任何集总参数电路的电压和电流都必须同时满足这两类约束关系。因此电路分析的基本方法是：根据电路的结构和参数，分别列出反映这两类约束关系的 KCL、KVL 和 VCR 方程，然后联立求解电路方程组就能得到各支路电压和电流的解答。

1. KCL 的独立方程数

n 个节点的电路，可列出的独立 KCL 方程为 $n-1$ 个。

2. KVL 的独立方程数目

n 个节点、b 条支路的电路，可列出的独立 KVL 方程数为 $b-(n-1)$。

综合得出如下结论：

n 个节点、b 条支路的电路，独立的 KCL 和 KVL 方程数目为

$$(n-1)+b-(n-1)=b$$

再考虑到 b 条支路还可以列写 b 个 VCR 方程。

结论：对于具有 b 条支路 n 个节点的连通电路，可以列出线性无关的方程数目为

$(n-1)$ 个 KCL 方程
$(b-n+1)$ 个 KVL 方程 → $(n-1)+(b-n+1)+b=2b$ 方程
b 个 VCR 方程

求解 $2b$ 方程可以得到电路的全部支路电压和支路电流，这种**原始的方法简称 2b 法**。

3.2 支路电流法和支路电压法

1. 支路电流法

上节介绍的 $2b$ 方程的缺点是方程数目太多，给手工求解联立方程组带来困难。解决这个问题可采用**支路电流法**。

如果电路仅由独立电压源和电阻构成，可将电阻元件的 VCR 方程 $u=Ri$ 代入 KVL 方程中，消去全部电阻支路电压，变成以**支路电流为变量**的 KVL 方程。加上原来的 KCL 方程，得到以 b 个以支路电流为变量的线性无关的方程组。这样，只需求解 b 个方程，就能得到全部支路电流，再利用 VCR 方程即可求得全部支路电压。

2. 支路电流法的一般步骤

1）标定各支路电流（电压）的参考方向。

2）选定（$n-1$）个节点，列写其 KCL 方程。

3）选定 $b-(n-1)$个独立回路，列写其 KVL 方程（元件特性 VCR 方程代入）。

4）求解上述方程，得到 b 个支路电流。

5）进一步计算支路电压和进行其他分析。

3. 支路电压法

与支路电流法类似，对于由电阻和独立电流源构成的电路，也可以用支路电压作为变量来建立电路方程。在 $2b$ 方程的基础上，将电阻元件的 VCR 方程 $i=Gu$ 代入到 KCL 方程中，将支路电流转换为支路电压，得到 $n-1$ 个以支路电压作为变量的 KCL 方程，加上原来的 $b-n+1$个 KVL 方程，就构成 b 个以支路电压作为变量的电路方程，这组方程称为支路电压法方程。求解方程得到各支路电压后，再用 $i=Gu$ 即可以求出各电阻的电流。

支路电流法和**支路电压法**只是 $2b$ 法的变形，只是在解题方法上有所规范和改进，全面系统分析电阻电路所列写的方程数目实质上一点也没有减少。要减少方程数目，进而简化电路分析工作还需寻求新的方法。

3.3 回路电流法

在支路电流法中可用 b 个支路电流变量来建立电路方程。但在 b 个支路电流中，**只有一部分电流是独立的**，另一部分电流则可由这些独立电流组合确定，因而可进一步减少电路方程数，构成所谓**回路电流法**。

1. 回路电流

（1）回路与网孔

回路是由支路组成的闭合路径。对平面电路，其内部不含任何支路的回路称网孔。

（2）回路电流与独立回路电流

回路电流是在一个回路中连续流动的、大小和参考方向不变的假想环流。该假想环流在流过回路独有的支路时等于支路电流。而当该环流流经的支路为多个回路共有时，可认为该环流自行其道，不受其他回路电流的影响。结论：**真实的支路电流是相应假想回路电流的代数和**。

该结论说明，要分析数目众多的支路电流，可由数目较少的回路电流间接得到。

独立回路电流与独立回路：可以证明，在一个支路数为 b、节点数为 n 的电路中，只有 $(b-n+1)$ 个回路的回路电流是独立的，其余回路电流和全部支路电流都是这 $(b-n+1)$ 个回路电流的线性组合。独立回路电流对应的回路叫独立回路。如何找到这 $(b-n+1)$ 个独立回路？

介绍两个实用方法：

1）当电路为平面电路时，独立回路选取网孔，而且可以证明平面网孔的数目正好为 $(b-n+1)$ 个。

2）一般情况下，每次选取一个回路时，保证在回路的构成中有一个前次没有出现过的新支路。坚持这一原则，直到选够 $(b-n+1)$ 个回路。这 $(b-n+1)$ 个回路将是相互独立的。

2. 回路电流方程

回路电流方程的一般形式为

$$\begin{cases} R_{11}i_{l1} + R_{12}i_{l2} + \cdots + R_{1m}i_{lm} = u_{s11} \\ R_{21}i_{l1} + R_{22}i_{l2} + \cdots + R_{2m}i_{lm} = u_{s22} \\ \quad\vdots \\ R_{m1}i_{l1} + R_{m2}i_{l2} + \cdots + R_{mm}i_{lm} = u_{smm} \end{cases} \tag{3-1}$$

3. 回路电流法的计算步骤

1）选定各支路电流和支路电压的参考方向，并对节点和支路进行编号；根据规定选出电路的一组独立回路（平面电路一般选网孔）并对它们进行编号；最后，规定各回路的绕行方向，同时把这个方向也作为回路电流的方向。

2）对独立回路直接列写回路方程。

3）求解回路方程，得到各回路电流。

4）根据支路电流与回路电流的线性组合关系，求得各支路电流。

5）用 VCR 方程，求得各支路电压。

3.4　节点电压法

对于具有 n 个节点的连通电路来说，它的 $(n-1)$ 个节点相对某特定节点的电压（称为节点电压），就是一组独立电压变量。用这些电压作为变量建立的电路方程，称为节点电压方程。这样，只需求解 $(n-1)$ 个节点电压方程，根据 KVL 就可得到全部支路电压，或根据 VCR 方程可求得各支路电流。

节点电压法是以节点电压为未知量列写电路方程分析电路的方法。适用于节点较少的电路。

1. 节点电压方程

节点电压方程的一般形式为

$$\begin{cases} G_{11}U_{n1} + G_{12}U_{n2} + \cdots + G_{1(n-1)}U_{n(n-1)} = i_{s11} \\ G_{21}U_{n1} + G_{22}U_{n2} + \cdots + G_{2(n-1)}U_{n(n-1)} = i_{s22} \\ \quad\vdots \\ G_{(n-1)1}U_{n1} + G_{(n-1)2}U_{n2} + \cdots + G_{(n-1)(n-1)}U_{n(n-1)} = i_{s(n-1)(n-1)} \end{cases} \tag{3-2}$$

2. 节点分析法的计算步骤

1）指定连通电路中任一节点为参考节点，用接地符号表示。标出各节点电压，其参考方向总是独立节点为“+”，参考节点为“-”。

2）用观察法列出（$n-1$）个节点方程。

3）求解节点方程，得到各节点电压。

4）选定支路电流和支路电压的参考方向，计算各支路电流和支路电压。

本章习题及其解答

3-1 填空题。

（1）如图 3-1a 所示电路，其独立 KCL 方程数为 <u>5-1</u>，独立 KVL 方程数为 <u>8-4</u>。

（2）如图 3-1b 所示电路，其独立 KCL 方程数为 <u>5-1</u>，独立 KVL 方程数为 <u>8-4</u>。

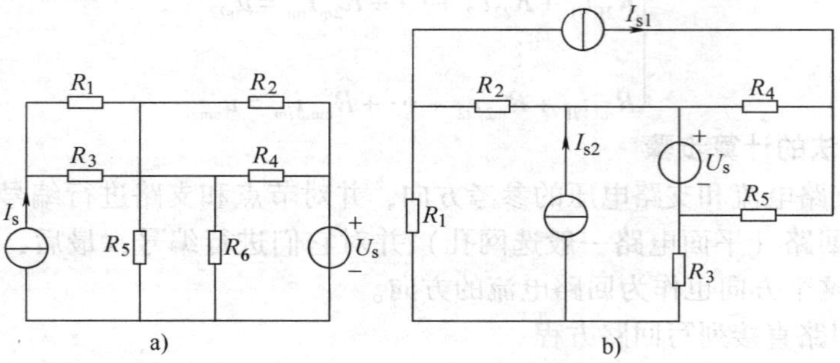

图 3-1　题 3-1 图

3-2 用支路电流法求图 3-2a、b 中的 I_1、I_2。

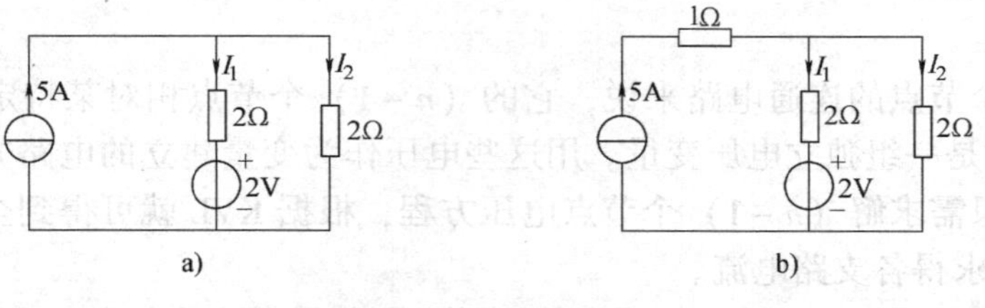

图 3-2　题 3-2 图

解： 由图 3-2a 有

$$\begin{cases} I_1 + I_2 - 5 = 0 \\ 2I_2 - 2I_1 = 2 \end{cases}$$

即

$$\begin{cases} I_1 + I_2 = 5 \\ I_1 - I_2 = -1 \end{cases}$$

解得 $I_1=2\text{A}$，$I_2=3\text{A}$。

由图 3-2b 可看出，其与图 3-2a 的区别仅在图 3-2b 多一个电阻与 5A 电流源串联。

注：因为理想电流源串联任何元件都不影响其外特性，故电阻作用可以忽略不计。因此，图 3-2b 计算结果同图 3-2a，有 $I_1=2\text{A}$，$I_2=3\text{A}$。

3-3 用支路电流法求解图 3-3 所示电路的各支路电流。

解：列出支路电流法方程如下：

由 KCL

$$-I_1+I_2-I_3=0$$

由 KVL

$$\begin{cases}11I_1-6I_3=5\\2I_2+6I_3=10\end{cases}$$

解得：

$$\begin{cases}I_1=1\text{A}\\I_2=2\text{A}\\I_3=1\text{A}\end{cases}$$

3-4 用支路电流法求图 3-4 所示电路的各支路电流。

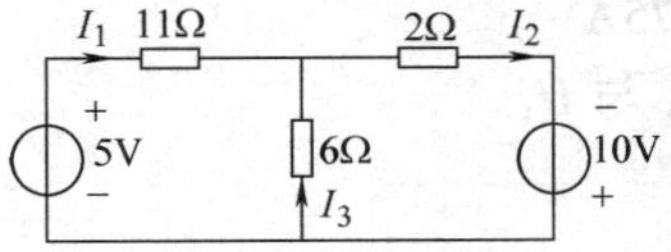

图 3-3 题 3-3 图

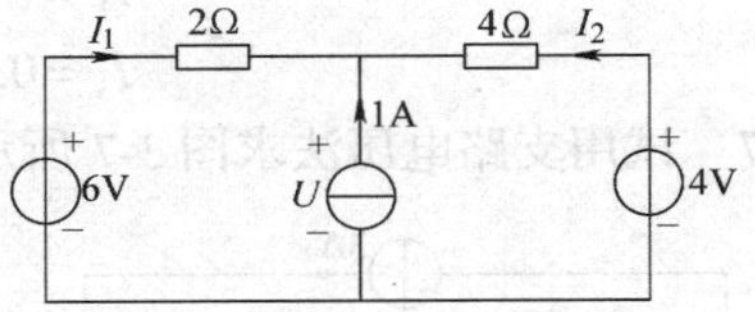

图 3-4 题 3-4 图

解：因为电流源两端电压不知，故设为 U，如图 3-4 所示。

列出支路电流法方程如下：

由 KCL

$$I_1+I_2+1=0$$

由 KVL

$$\begin{cases}2I_1+U=6\\4I_2+U=4\end{cases}$$

解得：

$$\begin{cases}I_1=-\dfrac{1}{3}\text{A}\\[2ex]I_2=-\dfrac{2}{3}\text{A}\end{cases}$$

注：U 仅是一个中间量，它的出现多了一个未知量，必须多列一个方程。

3-5 列写图 3-5 所示电路的支路电流法方程组。

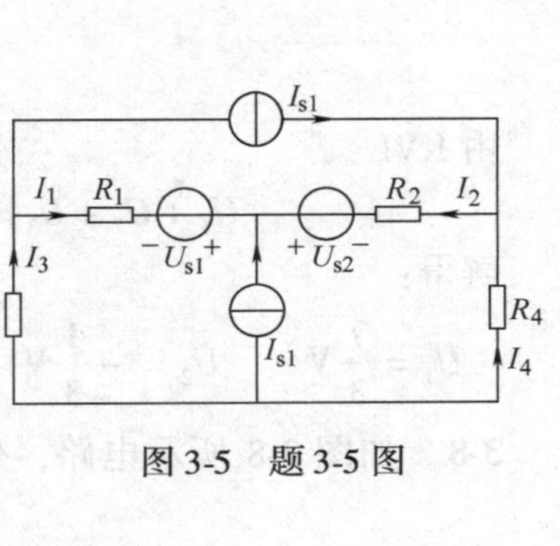

图 3-5 题 3-5 图

解：列写支路电流法方程如下：

由 KCL

$$\begin{cases} I_1 - I_3 = -I_{s1} \\ -I_1 - I_2 = I_{s2} \\ I_2 - I_4 = I_{s1} \end{cases}$$

由 KVL

$$R_1I_1 - R_2I_2 - R_4I_4 + R_3I_3 = U_{s1} - U_{s2}$$

联立四个方程可求解。

3-6 试用支路电流法求解图 3-6 所示电路的支路电流 I_1、I_2、I_3 和 I_4。

解：列出支路电流方程如下：

由 KCL

$$\begin{cases} I_1 - I_3 = -3 \\ I_1 + I_2 + 2 = 0 \\ I_2 - I_4 = 3 \end{cases}$$

由 KVL

$$2I_1 - 2I_2 - 2I_4 + 2I_3 = 3 - 1$$

解得：

$$I_1 = -2.25\text{A} \qquad I_2 = 0.25\text{A}$$
$$I_3 = 0.75\text{A} \qquad I_4 = -2.75\text{A}$$

3-7 试用支路电压法求图 3-7 所示电路中的 U_1、U_2 与 U_3。

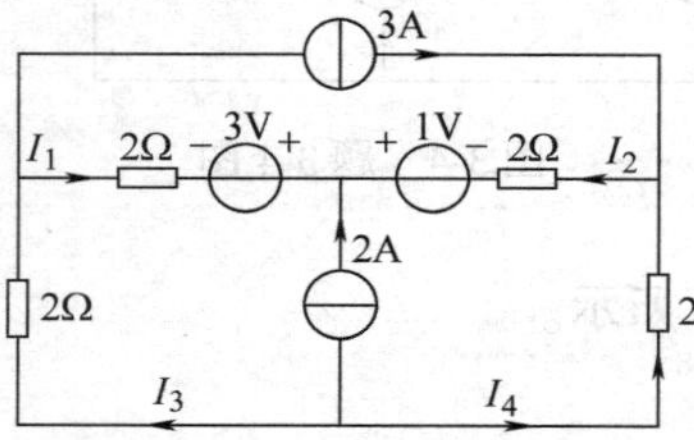

图 3-6　题 3-6 图

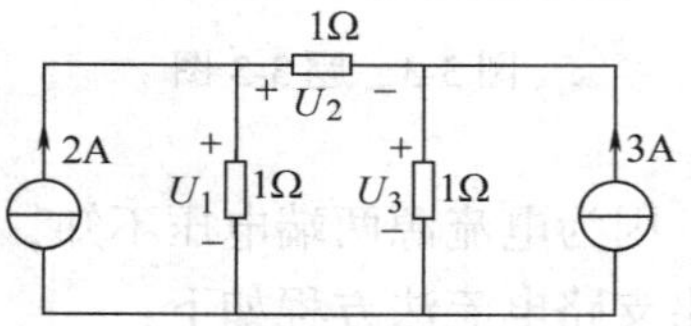

图 3-7　题 3-7 图

解：列出支路电压法方程如下：

由 KCL

$$\begin{cases} \dfrac{U_1}{1} + \dfrac{U_2}{1} = 2 \\ \dfrac{U_3}{1} - \dfrac{U_2}{1} = 3 \end{cases}$$

由 KVL

$$-U_1 + U_2 + U_3 = 0$$

解得：

$$U_1 = \frac{7}{3}\text{V} \qquad U_2 = -\frac{1}{3}\text{V} \qquad U_3 = \frac{8}{3}\text{V}$$

3-8 如图 3-8 所示电路，列写其支路电压法

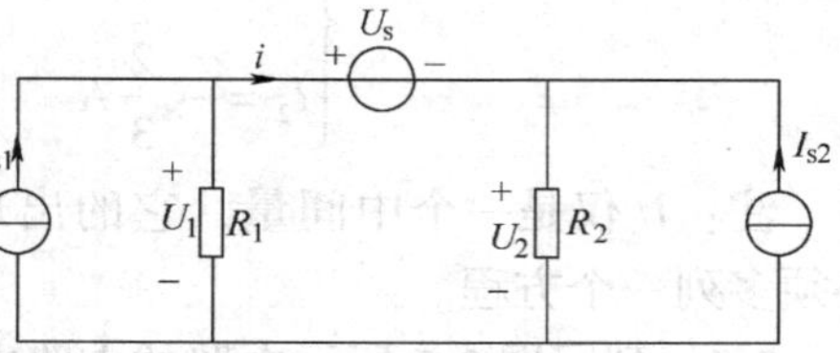

图 3-8　题 3-8 图

方程。

解：因为电压源 U_s 的电流未知，故设为 i，如图 3-8 所示。列写支路电压方程如下：

由 KCL

$$\begin{cases}\dfrac{U_1}{R}+i=I_{s1}\\ \dfrac{U_2}{R_2}-i=I_{s2}\end{cases}$$

由 KVL

$$U_1-U_2=U_s$$

多了一个未知量 i，但也多列出一个方程，因此可求出全部解答。

3-9　如图 3-9 所示电路，请只列写一个方程求解电压 U。

解：可在 a 点列写 KCL 方程

$$\frac{U+6}{5}+\frac{(U+6)-8}{2}+\left\{\frac{U}{4}+\frac{U-8}{1}\right\}=0$$

整理

$$\left(\frac{1}{2}+\frac{1}{5}\right)(U+6)-4-8+\left(1+\frac{1}{4}\right)U=0$$

解得 $U=4$V。

注：{?} 中的内容是 6V 电压源内的电流。

3-10　如图 3-10 所示电路，请只列写一个方程求解 I。

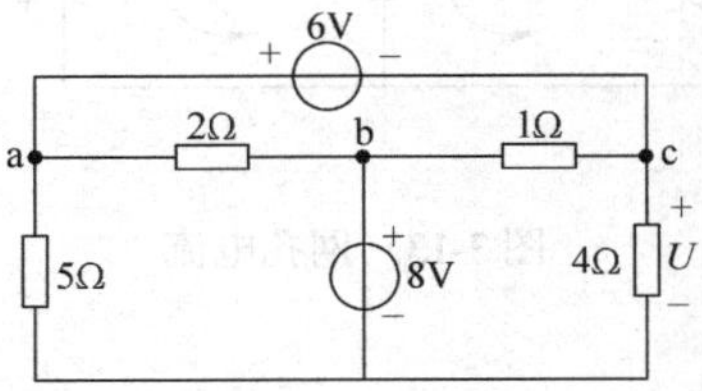

图 3-9　题 3-9 图

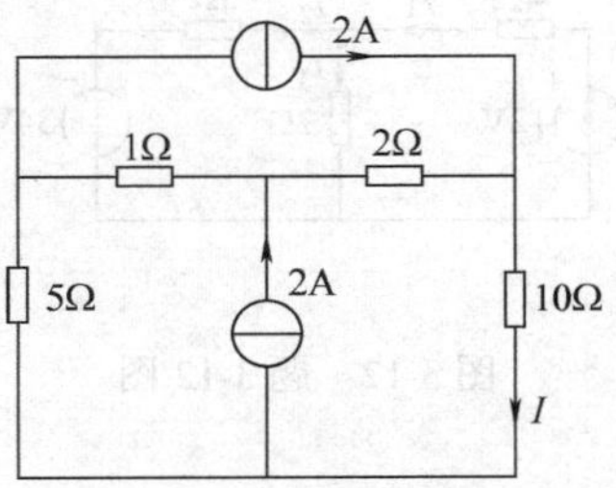

图 3-10　题 3-10 图

解：可在四个电阻构成回路中列写 KVL 方程

$$(1+2+5+10)I-(1+2)\times2-(1+5)\times2=0$$

解得 $I=1$A。

注：1）减法的两项是两个电流源的 KVL 贡献。

2）电压变量方程实质是列 KCL 方程，而电流变量方程实质是列 KVL 方程。

3-11　分别列写图 3-11a、b 所示电路的网孔分析法方程。

解：（1）对图 3-11a 所示电路采用网孔分析法列写方程

$$\begin{cases}(R_1+R_2)I_{l1}-R_2I_{l3}=U_{s2}-U_{s1}\\(R_3+R_4)I_{l2}-R_4I_{l3}=-U_{s2}\\-R_2I_{l1}-R_4I_{l2}+(R_2+R_4)I_{l3}=-U_{s3}\end{cases}$$

注：列方程要对学生强调标准化与高效率，千万别从原始 KVL 关系列方程，这样做失

去了回路电流法（包括网孔分析法）的意义。

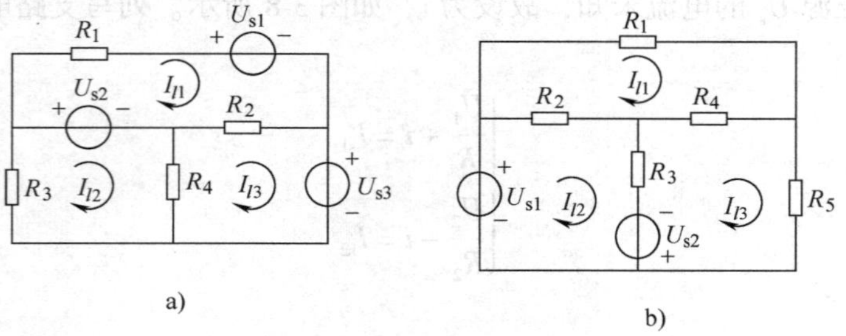

图 3-11　题 3-11 图

（2）图 3-11b 所示电路的网孔分析法方程为

$$\begin{cases}(R_1+R_2+R_4)I_{l1}-R_2I_{l2}-R_4I_{l3}=0\\ -R_2I_{l1}+(R_3+R_2)I_{l2}-R_3I_{l3}=U_{s1}+U_{s2}\\ -R_4I_{l1}-R_3I_{l2}+(R_3+R_4+R_5)I_{l3}=-U_{s2}\end{cases}$$

3-12　试用网孔分析法求解图 3-12 所示电路的支路电流 I_1、I_2 和 I_3。

解：规定假想的网孔电流 I_{l1} 与 I_{l2}，如图 3-13 所示（千万别把网孔电流与支路电流相混淆。网孔电流是假想的，而支路电流是真实的）。

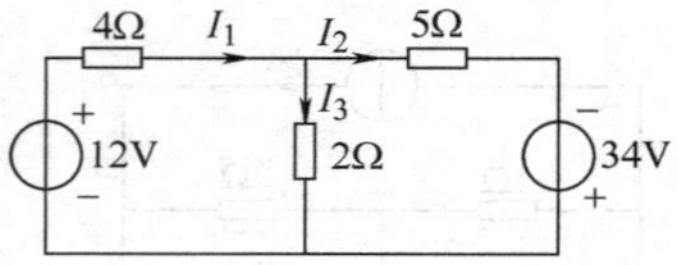

图 3-12　题 3-12 图

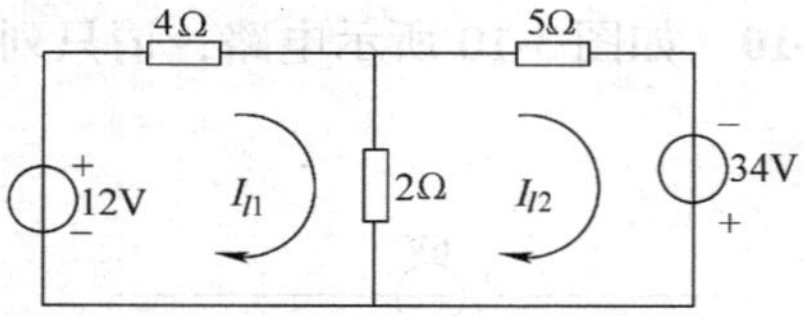

图 3-13　网孔电流

列写网孔分析法方程

$$\begin{cases}6I_{l1}-2I_{l2}=12\\ -2I_{l1}+7I_{l2}=34\end{cases}$$

解得

$$\begin{cases}I_{l1}=4\text{A}\\ I_{l2}=6\text{A}\end{cases}$$

由网孔电流与支路电流关系，得

$$I_1=I_{l1}=4\text{A}\qquad I_2=I_{l2}=6\text{A}$$

$$I_3=I_{l1}-I_{l2}=(4-6)\text{A}=-2\text{A}$$

注：网孔分析法仅是回路电流法的一个分支，只适合于平面电路的回路电流分析。

3-13　试用网孔分析法求解图 3-14 中 5Ω 电阻吸收的功率。

解：标注网孔电流 I_{l1} 与 I_{l2} 的环绕方向，如图 3-15 所示。

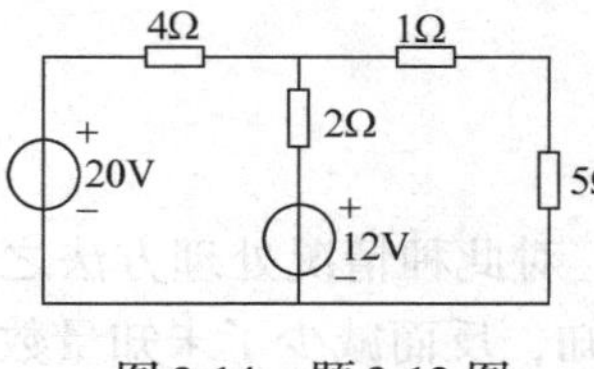

图 3-14　题 3-13 图

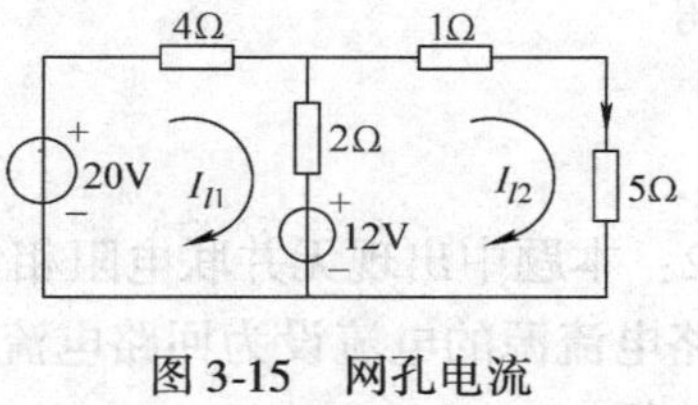

图 3-15　网孔电流

列写网孔分析法方程

$$\begin{cases}6I_{l1}-2I_{l2}=20-12\\-2I_{l1}+8I_{l2}=12\end{cases}$$

解得

$$\begin{cases}I_{l1}=2\mathrm{A}\\I_{l2}=2\mathrm{A}\end{cases}$$

所以 $I_{l2}=2\mathrm{A}$。

5Ω 电阻吸收的功率

$$P=I_{l2}^2\times5\Omega=20\mathrm{W}$$

3-14　试用网孔分析法求解图 3-16a、b 中的支路电流 I。

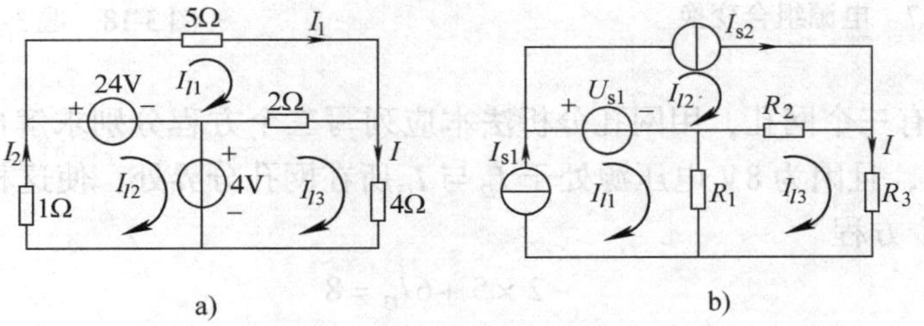

a)　b)

图 3-16　题 3-14 图

解： 网孔电流全部选顺时针绕向。

由图 3-16a 列出网孔分析法方程

$$\begin{cases}7I_{l1}-2I_{l3}=24\\1I_{l2}=-4-24\\-2I_{l1}+6I_{l3}=4\end{cases}$$

解得 $I=I_{l3}=2\mathrm{A}$。

注 1：不要把网孔电流与支路电流混淆。

即便它们相等，在概念上也完全不同。网孔电流是为方便电路分析而假设的，而支路电流是真实存在的。

由图 3-16b 本应列写三个方程，但因为电流源存在，前两个网孔电流已知，有 $I_{l1}=I_{s1}$，$I_{l2}=I_{s2}$，因此只需列第三个方程即可。即

$$-R_1I_{s1}-R_2I_{s2}+(R_1+R_2+R_3)I_{l3}=0$$

解得

$$I_{l3}=I=\frac{R_1I_{s1}+R_2I_{s2}}{R_1+R_2+R_3}$$

注2：本题中出现无并联电阻相伴随的纯电流源支路，对此种情况处理方法之一，就是把该支路电流源的电流设为回路电流。由于该回路电流已知，反而减少了未知量数目，简化了电路分析。

注3：有并联电阻相伴随的电流源支路可等效变换为有串联电阻相伴随的电压源支路，如图3-17所示。

3-15 用网孔分析法求图3-18所示电路中电流 I 时，只需列写一个方程。列出此方程，并解出 I。

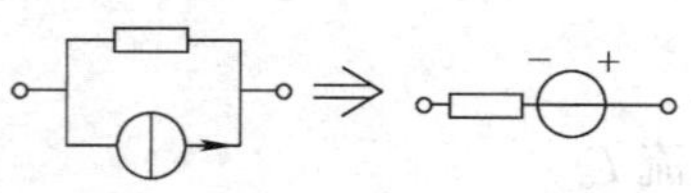

图3-17 电源组合变换

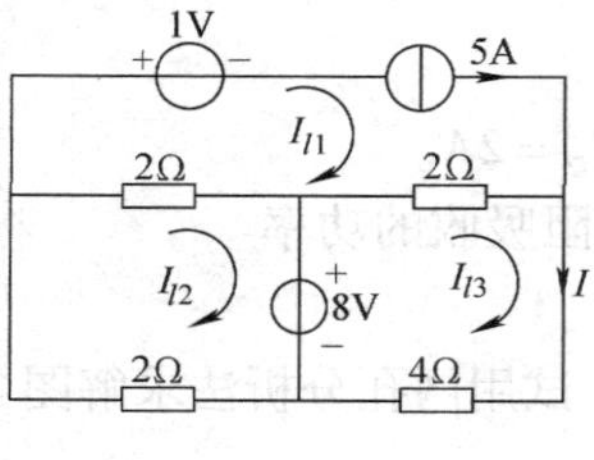

图3-18 题3-15图

解： 图3-18有三个网孔，用网孔分析法本应列写三个方程分别求解出 I_{l1}、I_{l2} 与 I_{l3}，但本题 $I_{l1}=5\text{A}$ 已知，且因为8V电压源处于 I_{l2} 与 I_{l3} 所在网孔分界处，使这相邻的两回路无关，故只需列出第三个方程

$$-2\times5+6I_{l3}=8$$

解得：$I_{l3}=I=3\text{A}$。

注：这种题是特例，大多数情况下只能对每个网孔老老实实、完整规范地列写网孔分析方程组。

3-16 试用网孔分析法求图3-19所示电路中的电压 U_o。

解： 列写网孔分析法方程

$$\begin{cases}I_{l1}=1\\6I_{l2}-2I_{l3}=-10\\-2I_{l2}+6I_{l3}=6\end{cases}$$

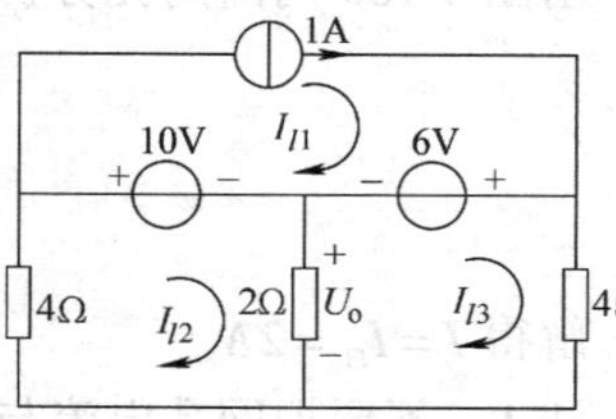

图3-19 题3-16图

解得

$$\begin{cases}I_{l1}=1\text{A}\\I_{l2}=1.5\text{A}\\I_{l3}=0.5\text{A}\end{cases}$$

而 $U_o=(I_{l2}-I_{l3})\times2=2\text{V}$。

3-17 已知电路的网孔分析法方程为

$$\begin{cases}6I_{l1}-5I_{l2}+U=5\\ I_{l1}=2\\ -2I_{l2}+5I_{l3}-U=0\\ I_{l1}-I_{l3}=-3\end{cases}$$

试画出该电路一种可能的结构形式。

解： 参考答案如图3-20所示。

注：这是简单的网络综合问题，是网络分析或电路分析的相反命题，难度较大且答案一般不是唯一的，有多种选择方案，同学们可以自由发挥。

3-18　试用回路电流法求图3-21所示电路的支路电流 I_1 与 I_2。

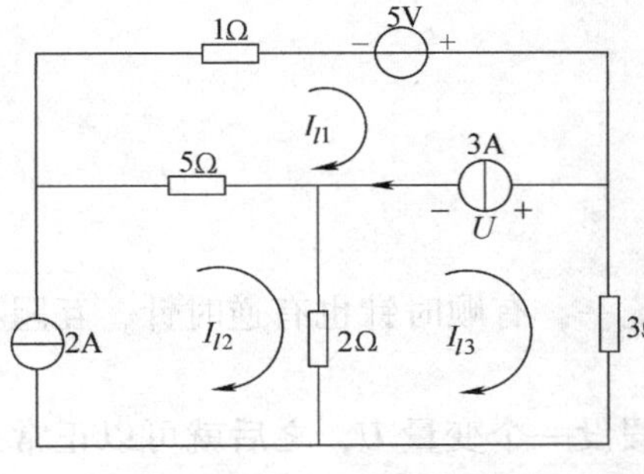

图3-20　题3-17图

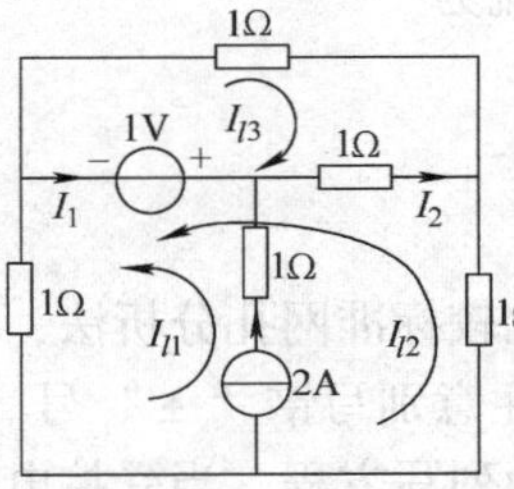

图3-21　题3-18图

解： 按图3-21所示绕向假定回路电流 I_{l1}、I_{l2}、I_{l3}，有回路电流方程组如下：

$$\begin{cases}I_{l1}=2A\\ I_{l1}+3I_{l2}+I_{l3}=-1\\ I_{l2}+2I_{l3}=-1\end{cases}$$

解得

$$I_{l2}=-1A$$
$$I_{l3}=0A$$

由此，支路电流为

$$\begin{cases}I_1=-I_{l1}-I_{l2}=(-2+1)A=-1A\\ I_2=-I_{l2}-I_{l3}=1A\end{cases}$$

注：本题对独立回路没有选取网孔，而且假想回路电流的绕向顺时针和逆时针两种情况皆有，这样做带来的好处是 $I_{l1}=2A$ 从开始就知道其解，简化了运算且无论平面电路还是立体电路都适用。但是，规范性和系统性不如网孔分析法好。可见，每种方法都有利弊。

3-19　电路如图3-22所示，试用回路电流法求解支路电流 I_1 和 I_3。

解： 假定三个回路电流 I_{l1}、I_{l2}、I_{l3} 和受控电流源端电压 U 如图3-22所示，可以列出如下方程组：

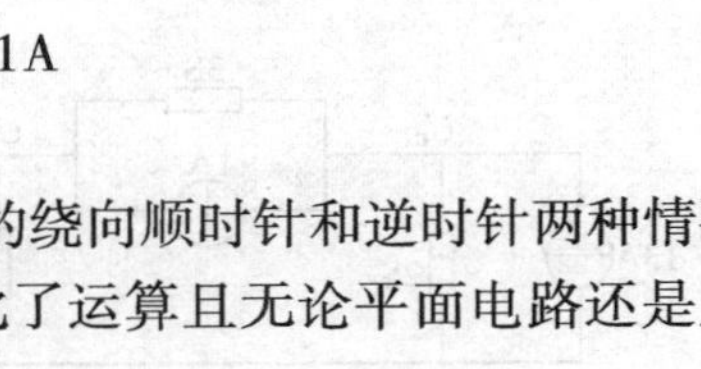

图3-22　题3-19图

$$\begin{cases}3I_{l1}+2I_{l2}=2I_{l1}+U\\ I_{l2}=2\text{A}\\ -I_2+4I_{l3}=U\\ I_1+I_{l3}+3I_{l3}=0\end{cases}$$

解得

$$\begin{cases}I_{l1}=-3\text{A}\\ I_{l2}=2\text{A}\\ I_{l3}=\dfrac{3}{4}\text{A}\\ U=1\text{V}\end{cases}$$

支路电流为

$$\begin{cases}I_1=I_{l1}=-3\text{A}\\ I_3=I_{l3}=\dfrac{3}{4}\text{A}\end{cases}$$

注 1：比较标准网孔分析法，各网孔电流绕向不统一，有顺时针也有逆时针，互阻项就有正有负，注意别写错“±”号。

注 2：为列写方程，当受控电流源电压未知时可假设一个变量 U，之后就可以正常列写回路电流法方程了。当然，由于多出一个未知量，必须想办法再补加一个方程。这时，从列写回路电流方程的角度，无电阻并联相伴随的受控电流源支路已经被“替代”为电压为 U 的理想电压源。

3-20 试用节点电压法求图 3-23 中电压 U_{n1} 与 U_{n2}。

解：列写电路的节点电压法方程如下：

$$\begin{cases}5U_{n1}-3U_{n2}=12\\ -3U_{n1}+7U_{n2}=-2\end{cases}$$

解得 $U_{n1}=3\text{V}$，$U_{n2}=1\text{V}$。

3-21 试用节点电压法求图 3-24 所示电路各节点电压。

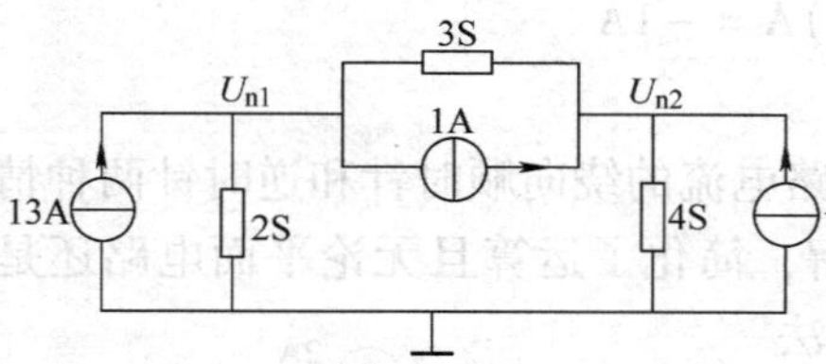

图 3-23 题 3-20 图

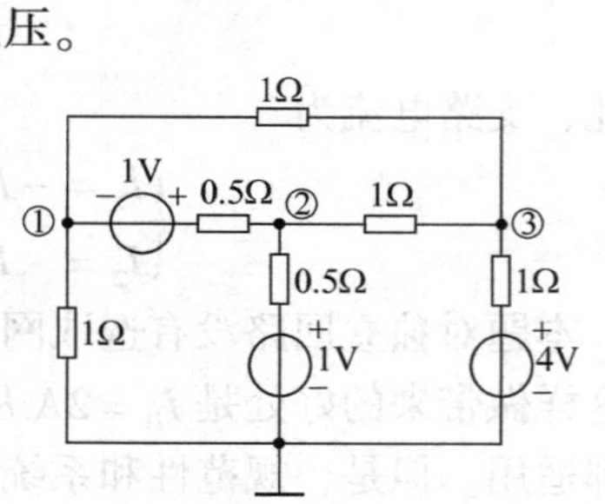

图 3-24 题 3-21 图

解：节点电压方程如下：

$$\begin{cases}4U_{n1}-2U_{n2}-U_{n3}=-2\\ -2U_{n1}+5U_{n2}-U_{n3}=4\\ -U_{n1}-U_{n2}+3U_{n3}=4\end{cases}$$

解得

$$\begin{cases} U_{n1} = 0.8\text{V} \\ U_{n2} = 1.543\text{V} \\ U_{n3} = 2.114\text{V} \end{cases}$$

注：电压源串电阻组合支路如图 3-25a 所示，可以等效变换为电流源组合，其等效电流源 $I_s = \dfrac{U_s}{R}$，且“+”极为电流源电流流出端，等效电阻前后不变，等效变换结果如图 3-25b 所示。

3-22 试用节点电压分析法求图 3-26 中电流 I。

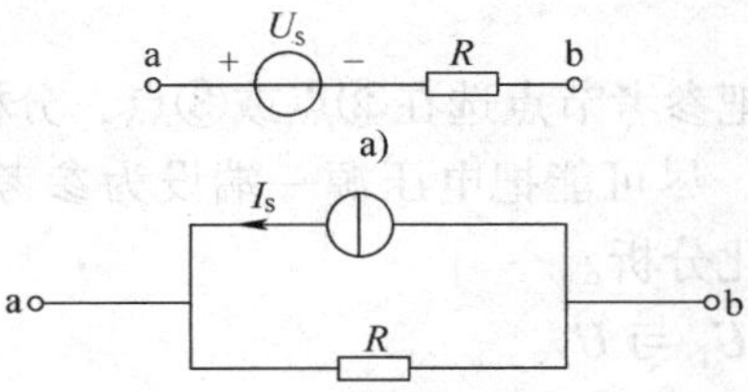

图 3-25 电流源组合变换

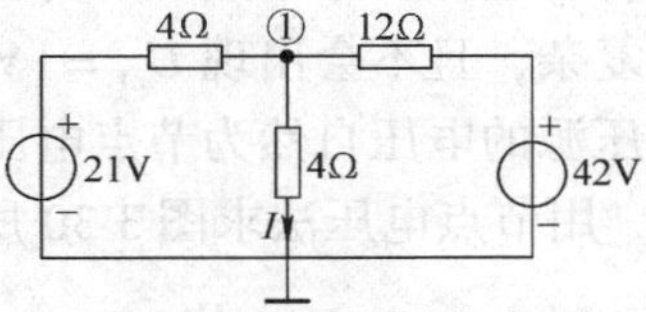

图 3-26 题 3-22 图

解： 列节点电压方程如下：

$$\left(\frac{1}{4}+\frac{1}{12}+\frac{1}{4}\right)U_{n1} = \frac{21}{4}+\frac{42}{12}$$

解得 $U_{n1} = 15\text{V}$，而 $I = \dfrac{U_{n1}}{4\Omega} = 3.75\text{A}$。

3-23 列出图 3-27 所示电路的节点电压方程。

解： 电流源串联任何其他电路元件不影响其电流输出的外特性，仍等效为电流源本身，故本题在列方程时 G_3 可忽略不计，有

$$(G_1 + G_2)U_{n1} = G_1 U_s + I_s$$

3-24 已知某电路的节点电压方程为

$$\begin{cases} 3U_{n1} - U_{n2} - U_{n3} = 1 \\ -U_{n1} + 3U_{n2} - U_{n3} = 0 \\ -U_{n1} - U_{n2} + 3U_{n3} = -1 \end{cases}$$

画出与之相应的一种可能电路结构形式。

解： 因本题是电路综合问题，答案不唯一，可能的参考答案电路如图 3-28 所示。

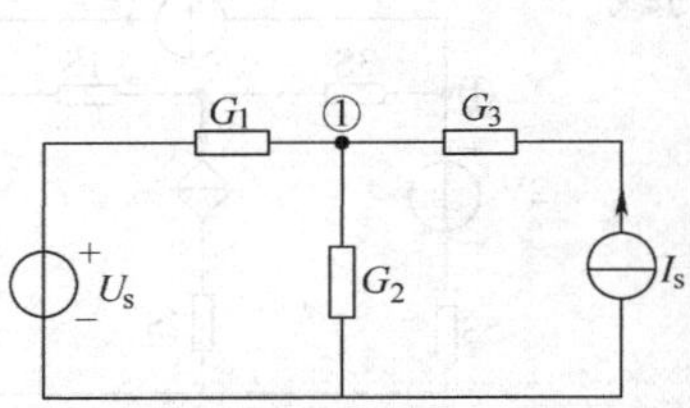

图 3-27 题 3-23 图

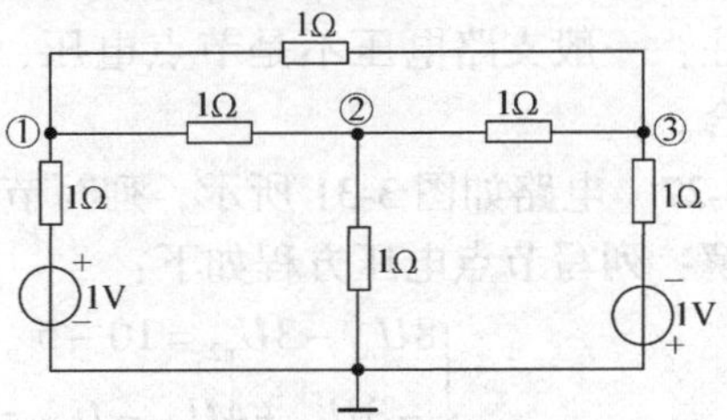

图 3-28 题 3-24 图

3-25 列写图 3-29 所示电路的节点电压方程，求各节点电压。

解： 列出节点电压方程如下，相对于参考节点，节点电压分别为 U_{n1}、U_{n2}、U_{n3}：

$$\begin{cases} U_{n1}=1 \\ -U_{n1}+2U_{n2}-U_{n3}=1 \\ -U_{n1}-U_{n2}+3U_{n3}=1 \end{cases}$$

解得：

$$\begin{cases} U_{n1}=1\text{V} \\ U_{n2}=1.6\text{V} \\ U_{n3}=1.2\text{V} \end{cases}$$

注：合理选择参考节点可以简化分析。本题如果把参考节点选在②点或③点，分析过程就会比较复杂，且不会出现 $U_{n1}=1\text{V}$ 这种方便的结果。尽可能把电压源一端设为参考节点，这时该电压源的电压自然为节点电压且已知，可以简化分析。

3-26 用节点电压法求图 3-30 所示电路中的电压 U_1 与 U_2。

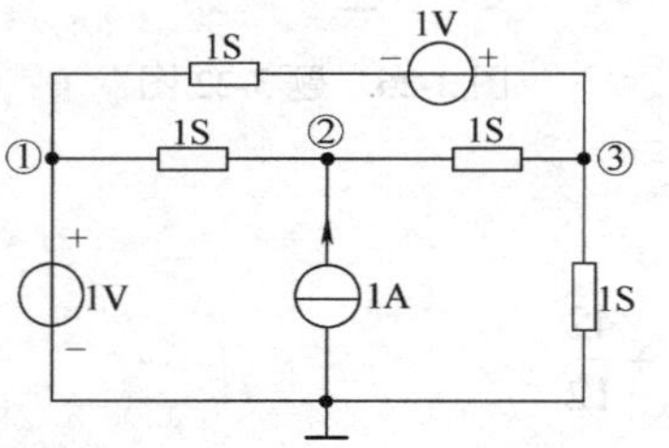

图 3-29 题 3-25 图

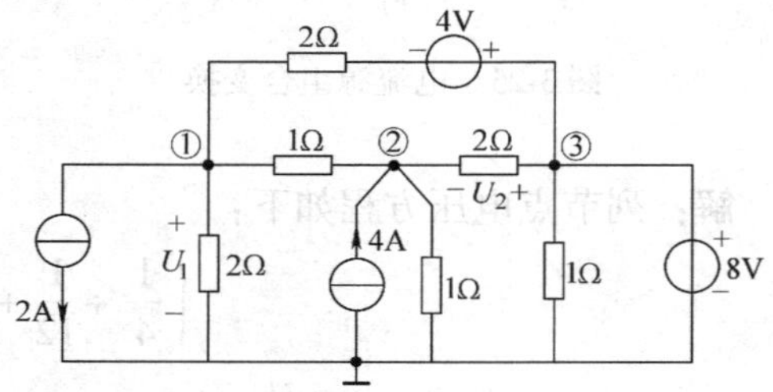

图 3-30 题 3-26 图

解： 列写节点电压方程如下：

$$\begin{cases} \left(\dfrac{1}{2}+\dfrac{1}{2}+1\right)U_{n1}-U_{n2}-\dfrac{1}{2}U_{n3}=-4 \\ -U_{n1}+\left(\dfrac{1}{1}+\dfrac{1}{1}+\dfrac{1}{2}\right)U_{n2}-\dfrac{1}{2}U_{n3}=4 \\ U_{n3}=8 \end{cases}$$

解出

$$U_{n1}=2\text{V} \qquad U_{n2}=4\text{V} \qquad U_{n3}=8\text{V}$$

故

$$U_1=U_{n1}=2\text{V} \qquad U_2=U_{n3}-U_{n2}=(8-4)\text{V}=4\text{V}$$

注：一般支路电压不是节点电压，而是节点电压的线性组合。

3-27 电路如图 3-31 所示，列写节点电压方程。

解： 列写节点电压方程如下：

$$\begin{cases} 8U_{n1}-3U_{n2}=10-5 \\ -3U_{n1}+4U_{n2}-U_{n3}=i_x \\ U_{n3}=4 \end{cases}$$

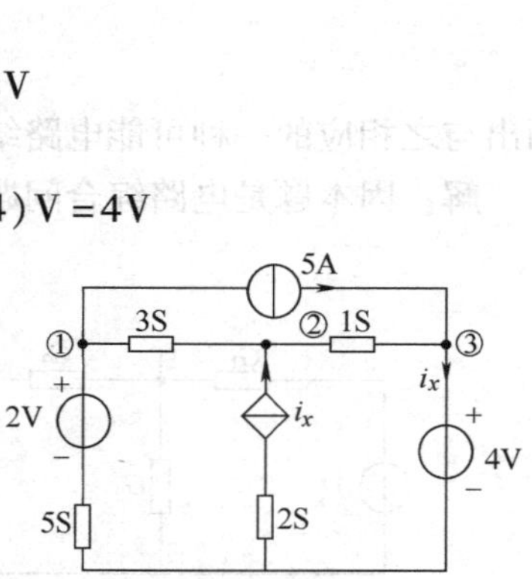

图 3-31 题 3-27 图

因多了一个未知量 i_x，补充关系式

$$i_x = 5 + \frac{U_{n2} - U_{n3}}{1} = 5 + U_{n2} - U_{n3}$$

注：列方程时，受控源等同独立电源处理，但增加了新的未知量，需补充一个新的方程。

3-28 用节点电压法求图3-32所示电路的节点电压。

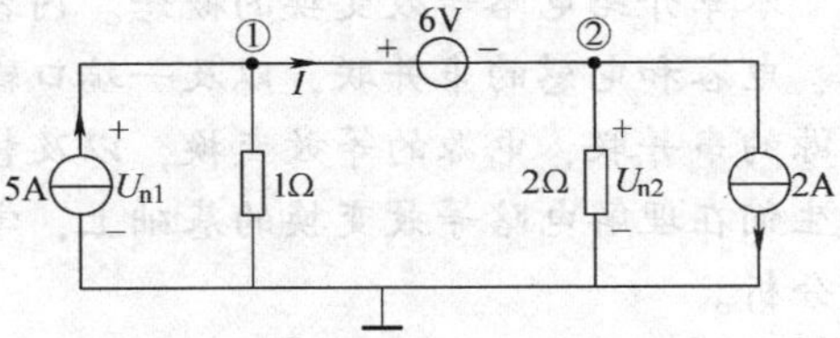

图3-32 题3-28图

解：本题由于6V电压源没有串联电阻伴随，为纯独立电压源支路。此种情况处理方法之一是：假设电压源电流 I，把 I 等同一个电流源计入节点电压方程。有

$$\begin{cases}(1)U_{n1} = 5\text{A} - I \\ (0.5)U_{n2} = -2\text{A} + I\end{cases}$$

因为增加了一个未知量，所以补充一个方程

$$U_{n1} - U_{n2} = 6\text{V}$$

解得

$$U_{n1} = 4\text{V} \quad U_{n2} = -2\text{V} \quad I = 1\text{A}$$

注：处理方法之二是把参考节点设在节点②，则 $U_{n1} = 6\text{V}$ 已知，可简化分析。

第4章　电路的等效变换

【本章学习要点】

本章介绍电路等效变换的概念。内容分为两部分：一是无源一端口的等效变换，包括电阻、电容和电感的串并联，以及一端口输入电阻的计算；二是含源一端口的等效变换，包括电源的串并联，电源的等效变换，以及替代定理、戴维南定理和诺顿定理。本章的目的是让学生们在理解电路等效变换的基础上，学会应用电路的等效变换去求解相关电路，简化电路的分析。

学习难点：等效变换及其原则；戴维南定理；诺顿定理；电源的等效变换。

4.1　电路的等效变换及其原则

如果研究的是整个电路的一部分，可以把这一部分作为一个整体，而把这部分以外的部分简化，即用一个较为简单的电路替代原电路，而分析的结果不变。

可以证明：在电阻网络中，无源一端口的等效电路是一个电阻，而含源一端口的等效电路是电压源与电阻的一个串联组合或电流源与电阻（电导）的一个并联组合。

4.2　无源一端口的等效变换

1. 电阻的串联

结论：**n个电阻串联后的等效电阻等于各个串联电阻之和。显然，串联等效电阻必大于任一个参加串联的电阻。**

$$R_{eq} = \frac{u}{i} = R_1 + R_2 + \cdots + R_n = \sum_{k=1}^{n} R_k \tag{4-1}$$

电阻串联时，各电阻上的电压按电阻成正比分配，即

$$u_k = R_k i = \frac{R_k}{R_{eq}} u \qquad k = 1, 2, \cdots, n \tag{4-2}$$

式（4-2）称为电阻串联时的电压分配公式，或称**分压公式**。

2. 电阻并联等效变换

结论：在电路中，**把n个二端电阻元件首尾相连，各电阻处于同一电压下的连接方式，称为电阻的并联**。如G_1，G_2，…，G_n为电阻R_1，R_2，…，R_n的电导，则有

$$G_{eq} = \frac{i}{u} = G_1 + G_2 + \cdots + G_n = \sum_{k=1}^{n} G_k \tag{4-3}$$

G_{eq}是n个电阻并联后的等效电导。并联后的等效电阻R_{eq}为

$$R_{eq} = \frac{1}{G_{eq}} = \frac{1}{\sum_{k=1}^{n} G_k} = \frac{1}{\sum_{k=1}^{n} \frac{1}{R_k}}$$

电阻并联时，各电阻中的电流为

$$i_k = G_k u = \frac{G_k}{G_{eq}} i \quad k = 1, 2, \cdots, n \tag{4-4}$$

式（4-4）称为电流分配公式，或称**分流公式**。

若两个电阻并联时，即 $n = 2$，则等效电阻为

$$R_{eq} == \frac{1}{\frac{1}{R_1} + \frac{1}{R_2}} = \frac{R_1 R_2}{R_1 + R_2}$$

3. 电阻的△联结与Y联结等效变换

在电路的分析中，经常遇到电阻既不是串联也不是并联的情况。大部分这样的电路是可以用三端等效网络来简化的。如图4-1所示，所谓三端等效网络指的是Y网络或Δ网络，两者可以进行等效的Y-△变换。

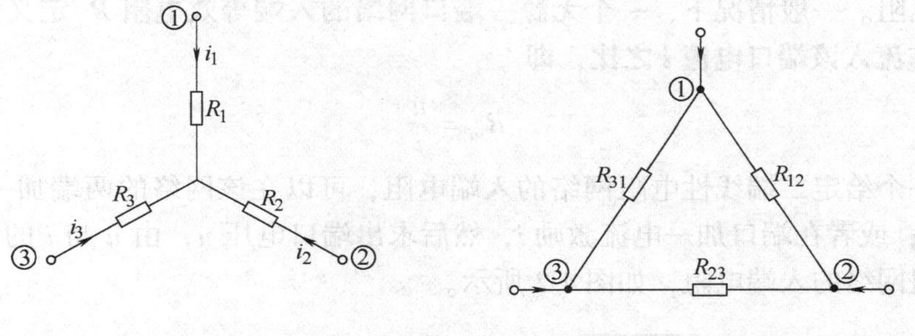

图4-1 三角形（△）联结和星形（Y）联结

根据Y联结与△联结的电阻电路相互等效的条件可以求得

$$\begin{cases} R_1 = \dfrac{R_{12} R_{31}}{R_{12} + R_{23} + R_{31}} \\ R_2 = \dfrac{R_{23} R_{12}}{R_{12} + R_{23} + R_{31}} \\ R_3 = \dfrac{R_{31} R_{23}}{R_{12} + R_{23} + R_{31}} \end{cases} \tag{4-5}$$

或

$$\begin{cases} R_{12} = \dfrac{R_1 R_2 + R_2 R_3 + R_3 R_1}{R_3} \\ R_{23} = \dfrac{R_1 R_2 + R_2 R_3 + R_3 R_1}{R_1} \\ R_{31} = \dfrac{R_1 R_2 + R_2 R_3 + R_3 R_1}{R_2} \end{cases} \tag{4-6}$$

为便于记忆，等效变换公式可归纳为

$$\text{Y电阻} = \frac{\text{△相邻电阻之乘积}}{\text{△三电阻之和}}$$

$$\triangle\text{电阻}=\frac{\text{Y 电阻两两乘积之和}}{\text{Y 不相邻电阻}}$$

若 Y(△)联结的电阻电路中三个电阻相等的称为对称 Y(△)电阻电路。对称 Y 电路中的电阻为$R_1=R_2=R_3=R_Y$；对称△电路中的电阻为$R_\Delta=R_{12}=R_{23}=R_{31}$，则等效变换关系简化为

$$R_\Delta=3R_Y \text{ 或 } R_Y=\frac{1}{3}R_\Delta$$

4. 无源一端口的入端电阻

无源一端口 N_0 包括两种可能：其一是内部仅含电阻的一端口；其二是内部除含有电阻外，还含有受控源但不含任何独立电源。如果一个一端口内部仅含电阻，则应用电阻的串、并联和 Y—△变换等方法可以求得它的入端等效电阻。如果一端口内部除电阻外还含有受控源，但不含任何独立电源，则不论内部如何复杂，由于端口电压与端口电流成正比，总可以等效为一个电阻。一般情况下，**一个无源一端口网络的入端等效电阻 R_{in} 定义为该端口两端间的电压 u 与流入该端口电流 i 之比，即**

$$R_{in}=\frac{u}{i}$$

要计算一个给定二端线性电阻网络的入端电阻，可以在该网络的两端加一电压激励 u，然后求电流 i；或者在端口加一电流激励 i，然后求出端口电压 u，由 u 与 i 的比值，即可求得此二端电阻网络的入端电阻，如图 4-2 所示。

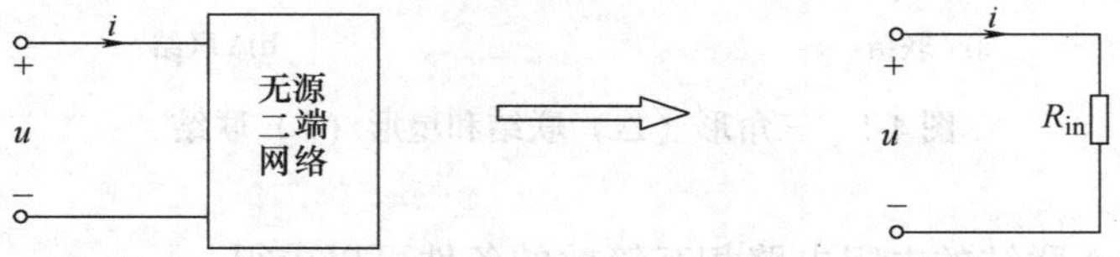

图 4-2　二端电阻网络的入端等效电阻

5. 电容电感的串并联

当电容、电感元件为串联或并联组合时，它们也可用一个等效电容或等效电感来替代。

结论 1：**n 个串联电容的等效电容的倒数等于各电容的倒数之和。即**

$$\frac{1}{C_{eq}}=\frac{1}{C_1}+\frac{1}{C_2}+\cdots+\frac{1}{C_n} \tag{4-7}$$

结论 2：**n 个并联电容的等效电容等于各电容之和。即**

$$C_{eq}=C_1+C_2+\cdots+C_n \tag{4-8}$$

以上表明，**电容串联的等效关系相当于电阻并联，而电容并联的等效关系相当电阻串联。**

结论 3：**n 个串联电感的等效电感等于各串联电感之和。即**

$$L_{eq}=L_1+L_2+\cdots+L_n \tag{4-9}$$

结论 4：**n 个并联电感的等效电感的倒数等于各电感倒数之和。即**

$$\frac{1}{L_{eq}}=\frac{1}{L_1}+\frac{1}{L_2}+\cdots+\frac{1}{L_n} \tag{4-10}$$

以上表明，**电感的串联并联关系与电阻相似**。

4.3　独立电源的等效变换

1. 独立电压源的串联和并联

结论：**n 个电压源串联，可以用一个电压源等效替代。如果 u_{sk} 的参考方向与 u_s 的参考方向一致时，式中的 u_{sk} 前面取“+”号，不一致时取“-”号。**即

$$u_s = u_{s1} + u_{s2} + \cdots + u_{sn} = \sum_{k=1}^{n} u_{sk}$$

n 个电压源串联如图 4-3a 所示，对应的等效电路如图 4-3b 所示。

结论：**只有电压相等且极性一致的电压源才允许并联，否则违背了 KVL**。

2. 独立电流源的串联和并联

图 4-4a 为 n 个电流源的并联，根据 KCL，得

$$i_s = i_{s1} + i_{s2} + \cdots + i_{sn} = \sum_{k=1}^{n} i_{sk}$$

结论：**n 个电流源并联，可以用一个电流源等效替代。如果 i_{sk} 的参考方向与 i_s 的参考方向一致时，式中的 i_{sk} 前面取“+”号，不一致时取“-”号。**

对应的等效电路如图 4-4b 所示。

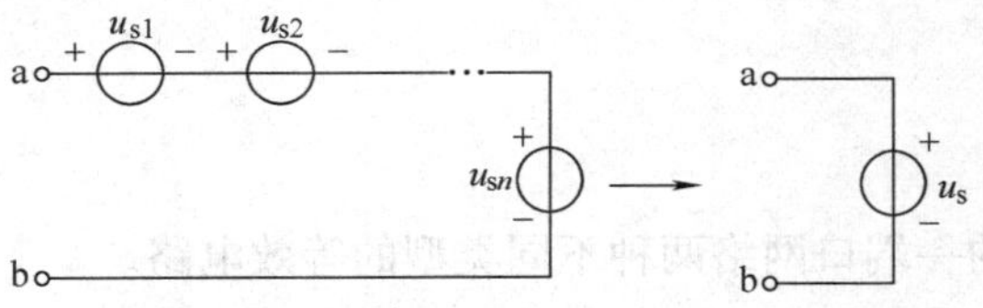

a)　b)

图 4-3　电压源的串联

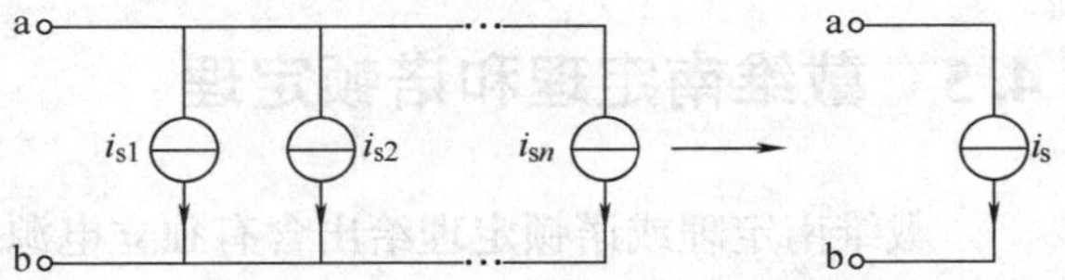

a)　b)

图 4-4　电流源的并联

结论：**只有电流相等且方向一致的电流源才能串联，否则违背了 KCL**。

3. 电压源组合与电流源组合的等效变换

实际电源的电路模型可以由一电压为 U_{oc} 的理想电压源与一电阻 R_0 串联组成，称之为**电压源组合**。或由一电流为 I_{sc} 的理想电流源与一电导 G_0 并联组成，称之为**电流源组合**。等效电路模型分别如图 4-5a、b 所示，两者一般可以相互转化。

转化关系为

$$G_0 = \frac{1}{R_0},\quad I_{sc} = G_0 U_{oc}$$

受控电压源与电阻的串联组合和受控电流源与电导的并联组合也可以用上述方法进行相互转换，此时可把受控源当作独立电源处理，但应注意在变换过程中保存控制量所在的支路，而不要把它变换掉。

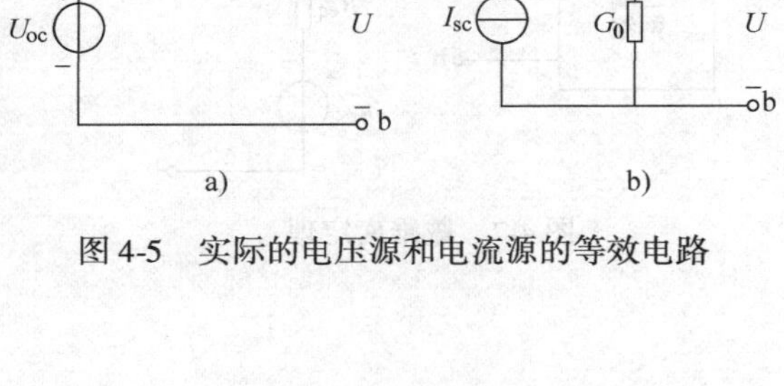

a)　b)

图 4-5　实际的电压源和电流源的等效电路

4.4 替代定理

利用替代定理可以将复杂电路进行局部简化。替代定理是一个应用范围颇为广泛的定理，它不仅适用于线性电路，也适用于非线性电路。

设图 4-6a 是一个分解成 N_R 和 N_L（均为一端口电路）的复杂电路，令连接端口处的电压为 u_k，流过端口的电流为 i_k。如果 u_k 和 i_k 为已知，则替代定理描述如下：

对于 N_R 而言，可以用一个电压等于 u_k 的电压源 u_s，或者用一个电流等于 i_k 的电流源 i_s 替代 N_L，替代后 N_R 中的电压和电流均保持不变，替代后的电路如图 4-6b 和图 4-6c 所示。同样对于 N_L 而言，可以用 $u_s = u_k$ 的电压源或 $i_s = i_k$ 的电流源替代 N_R，替代后 N_L 中的电压和电流均保持不变。

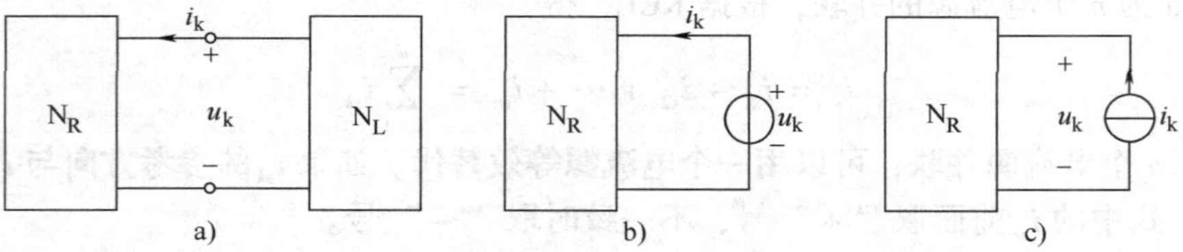

图 4-6　替代定理

4.5 戴维南定理和诺顿定理

戴维南定理或诺顿定理给出含有独立电源的一端口网络两种不同类型的等效电路。

1. 戴维南定理

任一由独立电源、线性电阻和/或受控源组成的一端口网络，对外电路来说，可以用一个电压源和电阻的串联组合等效置换，此电压源的电压等于该一端口的开路电压，电阻等于该一端口中的独立电源置零后，由一端口的两端点视入的入端等效电阻。如图 4-7 所示。

2. 诺顿定理

一个含独立电源、线性电阻和受控源的一端口网络，对外电路来说，可以用一个电流源和电阻的并联组合等效置换，电流源的激励电流等于一端口的短路电流，电阻等于一端口中全部独立源置零后的入端等效电阻，如图 4-8 所示。

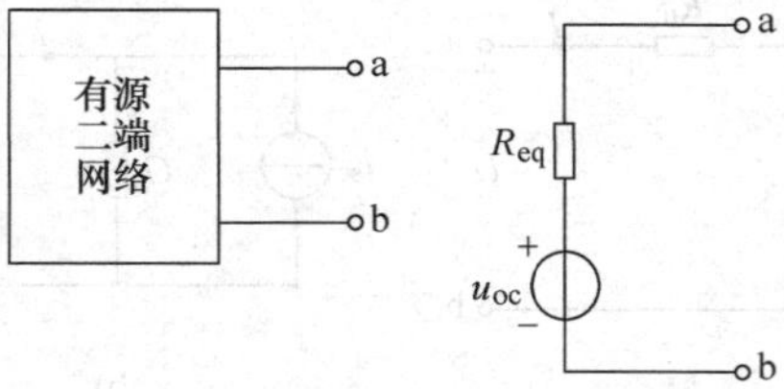

图 4-7　戴维南定理

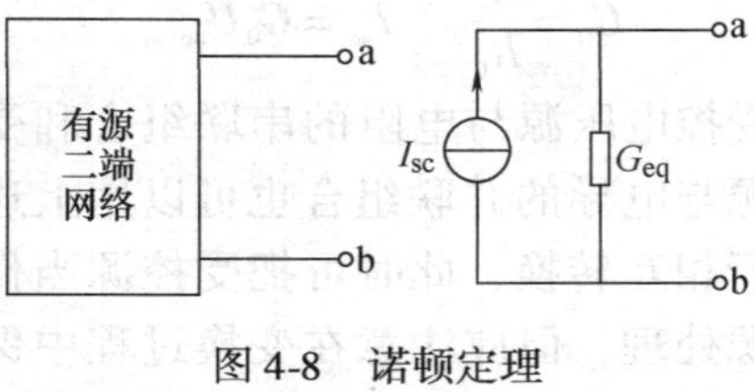

图 4-8　诺顿定理

应用电压源和电阻的串联组合与电流源和电导的并联组合之间的等效变换，可推得戴维南等效电路和诺顿等效电路的相互转化关系。诺顿等效电路和戴维南等效电路这两种等效电路共有 u_{oc}、$R_{eq}=1/G_{ed}$、i_{sc}三个参数，其关系为 $u_{oc}=R_{eq}i_{sc}$，电阻相等。通常情况下，两种等效电路是同时存在的，但也有只存在一种等效电路的情况。

本章习题及其解答

4-1 图 4-9 所示电路中，$R_1=2\Omega$，$R_2=3\Omega$，$R_3=6\Omega$。

（1）如三电阻并联，如图 4-9a 所示，已知总电流 $I=6\text{A}$，试求各电阻中电流 I_1、I_2、I_3 及端电压 U。

（2）如三电阻串联，如图 4-9b 所示，已知总电压 $U=11\text{V}$，试求各电阻上的分压 U_{R1}、U_{R2}、U_{R3}及总电流 I。

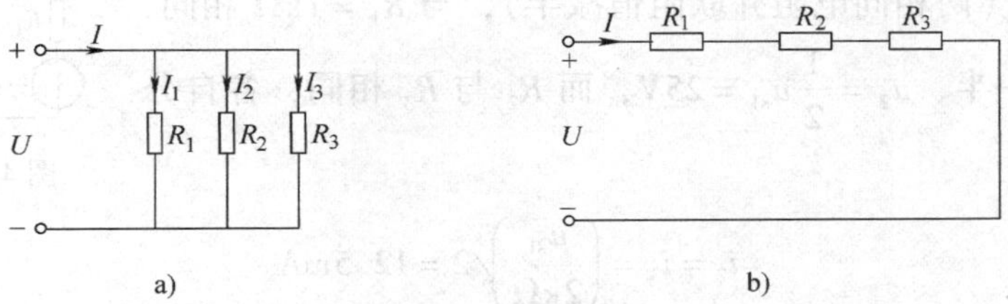

图 4-9 题 4-1 图

解：（1）图 4-9a 中，由电阻并联分流公式，有

$$I_1=\frac{R_2/\!/R_3}{R_1+R_2+R_3}\times I=\frac{\frac{3\times 6}{3+6}}{2+3+6}\times 6\text{A}=1.094\text{A}$$

$$I_2=\frac{R_1/\!/R_3}{R_1+R_2+R_3}\times I=\frac{\frac{2\times 6}{2+6}}{2+3+6}\times 6\text{A}=0.82\text{A}$$

$$I_3=\frac{R_2/\!/R_1}{R_1+R_2+R_3}\times I=\frac{\frac{3\times 2}{3+2}}{2+3+6}\times 6\text{A}=0.65\text{A}$$

$$U=I(R_1/\!/R_2/\!/R_3)=6\times\frac{\frac{2\times 3}{2+3}\times 6}{\frac{2\times 3}{2+3}+6}\text{V}=6\text{V}$$

注：“//”为并联符号，表示两个电阻相互并联。

（2）图 4-9b 中

$$U_{R1}=\frac{R_1}{R_1+R_2+R_3}\times U=\frac{2}{11}\times 11\text{V}=2\text{V}$$

$$U_{R2}=\frac{R_2}{R_1+R_2+R_3}U=\frac{3}{11}\times 11\text{V}=3\text{V}$$

$$U_{R3}=\frac{R_3}{R_1+R_2+R_3}U=\frac{6}{11}\times 11\text{V}=6\text{V}$$

$$I=\frac{U}{R_1+R_2+R_3}=\frac{11}{11}\text{A}=1\text{A}$$

4-2 电路如图 4-10 所示，已知 $u_{s1}=50\text{V}$，$R_1=1\text{k}\Omega$，$R_2=2\text{k}\Omega$，试求以下三种情况下的电压 u_2、i_2 和 i_3：

（1）$R_3=2\text{k}\Omega$；

（2）$R_3=\infty$（R_3 处开路）；

（3）$R_3=0$（R_3 处短路）。

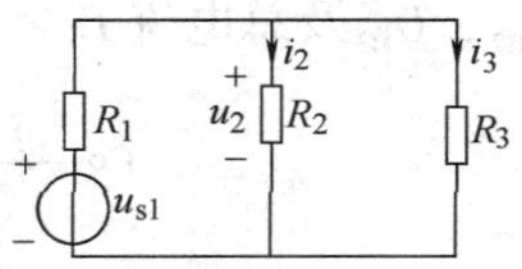

图 4-10　题 4-2 图

解：（1）$R_3=2\text{k}\Omega$ 时，可以利用电阻串并联结论简化分析。因 $R_2 /\!/ R_3=1\text{k}\Omega$（两相同电阻并联阻值减半），与 $R_1=1\text{k}\Omega$ 相同，因此 u_2 分压 u_{s1} 一半，$u_2=\frac{1}{2}u_{s1}=25\text{V}$，而 R_2 与 R_3 相同，各自分流一半，有

$$i_2=i_3=\left(\frac{u_{s1}}{2\text{k}\Omega}\right)/2=12.5\text{mA}$$

（2）当 $R_3=\infty$ 时，按分压公式，有

$$u_2=\frac{2}{1+2}\times 50\text{V}=33.3\text{V}$$

$$i_3=0$$

$$i_2=i=\frac{u_{s1}}{(1+2)\text{k}\Omega}=16.65\text{mA}$$

（3）当 $R_3=0$ 时，有

$$u_2=0$$

$$i_3=\frac{u_s}{R_1}=\frac{50\text{V}}{1\text{k}\Omega}=50\text{mA}$$

$$i_2=0$$

注：$i_2=0$ 是因为电阻 R_2 两端 $u_2=0$，但 $R_2\neq 0$，所以其中电流必为 0。而 i_3 虽然所在线路为短路线，电压为零，但电流往往不为零，相反电流很大。

4-3 图 4-11 中，$u_s=40\text{V}$，$R_1=1\text{k}\Omega$，$R_2=50\text{k}\Omega$。现欲测量电压 u_o，所用电压表量程为 50V，灵敏度为 1000Ω/V（即每伏量程电压表相当 1000Ω 的电阻），问：

（1）测量得到的 u_o 等于多少？

（2）u_o 的真值 u_{ot} 等于多少？

（3）如果测量误差以下表示：

$$\delta\%=\frac{u_o-u_{ot}}{u_{ot}}\times 100\%$$

问此时测量误差是多少？讨论如何减小误差？

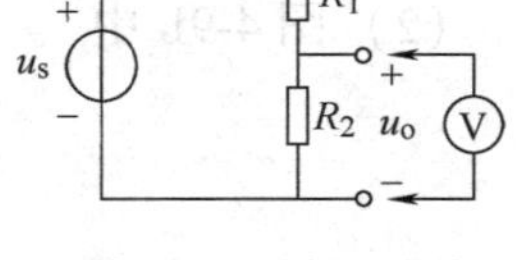

图 4-11　题 4-3 图

解：由于使用50V量程，电压表内阻为

$$R_V = 50 \times 1000\Omega = 50k\Omega$$

（1）当电路接上电压表时，R_2 与 R_V 并联电阻为

$$R_2 /\!/ R_{V1} = \frac{50 \times 50}{50+50}k\Omega = 25k\Omega$$

由按分压公式，有

$$u_o = \frac{R_2 /\!/ R_V}{R_1 + R_2 /\!/ R_V} u_s = \frac{25}{1+25} \times 40V = 38.46V$$

（2）被测电压的真值为

$$u_{ot} = \frac{R_2}{R_1 + R_2} u_s = \frac{50}{1+50} \times 40V = 39.22V$$

（3）相对测量误差为

$$\delta\% = \frac{u_o - u_{ot}}{u_{ot}} = \frac{38.46 - 39.22}{39.22} \times 100\% = 1.94\%$$

显然为减小误差，必须使 $u_o \to u_{ot}$，关键在加大电压表内阻 R_V，如有 $R_V \to \infty$，则 $R_2 /\!/ R_V = R_2$，自然有 $u_{ot} = u_o$，$\delta\% = 0$。

4-4　求图4-12所示各电路中a、b端的等效电阻。

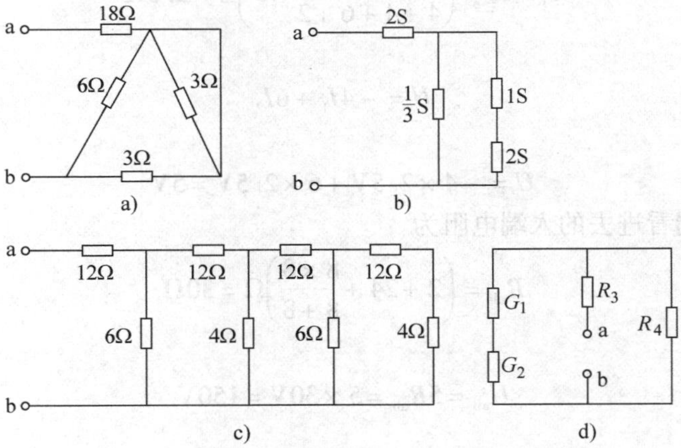

图4-12　题4-4图

解：（1）图4-12a中，由于斜线电阻3Ω被短路线短路，有

$$R_{ab} = \left(18 + \frac{6 \times 3}{6+3}\right)\Omega = 20\Omega$$

（2）图4-12b中，全部为电导运算，而电导串联公式类似于电阻并联公式，电导并联公式类似于电阻串联公式，且 $G = \frac{1}{R}$。因此，有

$$R_{ab} = \left[\frac{1}{2} + \left(\frac{1}{\frac{1}{3} + \frac{1 \times 2}{1+2}}\right)\right]\Omega = \left(\frac{1}{2} + 1\right)\Omega = 1.5\Omega$$

（3）图 4-12c 中，连续使用电阻串联与并联公式，有

$$R_{ab}=(12+6/\!/\{12+4/\!/[12+6/\!/(12+4)]\})\Omega=\frac{538}{33}\Omega=16.3\Omega$$

（4）图 4-12d 中，$G=\dfrac{G_1G_2}{G_1+G_2}$，而 $R=\dfrac{1}{G}=\dfrac{G_1+G_2}{G_1G_2}$，所以

$$R_{ab}=R_3+(R_4/\!/R)=\frac{(G_1+G_2)(R_3+R_4)+R_3R_4G_1G_2}{R_4G_1G_2+G_1+G_2}$$

4-5 对图 4-13 所示电桥电路，应用 Y—△等效变换求：

（1）对角线电压 U；

（2）电压 U_{ab}。

解：（1）将不平衡电桥电路右方由 10Ω、10Ω、5Ω 构成的△联结等效变换成 Y 联结，如图 4-14 所示，各电阻数值分别为

$$R_1=R_3=\frac{5\times10}{10+10+5}\Omega=2\Omega\quad R_2=\frac{10\times10}{10+10+5}\Omega=4\Omega$$

流过左侧 6Ω 和 4Ω 电阻的电流分别为

$$I_1=I_2=\left(\frac{4+4}{4+4+6+2}\times5\right)\text{A}=2.5\text{A}$$

故

$$U=-4I_1+6I_2$$

解得：

$$U=-4\times2.5\text{V}+6\times2.5\text{V}=5\text{V}$$

（2）从 a、b 端看进去的入端电阻为

$$R_{ab}=\left(2+24+\frac{8\times8}{8+8}\right)\Omega=30\Omega$$

电压 U_{ab} 为

$$U_{ab}=5R_{ab}=5\times30\text{V}=150\text{V}$$

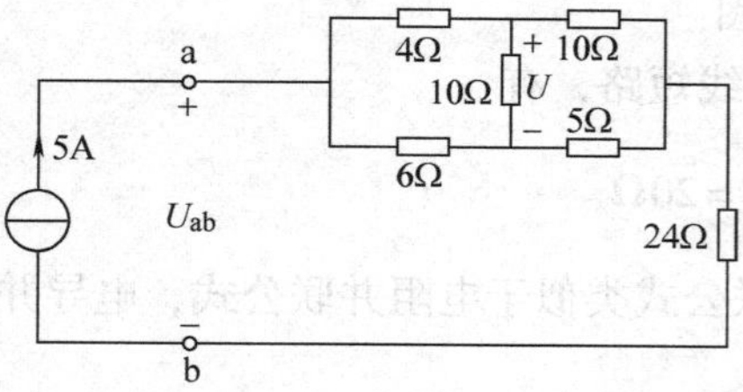

图 4-13　题 4-5 图

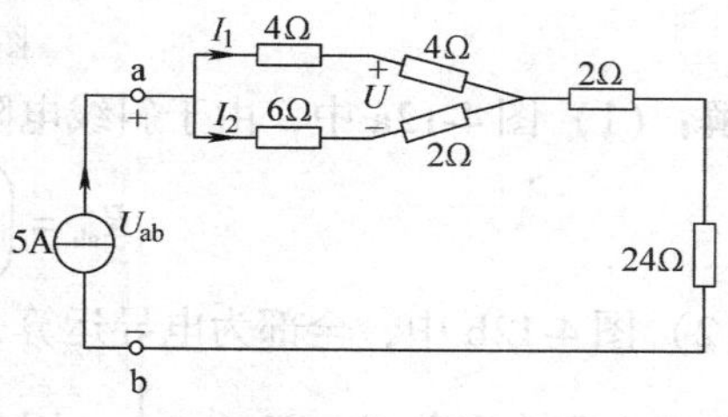

图 4-14　△至 Y 形变换

4-6 分别求图 4-15a、b 所示电路中 a、b 端的等效电容与等效电感。

解：（1）电容并联类似于电阻串联，电容串联类似于电阻并联，因此有

$$C_{ab}=\frac{1}{\frac{1}{5}+\frac{1}{\left(\frac{1}{\frac{1}{3+2}+\frac{1}{20}}+1\right)}}\text{F}=2.5\text{F}$$

（2）电感串联与并联类似于电阻串联与并联，有

$$L_{ab}=8+\left(\frac{1}{\frac{1}{3}+\frac{1}{\frac{1}{\frac{1}{4}+\frac{1}{4}}+2}}\right)\text{H}=10\text{H}$$

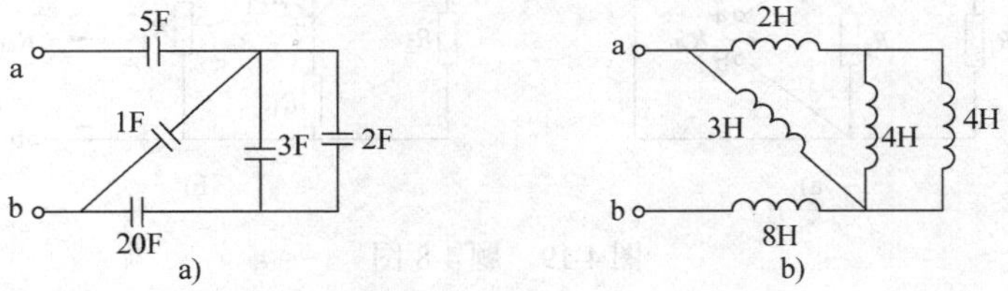

图 4-15　题 4-6 图

4-7　求图 4-16 所示电路的 a、b 端口入端的等效电阻 R_{ab}。

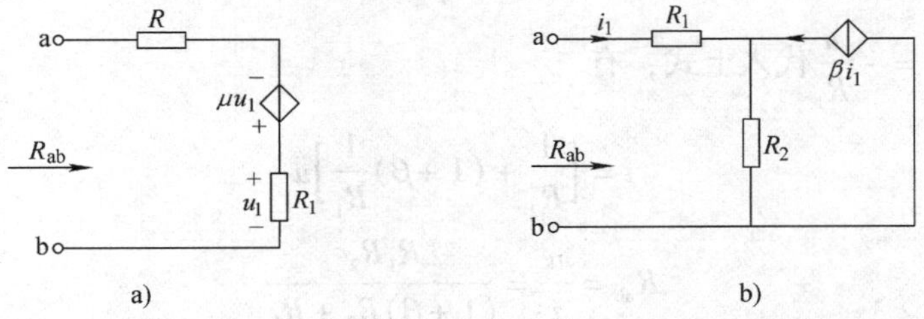

图 4-16　题 4-7 图

解： 采用激励法，模拟在端口加上独立电源。

如图 4-17 所示，在图 4-16a 的端口加上电流为 i 的电流源，计算端口电压 u 如下：

$$u=(R_2+R_1)i-\mu u_1$$

将 $u_1=R_1 i$ 代入上式，有

$$u=(R_2+R_1-\mu R_1)i,\quad R_{ab}=\frac{u}{i}=(1-\mu)R_1+R_2$$

如图 4-18 所示，在图 4-16b 的端口加上电流为 i_1 的电流源，有

$$u_1=R_1 i_1+R_2(1+\beta)i_1$$

$$R_{ab}=\frac{u_1}{i_1}=R_1+R_2(1+\beta)$$

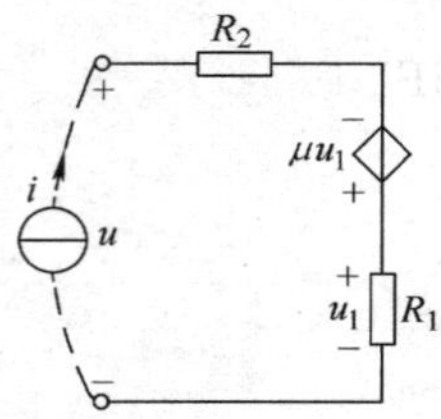

图 4-17　施加激励

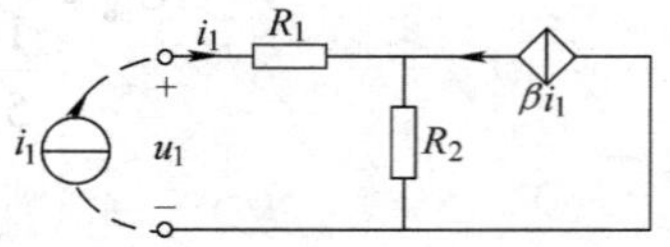

图 4-18　施加激励

4-8　求图 4-19 所示电路 a、b 端的输入电阻 R_{ab}。

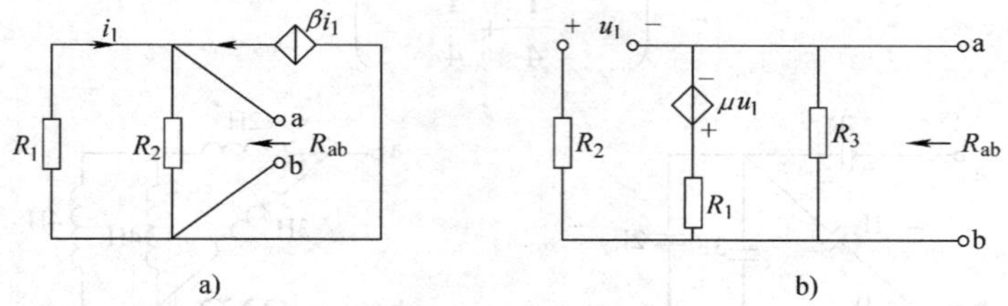

图 4-19　题 4-8 图

解： 采用激励法，虚拟地在端口加上独立电源。

(1) 如图 4-20 所示，在图 4-19a 的端口加上独立电压源 u，由 KCL 得

$$i_2 = i_1 + \beta i_1 + i$$

$$i = i_2 - i_1 - \beta i_1$$

将 $i_2 = \dfrac{u}{R_2}$，$i_1 = -\dfrac{u}{R_1}$代入上式，有

$$i = \left[\frac{1}{R_2} + (1+\beta)\frac{1}{R_1}\right]u$$

$$R_{ab} = \frac{u}{i} = \frac{R_1 R_2}{(1+\beta)R_2 + R_1}$$

(2) 如图 4-21 所示，在图 4-19b 的端口加上独立电压源 u，由 KCL 得

$$i = i_1 + i_3 = \frac{\mu u_1 + u}{R_1} + \frac{u}{R_3}$$

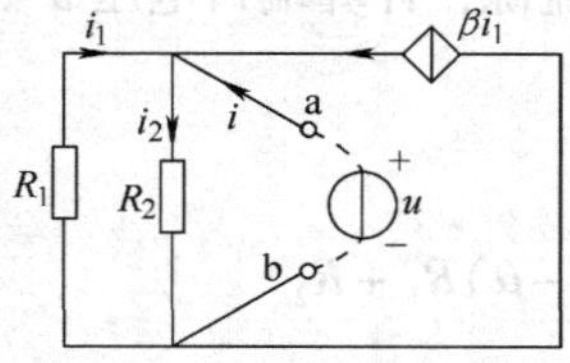

图 4-20　施加激励

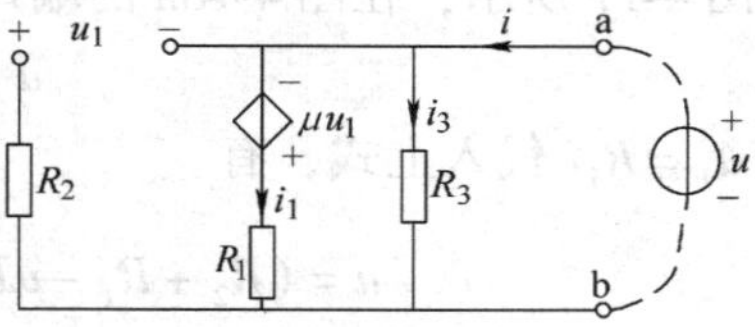

图 4-21　施加激励

将 $u_1 = -u$ 代入上式，有

$$i=\left[\frac{(1-\mu)}{R_1}+\frac{1}{R_3}\right]u$$

$$R_{ab}=\frac{u}{i}=\frac{R_1R_3}{(1-\mu)R_3+R_1}$$

注：激励法中是加电压源还是加电流源？

每题要具体情况具体分析，具体要求是：

当端口电压已知时，若端口流入电流易求，则加电压源激励；当端口流入电流已知，若端口电压易求，则加电压源激励。

4-9　利用电源等效变换方法计算图 4-22 中各元件吸收的功率。

解：对受控电流源进行变换，变为串联组合，如图 4-23 所示。

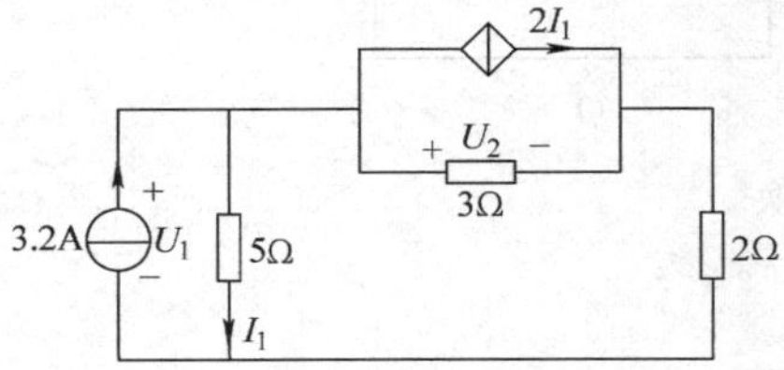

图 4-22　题 4-9 图

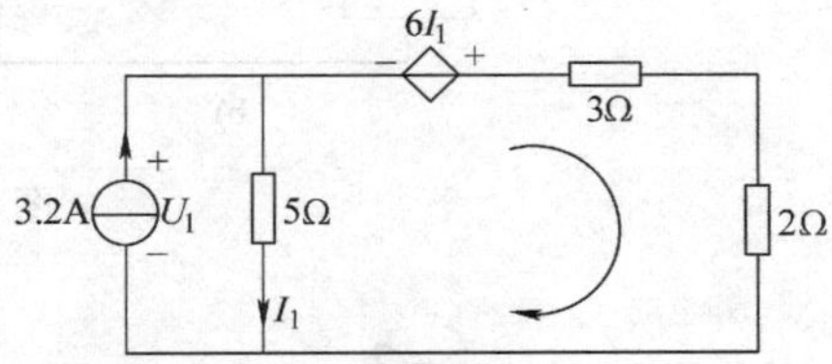

图 4-23　等效变换

沿图 4-23 中的绕向应用 KVL，有

$$(3+2)(3.2-I_1)-6I_1-5I_1=0$$

解得 $I_1=1\text{A}$。

所以各元件吸收的功率为

$$P_{5\Omega}=I_1^2\times5\Omega=5\text{W}$$

$$U_1=I_1\times5\Omega=5\text{V}$$

$$P_{3.2\text{A}}=-U_1\times3.2\text{A}=-5\times3.2\text{W}=-16\text{W}$$

$$P_{2\Omega}=[(3.2-1)^2\times2]\text{W}=9.68\text{W}$$

$$U_2=[(3.2-1-2)\times3]\text{V}=0.6\text{V}$$

$$P_{3\Omega}=[(3.2-1-2)^2\times3]\text{W}=0.12\text{W}$$

$$P_{2\text{I}_1}=(0.6\times2)\text{W}=1.2\text{W}$$

注：电源等效变换对受控源仍然适用，但控制量的位置不能因为变换而迷失。

4-10　利用电源的等效变换求图 4-24 所示电路中的电流 i。

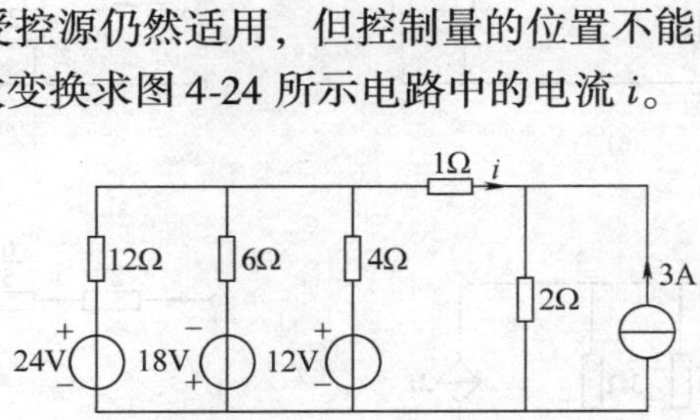

图 4-24　题 4-10 图

解：原图依次变换为图 4-25a→图 4-25b→图 4-25c。

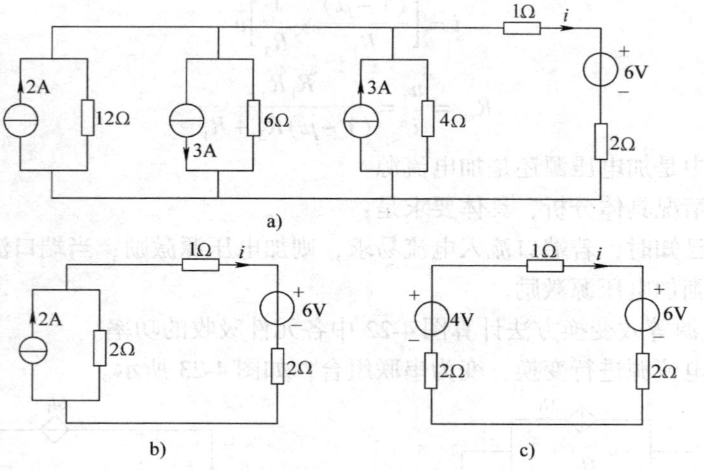

图 4-25　依次变换

由图 4-25c 得 $i=\frac{-2}{5}\text{A}=-0.4\text{A}$。

注：电源等效变换的目标在本题中是把原电路化简为一个单网孔电路，以便使用欧姆定律求电流 i。

4-11　图 4-26 所示电路中全部电阻均为 2Ω，求输入电阻 R_i。

解：分析可知，a、b 端子右边电路是平衡电桥，因此可以将 c、d 端子短接。则 a、b 端口右侧电路等效电阻为$\frac{2\times2}{2+2}\Omega+\frac{2\times2}{2+2}\Omega=2\Omega$，原电路变成图 4-27a 所示。再利用电源等效变换，得到图 4-27b、c、d 所示等效电路。

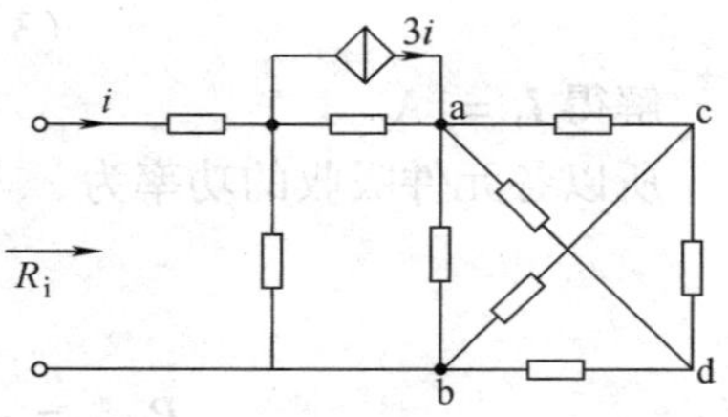

图 4-26　题 4-11 图

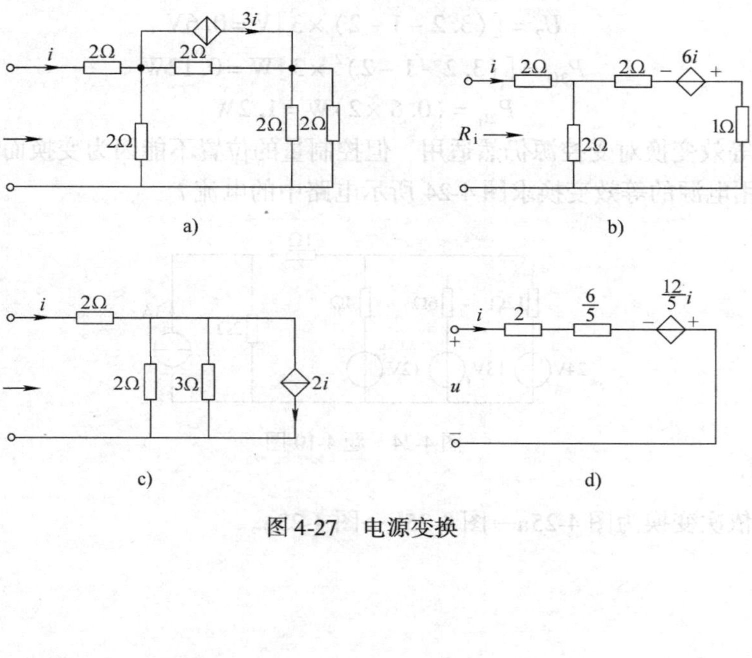

图 4-27　电源变换

由图 4-27d 得

$$u = 2i + \frac{6}{5}i - \frac{12}{5}i$$

所以

$$R_i = \frac{u}{i} = \left(2 + \frac{6}{5} - \frac{12}{5}\right)\Omega = \left(\frac{16}{5} - \frac{12}{5}\right)\Omega = \frac{4}{5}\Omega = 0.8\Omega$$

4-12　利用电源变换方法求图 4-28 所示电路中电流 i。

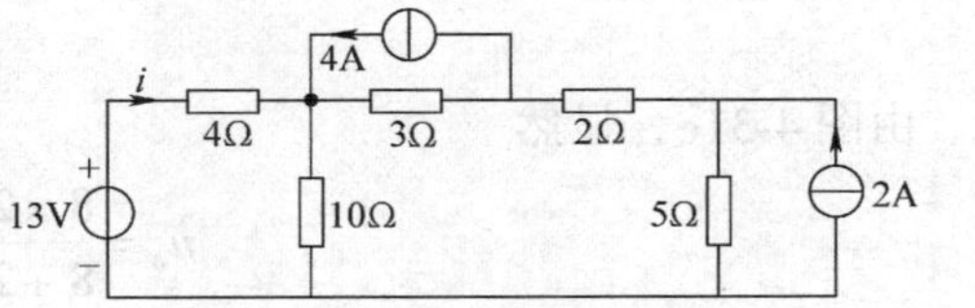

图 4-28　题 4-12 图

解：利用电源的等效变换，可以得到图 4-29a、b、c、d、e 所示等效电路，最后化简成一个单回路。由此得

$$i = \frac{13-12}{9}\text{A} = \frac{1}{9}\text{A}$$

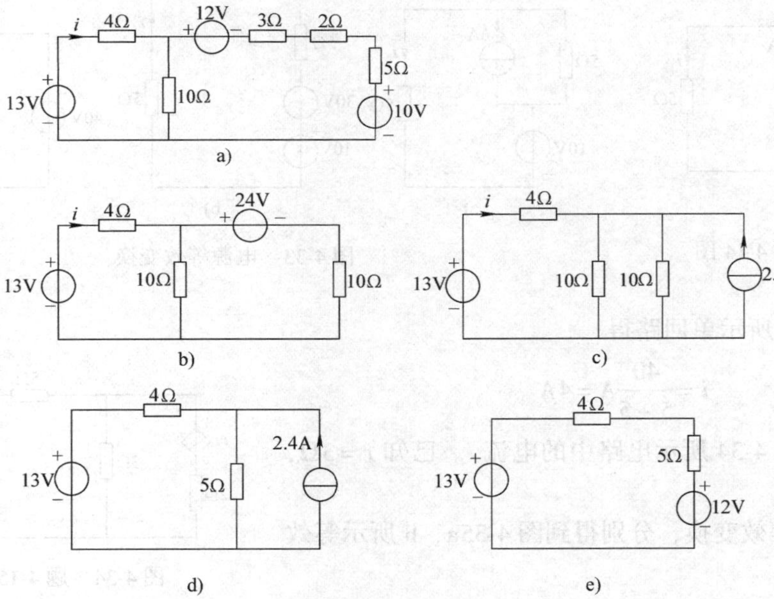

图 4-29　电源变换

注：变换过程中，不能把 i 变没有。

4-13　利用电源变换方法求图 4-30 所示电路中的 u_o。

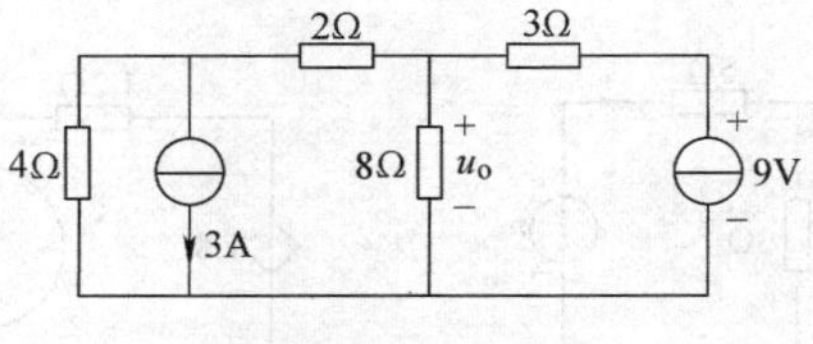

图 4-30　题 4-13 图

解：利用电源等效变换，得到图 4-31a、b、c 所示等效电路。

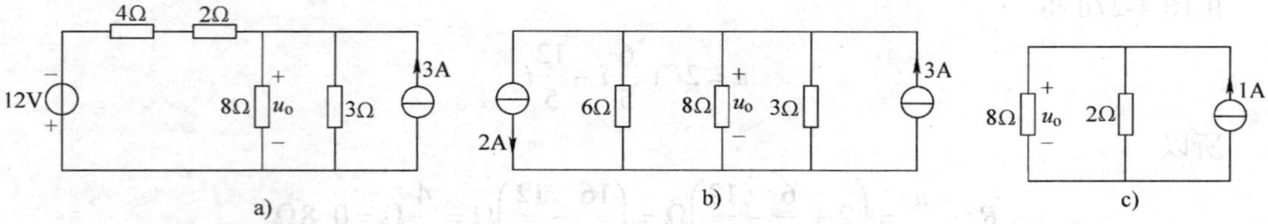

图 4-31　电源等效变换

由图 4-31c，显然

$$u_o = \frac{8\times2}{8+2}\times1\text{V} = 1.6\text{V}$$

4-14　求图 4-32 所示电路中的电流 i。

解：利用电源等效变换，得到图 4-33a、b、c 所示等效电路。

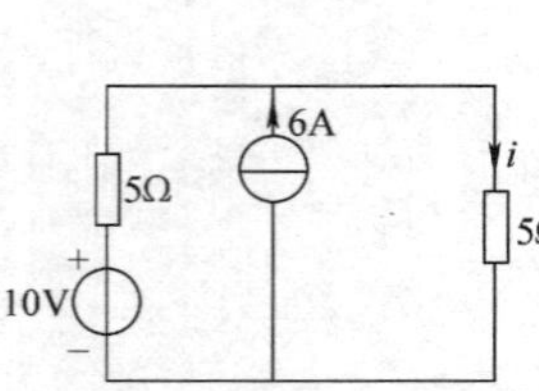

图 4-32　题 4-14 图

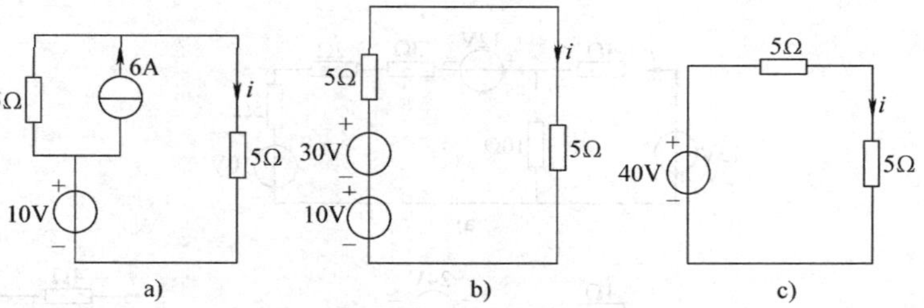

图 4-33　电源等效变换

由图 4-33c 所示单回路得

$$i = \frac{40}{5+5}\text{A} = 4\text{A}$$

4-15　求图 4-34 所示电路中的电流 i。已知 $r=3\Omega$，$u_s=16\text{V}$。

解：利用等效变换，分别得到图 4-35a、b 所示等效电路。

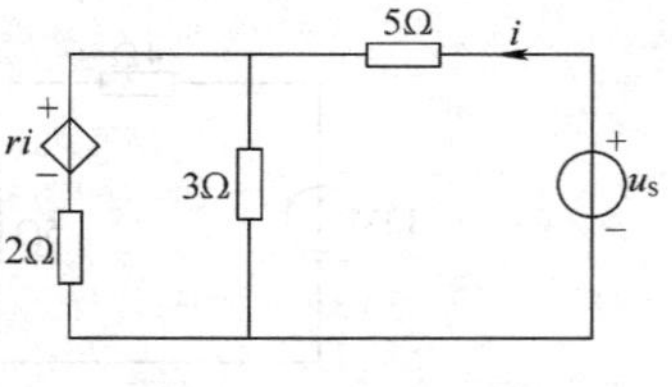

图 4-34　题 4-15 图

按图 4-35b 中示出的绕向列 KVL 方程

$$1.8i + (5+1.2)i = u_s$$

解得

$$8i = 16\text{A}\qquad i = 2\text{A}$$

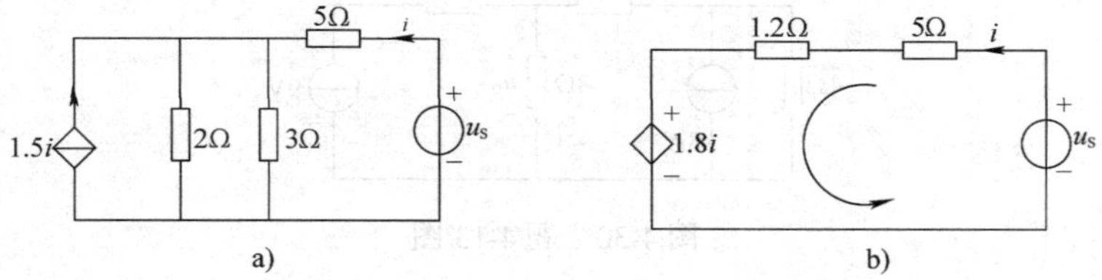

图 4-35　等效变换

4-16 图 4-36 所示电路中，已知电容电流 $i_C(t)=2.5e^{-t}A$，试用替代定理求 $i_1(t)$、$i_2(t)$。

解：将电容用一个 $i(t)=i_C(t)=2.5e^{-t}A$ 的电流源来替代，如图 4-37 所示。

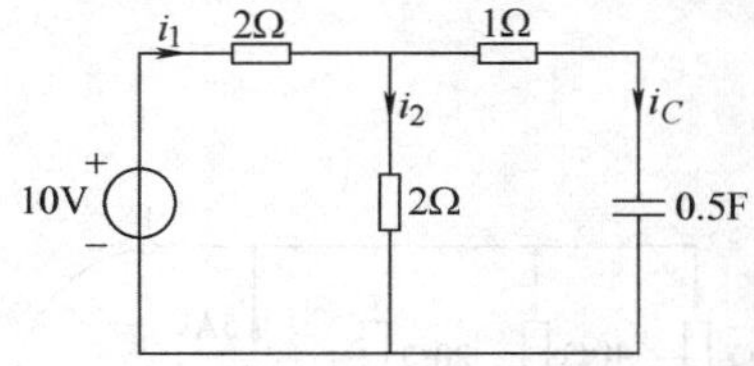

图 4-36 题 4-16 图

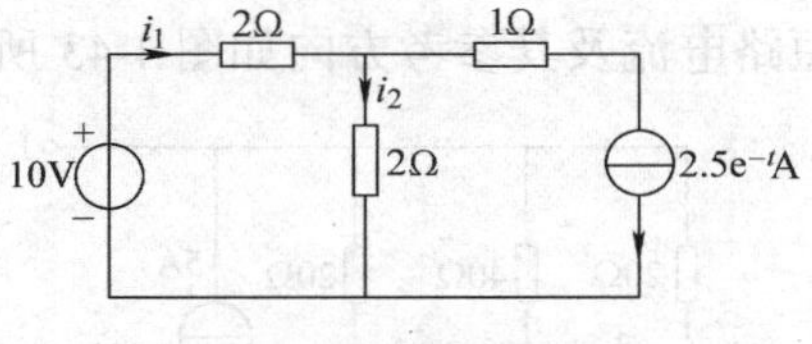

图 4-37 替代法

再利用叠加原理，得

$$i_1(t)=\frac{10}{2+2}A+\frac{1}{2}\times 2.5e^{-t}A=2.5A+1.25e^{-t}A$$

$$i_2(t)=\frac{10}{2+2}A-\frac{1}{2}\times 2.5e^{-t}A=2.5A-1.25e^{-t}A$$

4-17 利用戴维南定理求图 4-38 所示电路中的负载电流 I_L。已知负载电阻 $R_L=8\Omega$。

解：将 R_L 切割，余下的左侧一端口电路如图 4-39 所示，且将此一端口用戴维南定理简化。

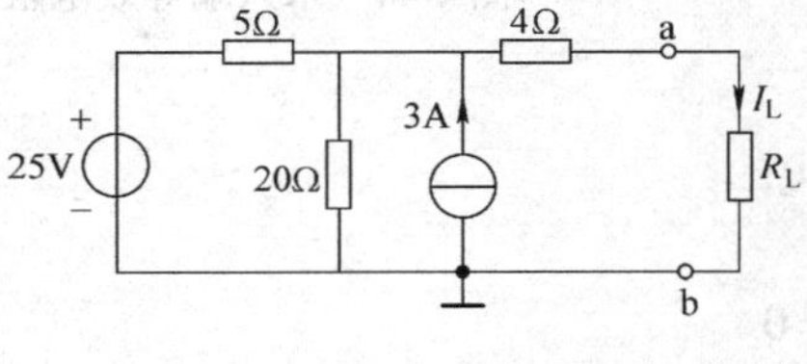

图 4-38 题 4-17 图

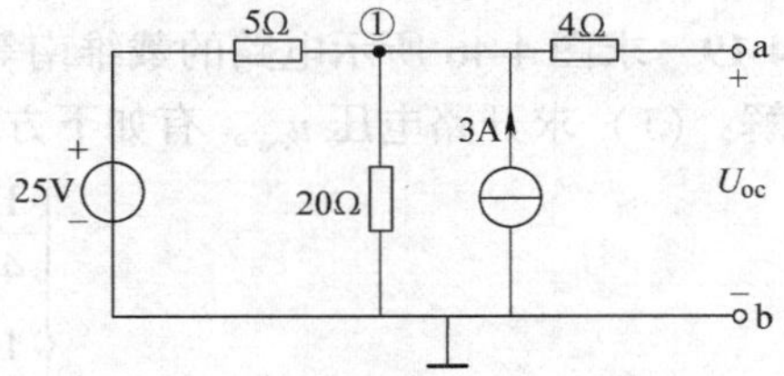

图 4-39 求开路电压

(1) 求 U_{oc}。用节点电压法，因 $U_{n1}=U_{oc}$，且

$$\left(\frac{1}{5}+\frac{1}{20}\right)U_{n1}=3+\frac{25}{5}$$

所以

$$U_{oc}=U_{n1}=32V$$

(2) 求入端电阻 R_{ab}。将全部电源归零，得到如图 4-40 所示电路，则 $R_{ab}=8\Omega$。

(3) 等效电路如图 4-41 所示，则 $I_L=\frac{32}{8+8}A=2A$。

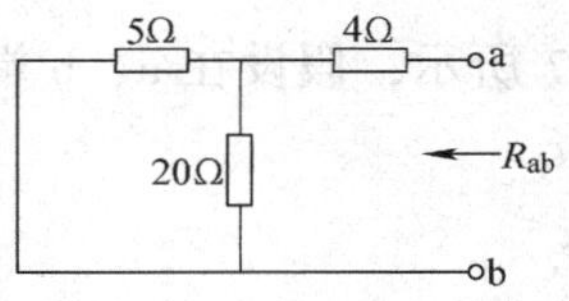

图 4-40 求入端等效电阻

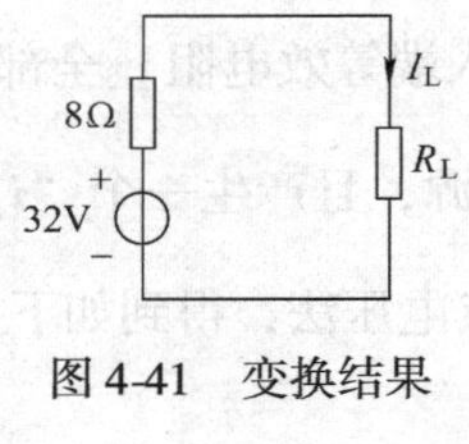

图 4-41 变换结果

4-18 求图 4-42 所示一端口电路的诺顿等效电路。

解：(1) 求短路电流 i_{sc}。将 1-1′短接，有

$$i_{sc}=\left(5-\frac{60}{20}+\frac{40}{40}-\frac{40}{20}\right)A=1A$$

短路电流及其参考方向如图 4-43 所示。

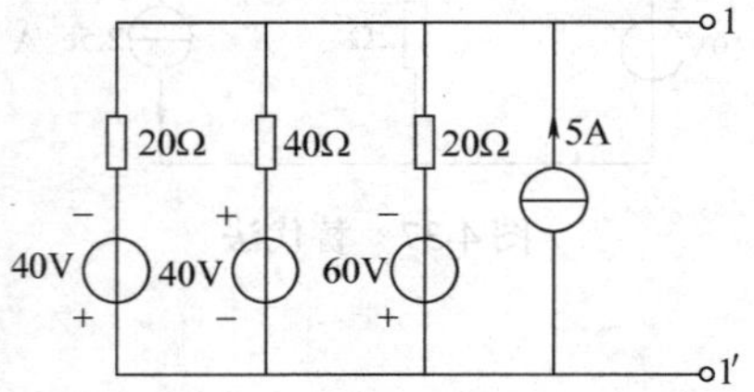

图 4-42 题 4-18 图

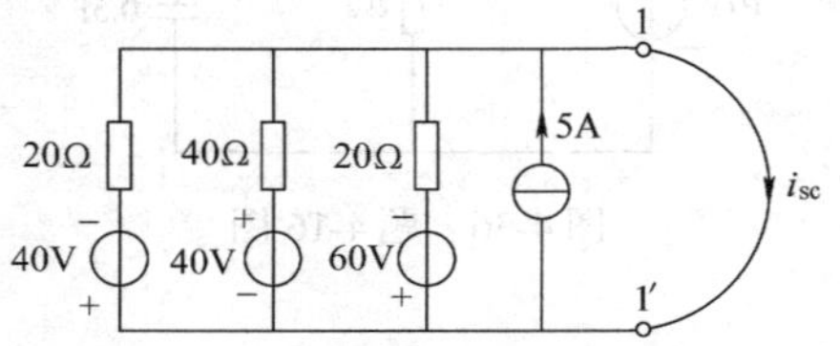

图 4-43 求短路电流

(2) 求无源入端等效电阻 R_{eq}。将图 4-42 中一端口内部的全部独立电源置零，如图 4-44 所示，有

$$R_{eq}=\frac{1}{\frac{1}{20}+\frac{1}{40}+\frac{1}{20}}\Omega=8\Omega$$

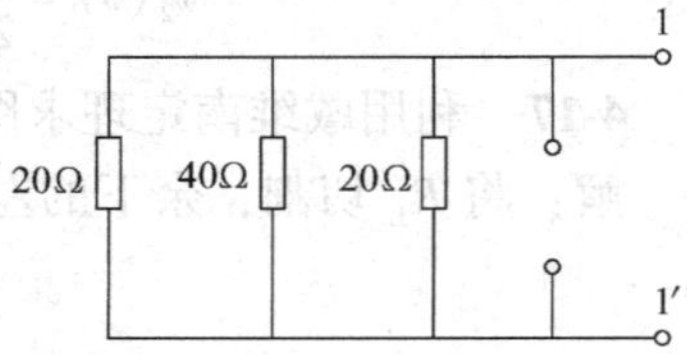

图 4-44 求入端等效电阻

(3) 诺顿等效电路如图 4-45 所示。

4-19 求图 4-46 所示电路的戴维南等效电路。

解：(1) 求开路电压 u_{oc}。有如下方程组：

$$\begin{cases}\frac{1}{4}u_x=i+5+u_x\\ \frac{1}{6}u_{oc}+i+u_x=0\\ u_{oc}-u_x=2u_x\end{cases}$$

解得 $u_{oc}=20V$。

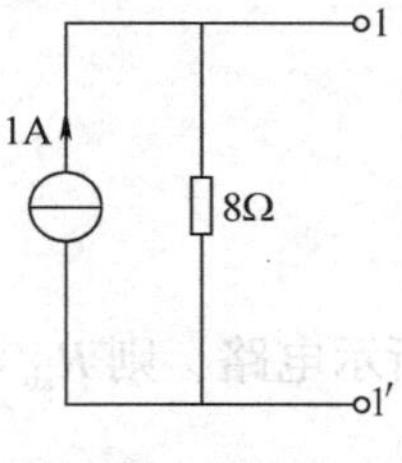

图 4-45 变换结果

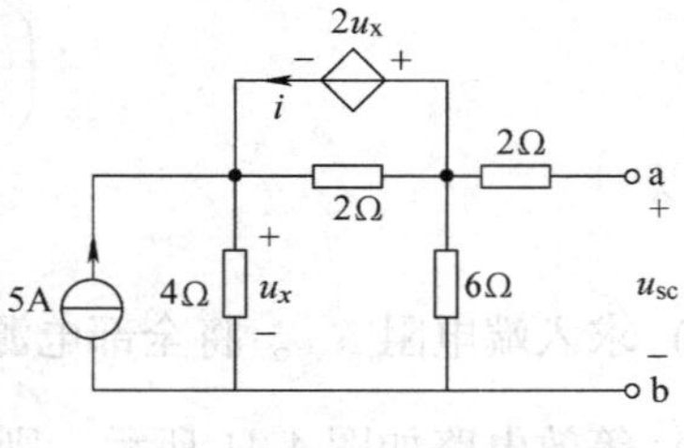

图 4-46 题 4-19 图

(2) 求入端等效电阻。全部独立电源归零，如图 4-47 所示，假设在 a、b 端口加一个 “u_y” 的电压源，且产生一个 “i_y” 的电流响应，则 $R_{eq}=\frac{u_y}{i_y}$。

仍用节点电压法，得到如下方程组：

$$\begin{cases}\dfrac{1}{4}u_x=i+u_x\\ \left(\dfrac{1}{6}+\dfrac{1}{2}\right)u_g=\dfrac{u_y}{2}-i-u_x\\ u_g-u_x=2u_x\\ u_g=u_y-2i_y\end{cases}$$

联立推导出

$$R_{eq}=\frac{u_y}{i_y}=6\Omega$$

（3）戴维南等效电路如图4-48所示。

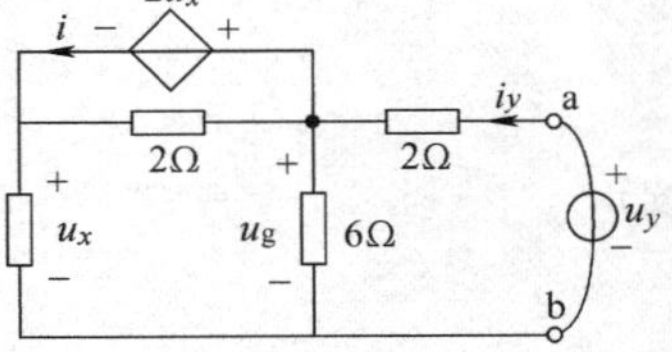

图4-47　求入端等效电阻

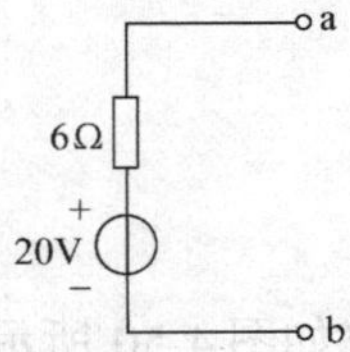

图　4-48

4-20　求图4-49所示电路a、b两端的戴维南或诺顿等效电路。

解：（1）如图4-49a所示，开路电压u_{oc}分析如下：

$$u_{oc}=50\times\frac{40+20}{40+20+50+10}\text{V}-40\times\frac{50+10}{40+20+50+10}\text{V}=40\text{V}$$

而等效电阻

$$R_{eq}=[(50+40)/\!/(10+20)]\Omega=22.5\Omega$$

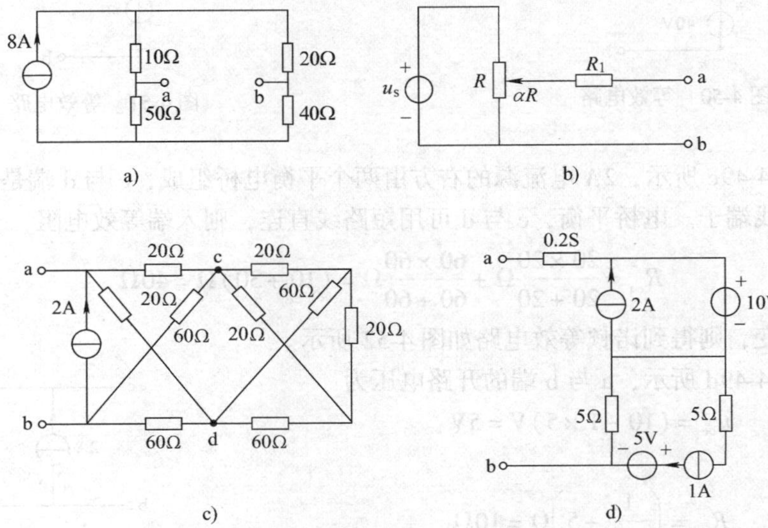

图4-49　题4-20图

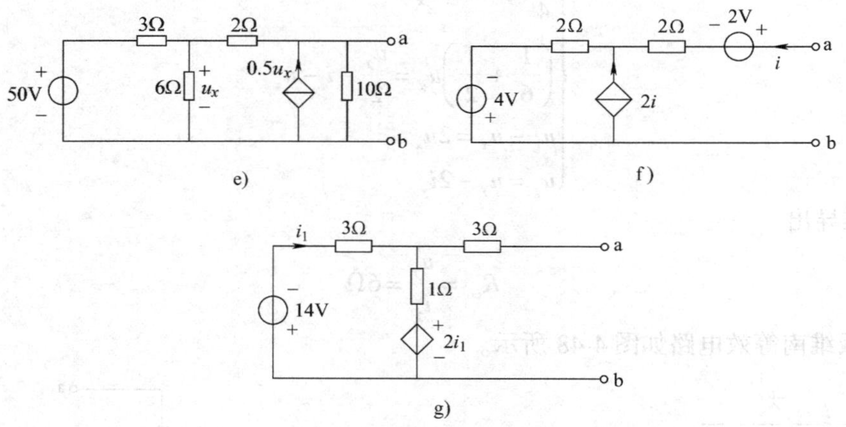

图 4-49　题 4-20 图（续）

则等效电路如图 4-50 所示。

（2）如图 4-49b 所示，这是一个分压电路，当 a 与 b 端开路时，输出电压将按分压器的电阻比例确定，有

$$u_{oc}=\alpha u_s$$

而入端等效电阻

$$R_{eq}=R_1+[\alpha R/\!/(1-\alpha)R]=R_1+\alpha(1-\alpha)R$$

则等效电路如图 4-51 所示。

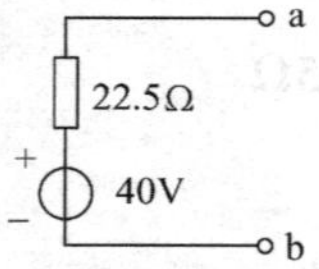

图 4-50　等效电路

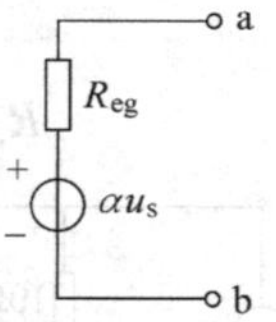

图 4-51　等效电路

（3）如图 4-49c 所示，2A 电流源的右方由两个平衡电桥组成，c 与 d 端是右方第一个平衡电桥的对角线端子。电桥平衡，c 与 d 可用短路线直连，则入端等效电阻

$$R_{eq}=\frac{20\times20}{20+20}\Omega+\frac{60\times60}{60+60}\Omega=(10+30)\Omega=40\Omega$$

电流源不变，则得到诺顿等效电路如图 4-52 所示。

（4）如图 4-49d 所示，a 与 b 端的开路电压为

$$u_{oc}=(10-1\times5)\text{V}=5\text{V}$$

等效电阻

$$R_{eq}=\left(\frac{1}{0.2}+5\right)\Omega=10\Omega$$

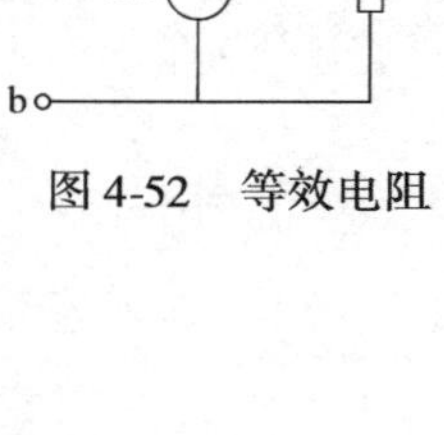

图 4-52　等效电阻

（5）如图 4-49e 所示，用节点电压法求开路电压 u_{oc}

$$\begin{cases}\left(\dfrac{1}{3}+\dfrac{1}{6}+\dfrac{1}{2}\right)u_x-\dfrac{1}{2}u_{oc}=\dfrac{50}{3}\Omega\\-\dfrac{1}{2}u_x+\left(\dfrac{1}{2}+\dfrac{1}{10}\right)u_{oc}=0.5u_x\end{cases}$$

解得 $u_{oc}=166.7\text{V}$。

按图 4-53 所示电路，采用激励法求 R_{eq}（将电路中独立电源归零），由 KCL 有

$$0.5u_x+i-\left(\frac{u_x}{3}+\frac{u_x}{6}\right)-\frac{u}{10}=0$$

等效电阻

$$R_{eq}=\frac{u}{i}=10\Omega$$

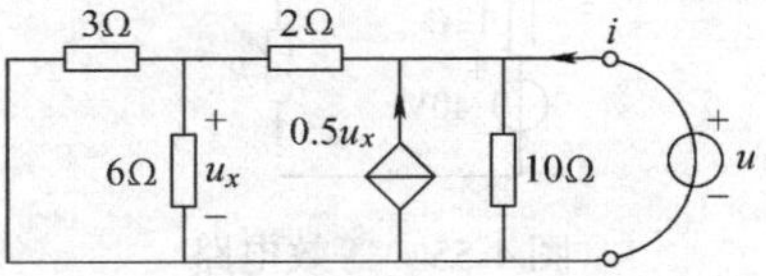

图 4-53 等效变换

（6）如图 4-49f 所示，a 与 b 端的开路电压 $u_{oc}=-2\text{V}$，将独立电源归零，假设在 a、b 端施加电流为 i 的电流源，则电压 u

$$u=3i\times2+2i$$

等效电阻

$$R_{eq}=\frac{u}{i}=8\Omega$$

（7）如图 4-49g 所示，先求开路电压 u_{oc}，由 KVL 有

$$3i_1+i_1+2i_1+14=0$$

解得 $i_1=-\dfrac{7}{3}\text{A}$。

故

$$u_{oc}=(1+2)i_1$$

解得：$u_{oc}=-7\text{V}$。

将电路中独立电源归零，假设在 a、b 端施加电压为 u 的电压源并产生电流 i，求其入端等效电阻

$$\begin{cases}3i-3i_1=u\\(i+i_1)+2i_1+3i=u\end{cases}$$

消掉 i_1，则等效电阻

$$R_{eq}=\frac{u}{i}=\frac{2}{7}\Omega$$

4-21 电路如图 4-54 所示。

（1）求 a、b 两端戴维南等效电路；

（2）计算 $R_L=8\Omega$ 时，该电阻中电流；

（3）求满足最大功率传输要求的 R_L；

（4）计算最大功率。

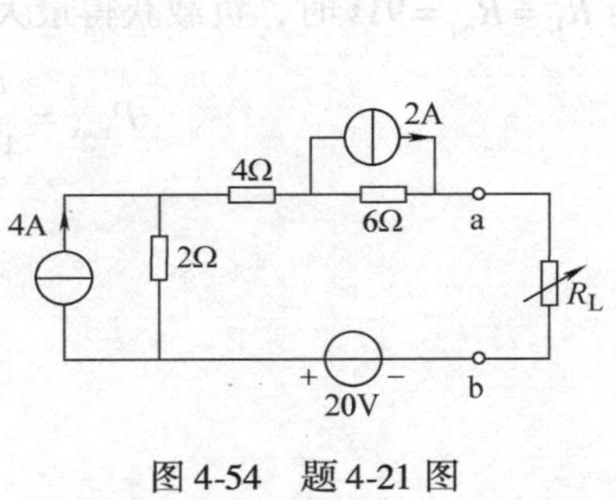

图 4-54 题 4-21 图

解：（1）根据戴维南定理得：

$$u_{oc}=(12+8+20)\text{V}=40\text{V}$$
$$R_{eq}=(2+6+4)\Omega=12\Omega$$

则戴维南等效电路如图 4-55 所示。

（2）当 $R_L=8\Omega$ 时，R_L 中的电流为

$$i=\frac{u_{oc}}{R_{eq}+R_L}=\frac{40}{12+8}A=2A$$

（3）由最大功率传输定理，当 $R_L=R_{eq}=12\Omega$ 时，此负载电阻获得最大功率。

（4）最大功率为

$$P_{max}=\frac{u_{oc}^2}{4R_{eq}}=\frac{40^2}{4\times12}W=33.3W$$

4-22 求图 4-56 所示电路中，负载得到最大功率的 R_L 值，并计算最大功率。

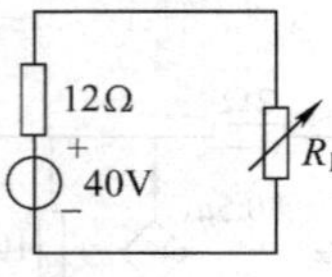

图 4-55 等效电路

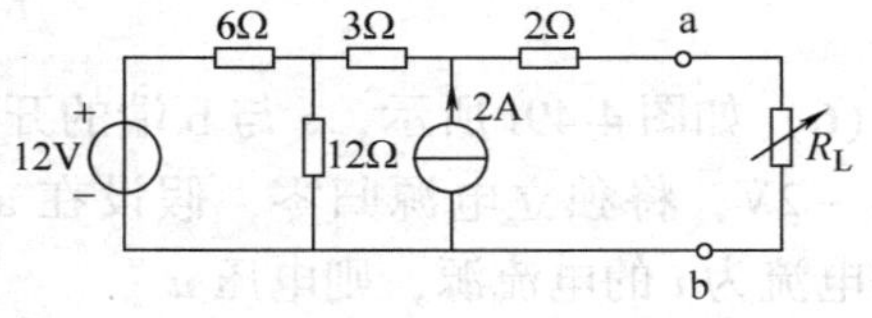

图 4-56 题 4-22 图

解： 先将负载电阻 R_L 切割，余下开路的电路。将 a、b 端口左侧进行电源等效变换，过程如图 4-57a→图 4-57b→图 4-57c 所示，得到戴维南等效电路。

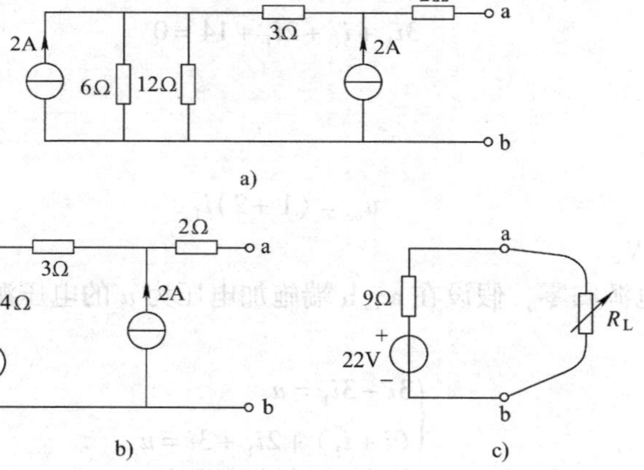

图 4-57 等效过程

当 $R_L=R_{eq}=9\Omega$ 时，负载获得最大功率

$$P_{max}=\frac{u_{oc}^2}{4R_{eq}}=\frac{22^2}{4\times9}W=13.44W$$

第 5 章　正弦稳态电路分析

【本章学习要点】

本章建立正弦量的相量表示法；介绍电路定律的相量形式以及电阻、电感、电容各自的正弦稳态电路模型；建立阻抗和导纳的概念及其等效变换；通过实例对正弦稳态电路进行分析和计算；最后介绍正弦稳态电路的功率、功率因数和提高电路功率因数的措施等内容。

学习难点：正弦量的相量表示法；相量图；阻抗和导纳；正弦稳态电路的相量分析；正弦稳态电路的功率和功率因数。

5.1　复数

复数是正弦稳态电路分析中经常使用的一个非常重要的数学工具，它可以使正弦稳态电路的分析计算得到简化。因此，本节对复数的有关知识作一简要的总结。

一个复数有多种表示形式。复数 F 的代数形式为

$$F = a + \mathrm{j}b$$

式中，j 为虚单位，$\mathrm{j} = \sqrt{-1}$。

复数 F 在复平面上可以用一条从原点 O 指向 F 对应坐标点的有向线段（称该有向线段为向量）来表示，如图 5-1 所示。

根据图 5-1，$|F|$ 和 θ 与 a、b 之间的关系为

$$a = |F|\cos\theta, \qquad b = |F|\sin\theta$$

或

$$|F| = \sqrt{a^2 + b^2}, \qquad \theta = \arctan\left(\frac{b}{a}\right)$$

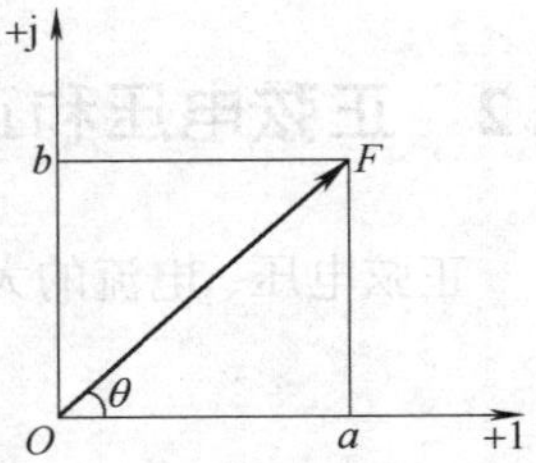

图 5-1　复数

根据欧拉公式，复数可表示为指数形式

$$F = |F|\mathrm{e}^{\mathrm{j}\theta}$$

指数形式还可以改写为极坐标形式

$$F = |F|\underline{/\theta}$$

若复数 $F_1 = a_1 + \mathrm{j}b_1 = |F_1|\mathrm{e}^{\mathrm{j}\theta_1}$，$F_2 = a_2 + \mathrm{j}b_2 = |F_2|\mathrm{e}^{\mathrm{j}\theta_2}$，则复数的加减运算如下：

$$F_1 \pm F_2 = (a_1 + \mathrm{j}b_1) \pm (a_2 + \mathrm{j}b_2) = (a_1 \pm a_2) + \mathrm{j}(b_1 \pm b_2)$$

复数的加减运算也可在复平面上根据平行四边形法则用向量的加减求得，如图 5-2 所示。

复数的乘法用极坐标形式比较方便，即

$$F_1F_2 = |F_1|\mathrm{e}^{\mathrm{j}\theta_1}|F_2|\mathrm{e}^{\mathrm{j}\theta_2} = |F_1||F_2|\mathrm{e}^{\mathrm{j}(\theta_1+\theta_2)}$$

或

$$F_1F_2 = |F_1|\underline{/\theta_1}|F_2|\underline{/\theta_2} = |F_1||F_2|\underline{/\theta_1 - \theta_2}$$

所以，两个复数相乘，乘积的模和辐角分别为

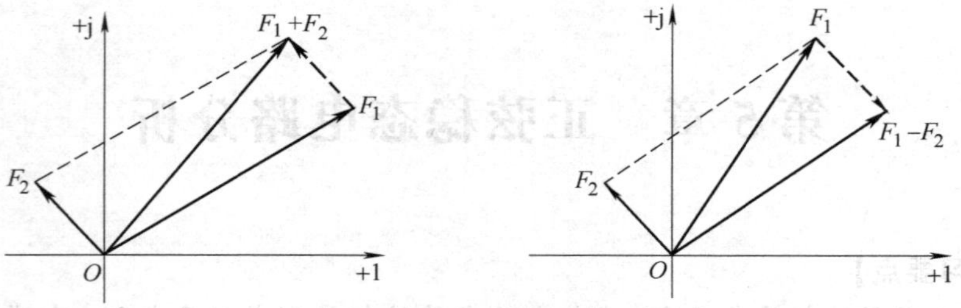

图 5-2 复数的加减运算

$$|F_1F_2| = |F_1||F_2|$$

$$\arg(F_1F_2) = \arg(F_1) + \arg(F_2)$$

$$\frac{F_1}{F_2} = \frac{|F_1|e^{j\theta_1}}{|F_2|e^{j\theta_2}} = \frac{|F_1|}{|F_2|}e^{j(\theta_1-\theta_2)}$$

或

$$\frac{F_1}{F_2} = \frac{|F_1|\angle\theta_1}{|F_2|\angle\theta_2} = \frac{|F_1|}{|F_2|}\angle\theta_1-\theta_2$$

在复数的运算中两个复数相等必须满足两个条件，即实部和实部相等，虚部和虚部相等。如 $F_1=F_2$，则必须有

$$a_1=a_2 \qquad b_1=b_2$$

或

$$|F_1| = |F_2| \qquad \arg(F_1)=\arg(F_2)$$

5.2 正弦电压和正弦电流的特征

正弦电压、电流的大小和方向是随时间变化的，可以用时间 t 的余弦函数来表示：

$$\begin{cases} u(t) = U_m\cos(\omega t+\varphi_u) \\ i(t) = I_m\cos(\omega t+\varphi_i) \end{cases} \tag{5-1}$$

式(5-1)中，**最大值、角频率和初相位称为正弦量的三个特征量，称之为正弦量的三要素。**正弦量还可以用波形图表示，如图 5-3 所示。

1. 频率与周期

正弦量变化一次所需的时间(s)称为周期 T。正弦量每秒内变化的次数称为频率 f，它的单位是 Hz(赫兹)。频率是周期的倒数，即

$$f=\frac{1}{T}$$

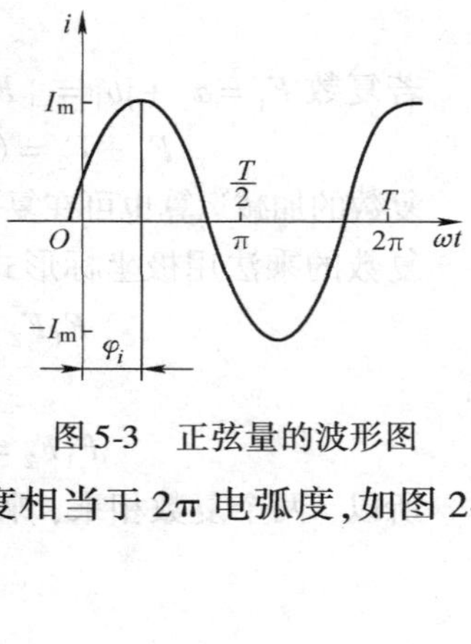

图 5-3 正弦量的波形图

正弦量变化的快慢除用周期和频率表示外，还可以用角频率表示，就是每秒内正弦交流电变化的电角度，用 ω 表示，单位是 rad/s(弧度每秒)。因为正弦量一个周期内变化的电角度相当于 2π 电弧度，如图 2-1

所示，所以 ω 与 T 和 f 的关系为

$$\omega = \frac{2\pi}{T} = 2\pi f$$

2. 幅值与有效值

工程中常用有效值的概念。可通过比较电阻的热效应获得周期量与其有效值之间的关系。有效值是用电流的热效应来规定的，**即如果一个周期电流 i 通过某一电阻 R 在一个周期内产生的热量，与一个恒定的直流电流 I 通过同一电阻在相同的时间内产生的热量相等，就将这个直流电流 I 称为周期电流的有效值。**以周期电流 i 为例，其有效值 I 定义为

$$I = \sqrt{\frac{1}{T}\int_0^T i^2 \mathrm{d}t}$$

正弦量的幅值和瞬时值在实际计算时不方便，常用有效值来衡量正弦量的大小。有

$$I = \frac{I_m}{\sqrt{2}} = 0.707 I_m \tag{5-2}$$

同理，正弦电压的有效值为

$$U = \frac{1}{\sqrt{2}} U_m = 0.707 U_m \tag{5-3}$$

式(5-2)和式(5-3)说明，**正弦量的有效值等于其最大值的 0.707。通常所说的正弦电压或电流的大小，都是指有效值。**例如，交流电压 220V 或 380V，交流电流 5A、10A 等都是指有效值。

3. 相位与初相位

若正弦电压、电流的瞬时值表达式为

$$\begin{cases} u(t) = U_m\cos(\omega t + \varphi_u) \\ i(t) = I_m\cos(\omega t + \varphi_i) \end{cases}$$

定义 $(\omega t + \varphi_u)$、$(\omega t + \varphi_i)$ 为正弦电压、电流的相位角或相位，它反映出正弦量变化的进程。当相位角随时间连续变化时，正弦电压、电流的瞬时值随之作连续变化。

$t = 0$ 时的相位角称为正弦量的初相位角或初相位，简称初相。φ_u、φ_i 为正弦电压、电流的初相位角或初相位，它们是 $t = 0$ 时的相位。

图 5-4 给出了三种情况的初相角。

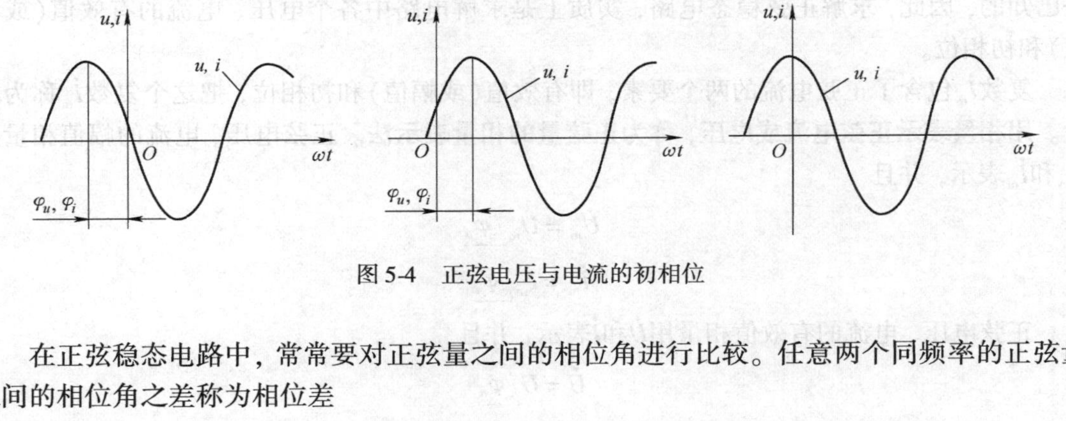

图 5-4 正弦电压与电流的初相位

在正弦稳态电路中，常常要对正弦量之间的相位角进行比较。任意两个同频率的正弦量之间的相位角之差称为相位差

$$\phi = (\omega t + \varphi_u) - (\omega t + \varphi_i) = \varphi_u - \varphi_i$$

可见，同频率正弦量的相位差是不随时间变化的常量，它等于两个正弦量的初相位之差，如图5-5所示。

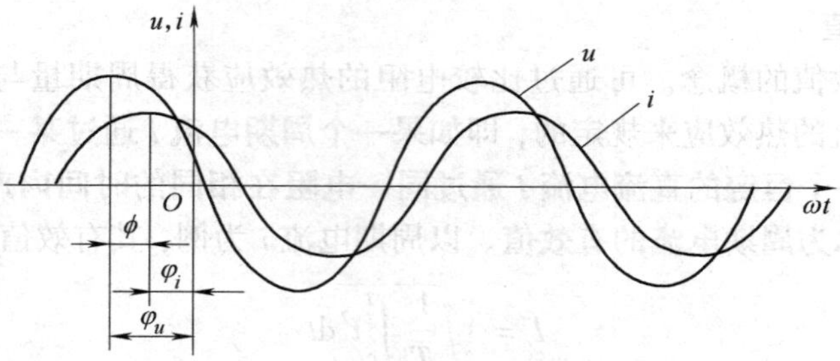

图5-5 同频率正弦量的相位差

同频率正弦量的几种特殊的相位关系如图5-6所示。

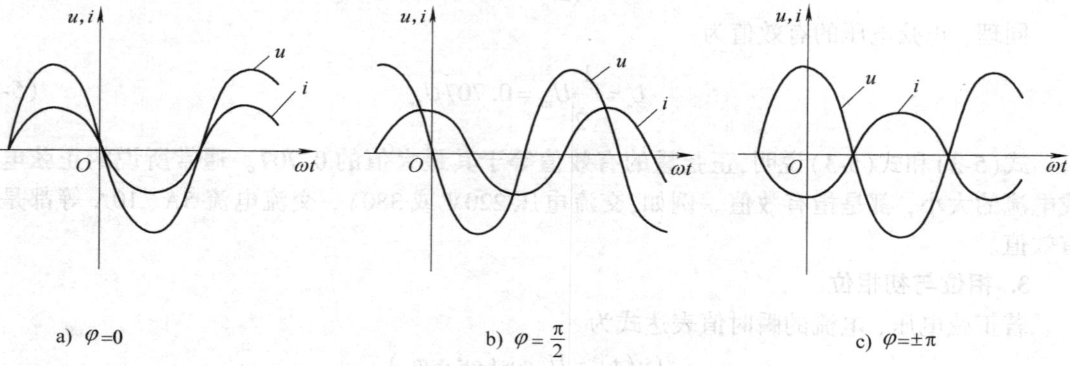

图5-6 同频率正弦量的几种特殊的相位关系

5.3 正弦量的相量表示法

频率、幅值、初相位是正弦量的三要素，能唯一地确定一个正弦量。而电源的频率往往是已知的，因此，求解正弦稳态电路，实质上是求解电路中各个电压、电流的有效值(或幅值)和初相位。

复数$\dot{I}_m$包含了正弦电流的两个要素，即有效值(或幅值)和初相位，把这个复数$\dot{I}_m$称为相量。**用相量表示正弦电流或电压，称为正弦量的相量表示法。**正弦电压、电流的幅值相量用$\dot{U}_m$和$\dot{I}_m$表示，并且

$$\dot{U}_m = U_m\angle\varphi_u$$

$$\dot{I}_m = I_m\angle\varphi_i$$

正弦电压、电流的有效值相量用$\dot{U}$和$\dot{I}$表示，并且

$$\dot{U} = U\angle\varphi_u$$

$$\dot{I} = I\angle\varphi_i$$

本书所指的相量均指有效值相量。

相量仅仅是正弦量的一种表达方法，两者存在一一对应关系。利用相量可以大大简化正弦稳态电路的分析。

下面介绍相量图的概念。一个正弦量既然可以用一个特定的复数——相量来表示，必然也可以用与此复数相对应的向量图表示。这种在复平面上用以表示相量的向量图，称为相量图。

例如，在一个正弦交流电路中，电压与电流分别为

$$u = U_m\sin(\omega t + \varphi_1)$$
$$i = I_m\sin(\omega t + \varphi_2)$$

则其相量为 $\dot{U} = U\angle\varphi_1$，$\dot{I} = I\angle\varphi_2$，相量图如图 5-7 所示。

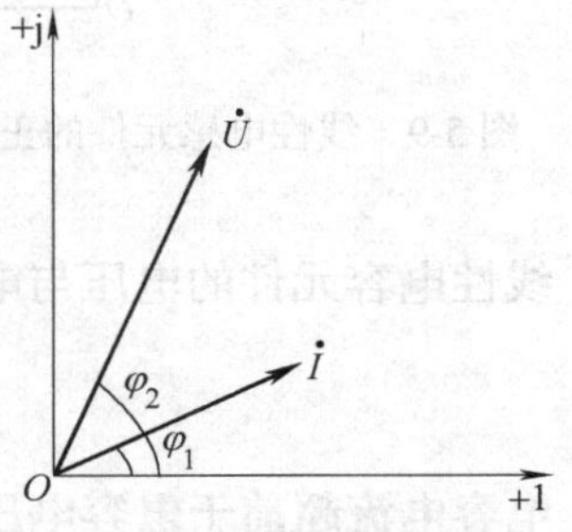

图 5-7　电压与电流的相量图

5.4　电路定律的相量形式

1. 基尔霍夫定律的相量形式

KCL 指出：在任一瞬时，对任一节点，电流的代数和恒等于零。即

$$\sum_{k=1}^{n} \dot{I}_k = 0$$

上式是 KCL 的相量形式。

KVL 指出：在任一瞬时，沿任一回路的绕行方向(顺时针方向或逆时针方向)，回路中各段电压的代数和恒等于零。即

$$\sum_{k=1}^{n} \dot{U}_k = 0$$

2. 单一元件电压与电流的伏安关系的相量形式

图 5-8 所示是一个线性电阻元件的正弦稳态电路。

用相量表示该电阻的电压与电流的关系为

$$\frac{\dot{U}}{\dot{I}} = R$$

或

$$\dot{U} = R\dot{I}$$

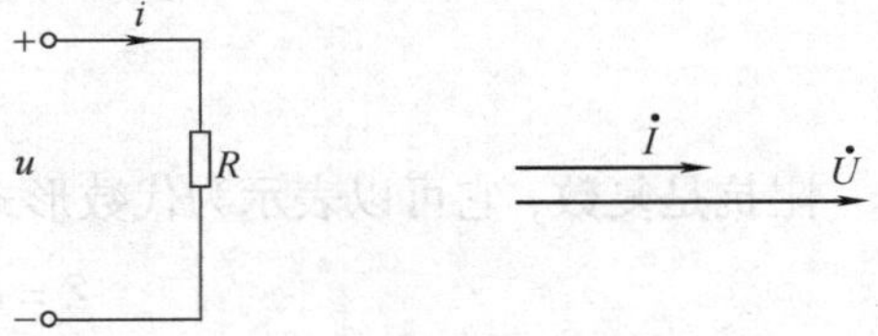

图 5-8　线性电阻元件的正弦稳态电路

上式就是个线性电阻元件的电压与电流的相量关系，**显然电压与电流同相位。**

图 5-9 所示是一个线性电感元件的正弦稳态电路。

用相量表示电压与电流，则

$\dot{U} = j\omega L\dot{I} = jX_L\dot{I}$

电感电压超前于电感电流 90°相位角。

图 5-10 所示是线性电容元件的正弦稳态电路。

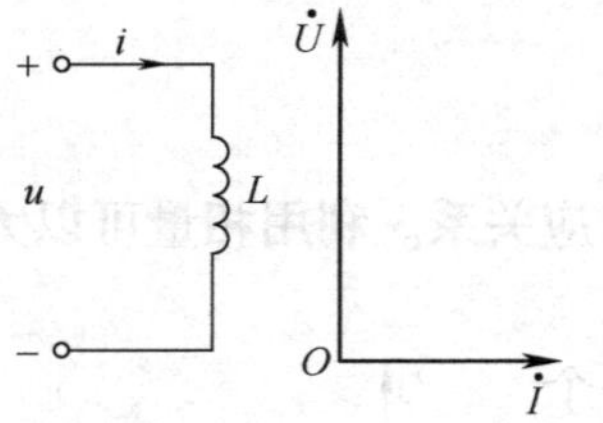

图 5-9　线性电感元件的正弦稳态电路

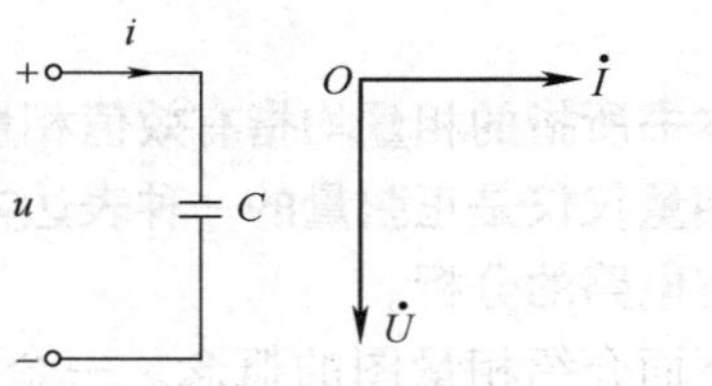

图 5-10　线性电容元件的正弦稳态电路

线性电容元件的电压与电流有如下关系：

$$\dot{U} = -\mathrm{j}\frac{1}{\omega C}\dot{I} = -\mathrm{j}X_C\dot{I}$$

电容电流超前于电容电压 90°相位角。

5.5　阻抗与导纳

1. 阻抗

对于图 5-11a 所示的无源一端口网络，在正弦稳态情况下，若电压与电流取关联参考方向，将端口电压相量与电流相量的比值定义为阻抗，用大写字母 Z 表示，即

$$Z = \frac{\dot{U}}{\dot{I}} = \frac{U}{I}\underline{/\varphi_u - \varphi_i} = |Z|\underline{/\varphi_Z}$$

式中，$\dot{U} = U\underline{/\varphi_u}$，$\dot{I} = I\underline{/\varphi_i}$。显然，阻抗 Z 是一个复数，因此 Z 又称为复阻抗。Z 的模值 $|Z|$ 称为阻抗模，Z 的辐角 φ_Z 称为阻抗角。

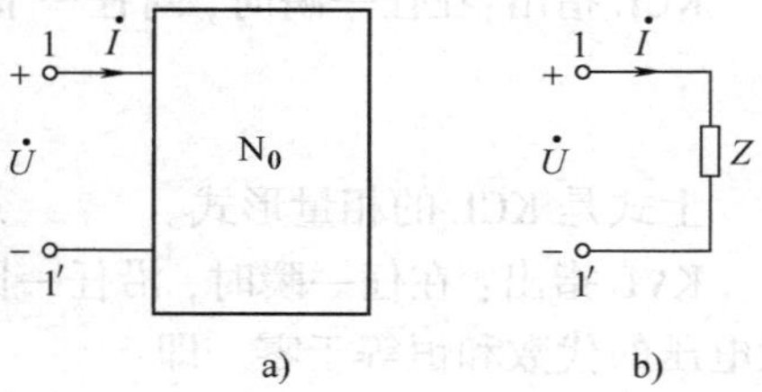

图 5-11　一端口的阻抗

图 5-11b 是图 5-11a 的等效电路，阻抗的单位为 Ω（欧姆）。

由上式可见

$$\begin{cases} |Z| = \dfrac{U}{I} \\ \varphi_Z = \varphi_u - \varphi_i \end{cases}$$

阻抗是复数，它可以表示为代数形式和极坐标形式，并可以相互转换，即

$$Z = R + \mathrm{j}X = |Z|\underline{/\varphi_Z}$$

式中，R 是阻抗的实部，称为电阻；X 是阻抗的虚部，称为电抗。

当阻抗由代数形式向极坐标形式转换时，有

$$\begin{cases} |Z| = \sqrt{R^2 + X^2} \\ \varphi_Z = \arctan\dfrac{X}{R} \end{cases}$$

当阻抗由极坐标形式向代数形式转换时，有

$$\begin{cases}R = |Z|\cos\varphi_Z \\ X = |Z|\sin\varphi_Z\end{cases}$$

它们的关系可用阻抗三角形来表示，如图 5-12 所示。

对于三种基本元件电阻、电感和电容，其阻抗分别为

$$\begin{cases}Z_R = R \\ Z_L = \mathrm{j}\omega L \\ Z_C = -\mathrm{j}\dfrac{1}{\omega C}\end{cases}$$

式中，ωL 称为感抗；$\dfrac{1}{\omega C}$称为容抗。

对于仅仅由电阻、电感和电容构成的一端口网络，阻抗角 $-90° \leqslant \varphi_Z \leqslant 90°$，由一端口阻抗中电抗的正负可以判断电路的如下性质：

1）当阻抗角 $0° < \varphi_Z < 90°$时，$R>0, X>0$，此时电压超前于电流，电路呈电感性。

2）当 $-90° < \varphi_Z < 0°$时，$R>0, X<0$，此时电压滞后于电流，电路呈电容性。

3）当 $\varphi_Z = 0$ 时，$R \neq 0, X=0$，此时电压与电流同相位，电路呈电阻性。

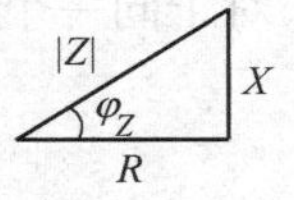

图 5-12 阻抗三角形

4）当 $\varphi_Z = +90°$时，$R=0, X=\omega L$，此时电压超前于电流 90°，电路呈纯电感性。

5）当 $\varphi_Z = -90°$时，$R=0, X=-\dfrac{1}{\omega C}$，此时电压滞后于电流 90°，电路呈纯电容性。

阻抗可以串联或并联，规律和电阻的串并联相似。

2. 导纳

对于图 5-13a 所示的无源一端口网络，在正弦稳态情况下，若电压与电流取关联参考方向，将端口电流相量与电压相量的比值定义为导纳，用大写字母 Y 表示，即

$$Y = \frac{\dot{I}}{\dot{U}} = \frac{I}{U}\angle\varphi_i - \varphi_u = |Y|\angle\varphi_Y$$

式中，$\dot{U} = U\angle\varphi_u$；$\dot{I} = I\angle\varphi_i$。

显然，导纳 Y 是一个复数，因此 Y 又称为复导纳。Y 的模值 $|Y|$ 称为导纳模，Y 的辐角 φ_Y 称为导纳角。

图 5-13b 是图 5-13a 的等效电路，导纳的单位为 S（西门子）。

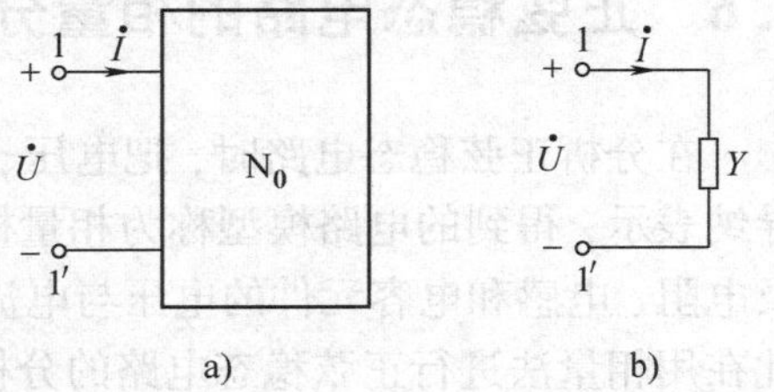

图 5-13 一端口的导纳

由上式可见

$$\begin{cases}|Y| = \dfrac{I}{U} \\ \varphi_Y = \varphi_i - \varphi_u\end{cases}$$

导纳是复数，它可以表示为代数形式和极坐标形式，并可以相互转换，即

$$Y = G + \mathrm{j}B = |Y| \angle \varphi_Y$$

式中，G 是导纳的实部，称为电导；B 是导纳的虚部，称为电纳。

并且，当导纳由代数形式向极坐标形式转换时，有

$$\begin{cases} |Y| = \sqrt{G^2 + B^2} \\ \varphi_Y = \arctan \dfrac{B}{G} \end{cases}$$

当导纳由极坐标形式向代数形式转换时，有

$$\begin{cases} G = |Y| \cos\varphi_Y \\ B = |Y| \sin\varphi_Y \end{cases}$$

它们的关系可用导纳三角形来表示，如图 5-14 所示。

对于同一个无源一端口网络，其等效阻抗和等效导纳的关系为

$$Z = \frac{1}{Y} \quad 或 \quad Y = \frac{1}{Z}$$

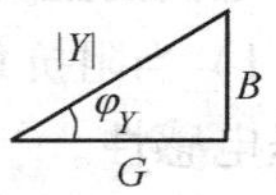

图 5-14　导纳三角形

对于三种基本元件电阻、电感和电容，其导纳分别为

$$\begin{cases} Y_R = G = \dfrac{1}{R} \\ Y_L = \dfrac{1}{\mathrm{j}\omega L} = -\mathrm{j}\dfrac{1}{\omega L} \\ Y_C = \mathrm{j}\omega C \end{cases}$$

式中，$\dfrac{1}{\omega L}$称为感纳；ωC 称为容纳。

导纳可以串联或并联，规律和电导的串并联相似。

5.6　正弦稳态电路的相量分析

在分析正弦稳态电路时，把电压、电流用相量表示，把电阻、电感和电容元件用阻抗或导纳表示，得到的电路模型称为相量模型。在正弦稳态电路中，基尔霍夫定律的相量形式以及电阻、电感和电容元件的电压与电流之间的相量关系，与电阻电路的相应关系非常类似，因此在用相量法进行正弦稳态电路的分析时，线性电阻电路的各种分析方法和电路定理同样适用，差别仅在于正弦稳态电路所列的电路方程是以相量形式表示的代数方程，而计算则为复数的运算。

正弦稳态电路的解题步骤如下：

1）根据原电路图画出相量模型图（电路结构不变）。将电压、电流用相量表示，将电阻、电感和电容元件用阻抗或导纳表示。

2）根据相量模型列出相量方程式或画相量图。

3）用相量分析法或相量图求解。

4）将分析结果变换成要求的形式。

5.7 正弦稳态电路的功率

在正弦稳态电路中，由于负载中含有电感、电容这样的储能元件，因此，除了有能量的消耗外，还存在着电源和负载之间的能量交换，使得正弦稳态电路的功率问题要比电阻电路复杂得多。本节将介绍瞬时功率、平均功率(有功功率)、无功功率、视在功率、功率因数、复功率以及最大功率传输等概念。

1. 瞬时功率

如图 5-15 所示，设无源一端口网络 N 的端电压和端电流分别为

$$u(t)=\sqrt{2}U\cos(\omega t+\psi_u)$$
$$i(t)=\sqrt{2}I\cos(\omega t+\psi_i)$$

无源一端口网络 N 吸收的瞬时功率 p 等于电压 $u(t)$ 和电流 $i(t)$ 的乘积，即

$$\begin{aligned}p&=ui=\sqrt{2}U\cos(\omega t+\psi_u)\times\sqrt{2}I\cos(\omega t+\psi_i)\\&=UI\cos(\psi_u-\psi_i)+UI\cos(2\omega t+\psi_u+\psi_i)\end{aligned}$$

令 $\varphi=\psi_u-\psi_i$，φ 为电压和电流之间的相位差，则

$$p=UI\cos\varphi+UI\cos(2\omega t+\psi_u+\psi_i)$$

从上式可以看出，瞬时功率有两个分量，第一个为恒定分量，第二个为正弦分量，其频率是电压或电流频率的两倍。

图 5-16 画出了电压、电流和瞬时功率的波形图。由波形图可以看出，瞬时功率有时为正，有时为负。瞬时功率为正时，表明无源一端口网络 N 吸收能量；瞬时功率为负时，表明无源一端口网络 N 将能量返还给电源。

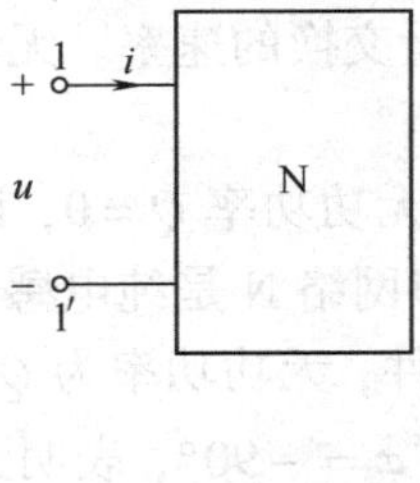

图 5-15　无源一端口网络的瞬时功率

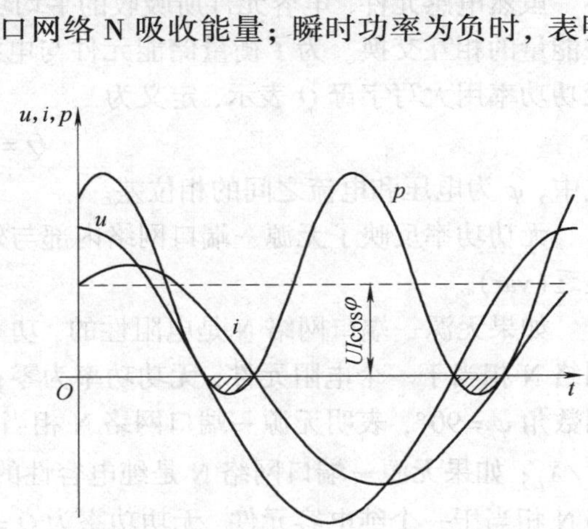

图 5-16　电压、电流和瞬时功率的波形图

瞬时功率还可以写为

$$\begin{aligned}p&=UI\cos\varphi+UI\cos(2\omega t+2\psi_u-\varphi)\\&=UI\cos\varphi+UI\cos\varphi\cos(2\omega t+2\psi_u)+UI\sin\varphi\sin(2\omega t+2\psi_u)\\&=UI\cos\varphi\{1+\cos[2(\omega t+\psi_u)]\}+UI\sin\varphi\sin[2(\omega t+\psi_u)]\end{aligned}$$

如果 $\varphi\leqslant\pi/2$，上式中第一项始终大于或等于零，它是瞬时功率中的不可逆部分；第二项

是瞬时功率中的可逆部分，其值正负交替，说明能量在外施电源与一端口网络之间来回交换。图5-16中，在一个周期内，瞬时功率为正的时间比瞬时功率为负的时间长，表明无源一端口网络N一般是消耗功率的。

2. 平均功率(有功功率)

瞬时功率的实用价值不大，通常电路的功率是指平均功率，平均功率又称有功功率。平均功率定义为瞬时功率在一个周期内的平均值，用大写字母P表示。即

$$P = \frac{1}{T}\int_0^T p\mathrm{d}t = \frac{1}{T}\int_0^T UI[\cos\varphi + \cos(2\omega t + \psi_u + \psi_i)]\mathrm{d}t = UI\cos\varphi$$

式中，$\cos\varphi$称为功率因数，φ称为功率因数角，是电压和电流之间的相位差。

有功功率代表一端口网络N实际消耗的功率，它不仅与电压和电流的有效值的乘积有关，而且与电压与电流之间的相位差有关。有功功率的单位是瓦(W)。

如果无源一端口网络N是电阻性的，则功率因数角$\varphi=0$，功率因数$\cos\varphi=1$，表明无源一端口网络N相当于一个纯电阻元件，有功功率大于零，是消耗功率的；如果无源一端口网络N是纯电感性的或纯电容性的，则功率因数角$\varphi=\pm 90°$，功率因数$\cos\varphi=0$，有功功率等于零，表明无源一端口网络N相当于一个纯电感元件或纯电容元件，它们不消耗能量。

正弦稳态电路的有功功率是守恒的，即外施电源提供的有功功率等于电路中各部分所吸收并消耗的有功功率之和。由于电感元件和电容元件是储能元件，不消耗任何功率，因此对于无源一端口网络N，它所吸收并消耗的有功功率就是其内部电阻所消耗的有功功率之和。

3. 无功功率

虽然电感元件、电容元件所吸收的平均功率为零，但作为储能元件，它们与电源之间存在能量的相互交换。为了衡量储能元件与电源之间能量相互交换的规模，定义了无功功率。无功功率用大写字母Q表示，定义为

$$Q = UI\sin\varphi$$

式中，φ为电压和电流之间的相位差。

无功功率反映了无源一端口网络内部与外部电路进行能量交换的速率。无功功率的单位是乏(var)。

如果无源一端口网络N是电阻性的，功率因数角$\varphi=0$，无功功率$Q=0$，该无源一端口网络N相当于一个电阻元件，无功功率为零；如果无源一端口网络N是纯电感性的，则功率因数角$\varphi=90°$，表明无源一端口网络N相当于一个纯电感元件，无功功率为$Q=UI=I^2X_L=U^2/X_L$；如果无源一端口网络N是纯电容性的，则功率因数角$\varphi=-90°$，表明无源一端口网络N相当于一个纯电容元件，无功功率为$Q=-UI=-I^2X_C=-U^2/X_C$；如果无源一端口网络N是电感性的，则功率因数角$0°<\varphi<90°$，无功功率大于零；如果无源一端口网络N是电容性的，则功率因数角$-90°<\varphi<0°$，无功功率小于零。

正弦稳态电路的无功功率是守恒的，即外施电源提供的无功功率等于电路中各部分无功功率之和。由于电阻元件是耗能元件，不是储能元件，没有无功功率，因此对于无源一端口网络N，它的无功功率就是其内部电感元件和电容元件的无功功率之代数和。

4. 视在功率

视在功率定义为电压与电流的有效值的乘积，用大写字母S表示：

$$S = UI$$

视在功率的单位是 VA(伏安)。

对平均功率(有功功率)、无功功率、视在功率的定义进行比较，不难发现，它们三者之间存在以下关系：

$$\begin{cases} P = S\cos\varphi \\ Q = S\sin\varphi \end{cases}$$

或

$$\begin{cases} S = \sqrt{P^2 + Q^2} \\ \cos\varphi = \dfrac{P}{S} \end{cases}$$

可见，有功功率、无功功率、视在功率构成一个直角三角形，称之为功率三角形，如图 5-17 所示。

5. 复功率

为了便于分析与计算正弦稳态电路中的功率，定义电压相量与电流相量的共轭复数的乘积为复功率，用符号 $\bar{S}$ 表示，即

$$\bar{S} = \dot{U}\dot{I}^*$$

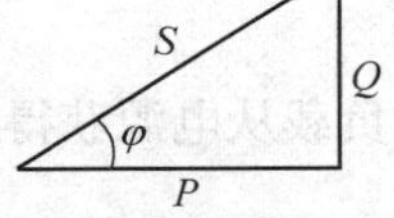

图 5-17 功率三角形

将上式写为代数式

$$\bar{S} = \dot{U}\dot{I}^* = UIe^{j\varphi} = UI\cos\varphi + jUI\sin\varphi = P + jQ$$

可见，复功率将有功功率、无功功率和视在功率联系起来，它将正弦稳态电路的三个功率和功率因数统一为一个公式表示。只要计算出电路中的电压和电流相量，各种功率就可以很方便地计算出来。复功率的单位为 VA(伏安)。

复功率还可以写为

$$\bar{S} = \dot{U}\dot{I}^* = Z\dot{I}\dot{I}^* = I^2 Z$$

式中

$$Z = R + jX$$

或

$$\bar{S} = \dot{U}\dot{I}^* = \dot{U}(\dot{U}Y)^* = U^2 Y^*$$

式中

$$Y = G + jB$$

可以证明，在正弦稳态电路中复功率是守恒的，总的复功率是电路中各部分复功率之和。

6. 最大功率传输

在一些实际问题中，通常要考虑负载在什么条件下可以从电源获得最大功率，即常常要研究负载获得最大功率(指有功功率)的条件。如图 5-18a 所示电路为含源一端口网络向负载传输功率。根据戴维南定理，该问题可以简化为图 5-18b 所示的戴维南等效电路进行研究。

设

$$\begin{cases} Z_{eq} = R_{eq} + jX_{eq} \\ Z = R + jX \end{cases}$$

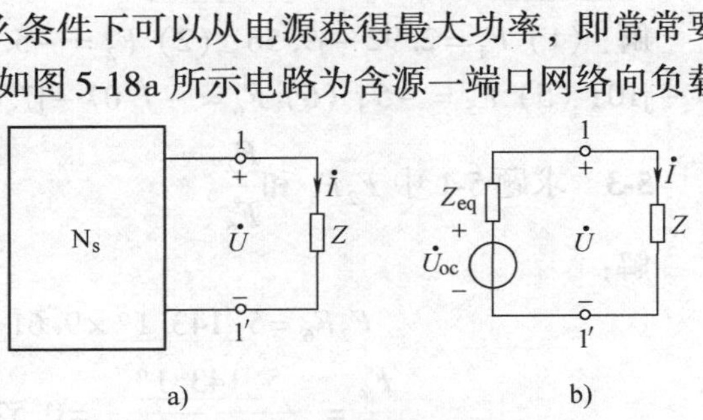

图 5-18 最大功率传输

则负载吸收的有功功率为

$$P=\frac{U_{oc}^2R}{(R+R_{eq})^2+(X+X_{eq})^2}$$

如果 R 和 X 可以任意变动，而其他参数不变时，则负载获得最大功率的条件为

$$\begin{cases}X+X_{eq}=0\\ \dfrac{d}{dR}\left[\dfrac{(R+R_{eq})^2}{R}\right]=0\end{cases}$$

解得

$$\begin{cases}X=-X_{eq}\\ R=R_{eq}\end{cases}$$

所以，当负载满足关系

$$Z=R_{eq}-jX_{eq}=Z_{eq}^*$$

时，负载从电源获得的功率最大，最大功率为

$$P_{max}=\frac{U_{oc}^2}{4R_{eq}}$$

同理，在诺顿等效电路中，负载获得最大功率的条件为

$$Y=Y_{eq}^*$$

上述负载获得最大功率的条件称为最佳匹配条件。

本章习题及其解答

5-1 将下列复数化为极坐标形式：

(1) $F_1=-5-j5$；(2) $F_2=-4+j3$；(3) $F_3=20+j40$；(4) $F_4=j10$；(5) $F_5=-3$；(6) $F_6=2.78+j9.20$。

解：(1) $F_1=7.07\angle -135°$；(2) $F_2=5\angle 143.1°$；(3) $F_3=44.7\angle 63.4°$；(4) $F_4=10\angle 90°$；(5) $F_5=3\angle 180°$；(6) $F_6=9.61\angle -73.2°$。

5-2 将下列复数化为代数形式：

(1) $F_1=10\angle -73°$；(2) $F_2=15\angle 112.6°$；(3) $F_3=1.2\angle 152°$；(4) $F_4=10\angle -90°$；(5) $F_5=5\angle -180°$；(6) $F_6=10\angle -135°$。

解：(1) $F_1=2.92-j9.56$；(2) $F_2=-5.76+j13.85$；(3) $F_3=-1.06+j0.563$；(4) $F_4=-j10$；(5) $F_5=-5$；(6) $F_6=-7.07-j7.07$。

5-3 求题 5-1 中 F_2F_6 和 $\dfrac{F_2}{F_6}$。

解：

$$F_2F_6=5\angle 143.1°\times 9.61\angle -73.2°=48.05\angle 69.94°$$

$$\frac{F_2}{F_6}=\frac{5\angle 143.1°}{9.61\angle -73.2°}=0.52\angle 216.3°=0.52\angle -143.7°$$

5-4　求题 5-2 中 F_1+F_5 和 $\frac{F_1}{F_5}$。

解：

$$F_1+F_5=(2.92-\mathrm{j}9.56)+(-5)=-2.08-\mathrm{j}9.56$$

$$\frac{F_1}{F_5}=\frac{10\angle -73^\circ}{-5}=2\angle -73^\circ+180^\circ=2\angle 107^\circ$$

5-5　图 5-19 所示为时间 $t=0$ 时电压和电流的相量图，并已知 $U=220\mathrm{V}$，$I_1=10\mathrm{A}$，$I_2=5\sqrt{2}\ \mathrm{A}$，且交流电压与电流的工作频率为工频，试分别用三角函数式及复数式表示各正弦量。

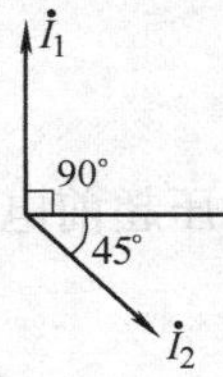

图 5-19　题 5-5 图

解：

$$u(t)=220\sqrt{2}\cos\omega t\ \mathrm{V}\qquad \dot{U}=220\angle 0^\circ\ \mathrm{V}$$

$$i_1(t)=10\sqrt{2}\cos(\omega t+90^\circ)\ \mathrm{A}\qquad \dot{I}_1=10\angle 90^\circ\ \mathrm{A}$$

$$i_2(t)=10\cos(\omega t-45^\circ)\ \mathrm{A}\qquad \dot{I}_2=5\sqrt{2}\angle -45^\circ\ \mathrm{A}$$

5-6　若已知两个同频正弦电压的相量分别为 $\dot{U}_1=50\angle 30^\circ\ \mathrm{V}$，$\dot{U}_2=100\angle -150^\circ\ \mathrm{V}$，其频率 $f=100\mathrm{Hz}$。求：(1) 写出 u_1、u_2 的时域形式；(2) u_1 与 u_2 之间的相位差。

解：(1) 时域形式

$$u_1(t)=50\sqrt{2}\cos(628t+30^\circ)$$

$$u_2(t)=100\sqrt{2}\cos(628t-150^\circ)$$

(2) 相位差

$$\varphi=30^\circ-(-150^\circ)=180^\circ$$

可见两电压反相。

5-7　某元件的电压、电流（取关联参考方向）分别为下述 4 种情况时，它可能是什么元件？

(1) $\begin{cases}u=10\cos(10t+45^\circ)\ \mathrm{V}\\ i=2\sin(10t+135^\circ)\ \mathrm{A}\end{cases}$

(2) $\begin{cases}u=10\sin(100t)\ \mathrm{V}\\ i=2\cos(100t)\ \mathrm{A}\end{cases}$

(3) $\begin{cases}u=-10\cos t\mathrm{V}\\ i=-\sin t\mathrm{A}\end{cases}$

(4) $\begin{cases}u=10\cos(314t+45^\circ)\ \mathrm{V}\\ i=2\cos(314t)\ \mathrm{A}\end{cases}$

解：(1)

$$\dot{U}=\frac{10}{\sqrt{2}}\angle 45^\circ\ \mathrm{V}\qquad \dot{I}=\sqrt{2}\angle 135^\circ-90^\circ\ \mathrm{A}=\sqrt{2}\angle 45^\circ\ \mathrm{A}$$

因电压与电流同相位，$\frac{\dot{U}}{\dot{I}}=5\Omega$，显然该元件是 5Ω 电阻。

注：本书相量表达为余弦时间函数，而余弦函数超前正弦函数 90°相位角。

(2)

$$\dot{U}=\frac{10}{\sqrt{2}}\angle -90^\circ\ \text{V}\qquad \dot{I}=\frac{2}{\sqrt{2}}\angle 0^\circ\ \text{A}$$

$$\phi=\varphi_u-\varphi_i=-90^\circ-0=-90^\circ$$

因电压滞后电流 90°，可知该元件为一个电容。

(3)

$$\dot{U}=-\frac{10}{\sqrt{2}}\angle 0^\circ\ \text{V}\qquad \dot{I}=-\frac{1}{\sqrt{2}}\angle -90^\circ\ \text{A}$$

$$\phi=\varphi_u-\varphi_i=0-(-90^\circ)=90^\circ$$

因电压超前电流 90°，可知该元件是一个电感。

(4)

$$\dot{U}=\frac{10}{\sqrt{2}}\angle 45^\circ\ \text{V}\qquad \dot{I}=\frac{2}{\sqrt{2}}\angle 0^\circ\ \text{A}$$

$$\varphi=\psi_u-\psi_i=45^\circ-0^\circ=45^\circ$$

因电压超前电流 45°，判断该元件是一个电阻与一个电感元件的串联组合。

5-8 在图 5-20 所示各电路中，除电流表 A_0 和电压表 V_0 外，其余电流表与电压表的读数在图上都已标出(都是正弦量的有效值)，试求各图电流表 A_0 或电压表 V_0 的读数。

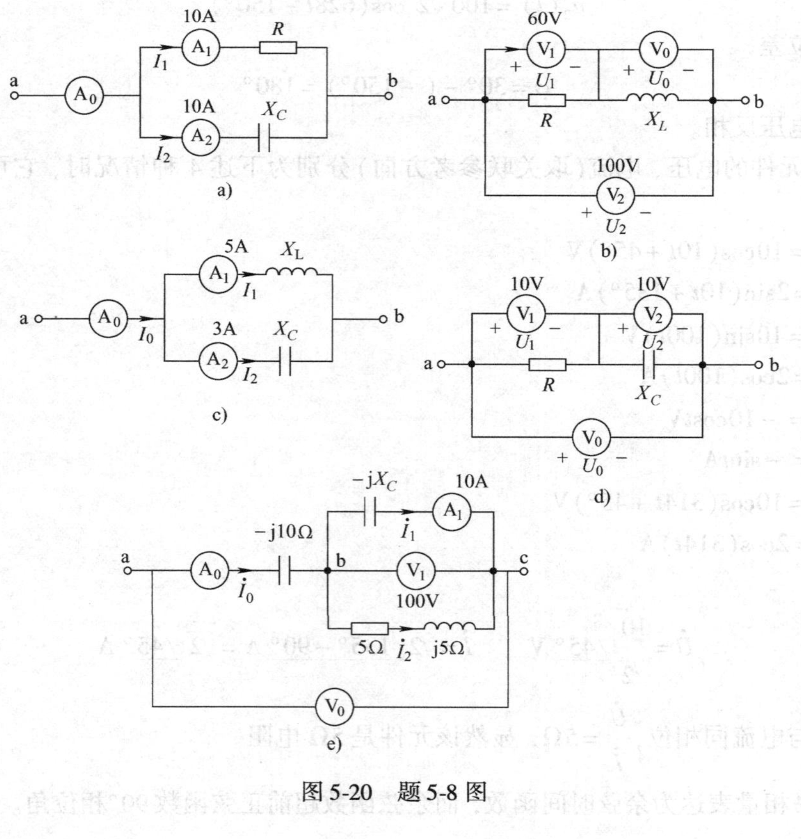

图 5-20 题 5-8 图

解：（1）如图5-20a所示，电流表检测三个电流的关系为

$$\dot{I}_0=\dot{I}_1+\dot{I}_2$$

其相量关系如图5-21所示，其中选取电压 $\dot{U}_{ab}$ 为参考相量。由相量图的几何关系，得电流表 A_0 的读数

$$I_0=\sqrt{I_1^2+I_2^2}=10\sqrt{2}\ \mathrm{A}$$

（2）如图5-20b所示，电压表检测三个电压的关系为

$$\dot{U}_{ab}=\dot{U}_2=\dot{U}_1+\dot{U}_0$$

选取总电流 $\dot{I}$ 为参考相量，相量之间关系如图5-22所示。

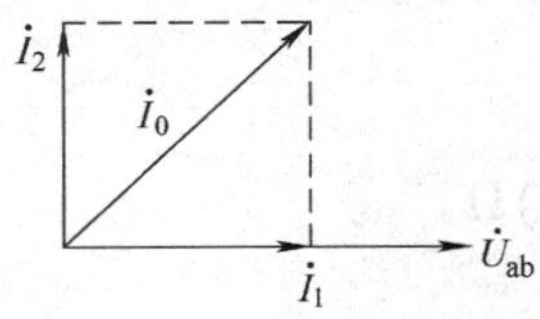

图5-21 电流相量图

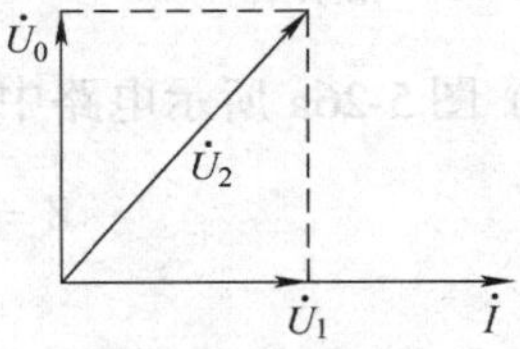

图5-22 电压相量图

由相量图的几何关系，得电压表 V_0 的读数

$$U_0=\sqrt{U_2^2-U_1^2}=\sqrt{100^2-60^2}\ \mathrm{V}=80\mathrm{V}$$

（3）如图5-20c所示，有 $I_0=\dot{I}_L+\dot{I}_C$，选 $\dot{U}_{ab}$ 为参考相量画相量图，如图5-23所示，有

$$I_0=|\dot{I}_L-\dot{I}_C|=|\dot{I}_1-\dot{I}_2|=(5-3)\mathrm{A}=2\mathrm{A}$$

（4）如图5-20d所示，有 $\dot{U}_0=\dot{U}_1+\dot{U}_2$，选总电流 $\dot{I}$ 为参考相量画相量图，如图5-24所示，有

$$U_0=\sqrt{U_1^2+U_2^2}=10\sqrt{2}\ \mathrm{V}$$

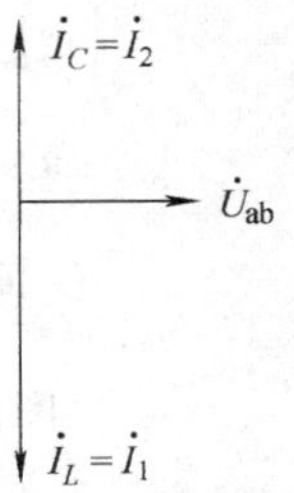

图5-23 电流相量图

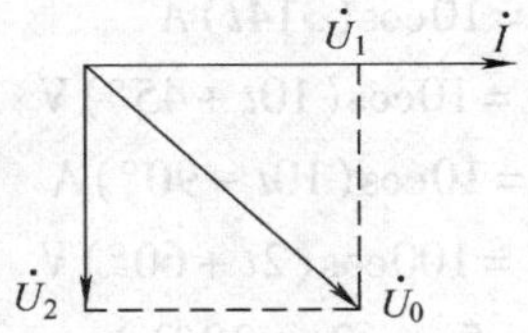

图5-24 电压相量图

（5）如图5-20e所示，选 $\dot{U}_{bc}$ 为参考相量画相量图如图5-25所示，有

$$I_2=\frac{U_{bc}}{|5+\mathrm{j}5|}=\frac{100}{\sqrt{5^2+5^2}}\ \mathrm{A}=10\sqrt{2}\ \mathrm{A}$$

电流表 A_0 的读数为

$$I_0=\sqrt{I_2^2-I_1^2}=\sqrt{(10\sqrt{2})^2-10^2}\ \mathrm{A}=10\mathrm{A}$$

$$U_{ab}=10I_0=100\mathrm{V}$$

$$U_{ac}=\sqrt{U_{bc}^2+U_{ab}^2}=100\sqrt{2}\ \mathrm{V}$$

5-9 试求图 5-26 所示各电路的输入阻抗 Z 和输入导纳 Y。

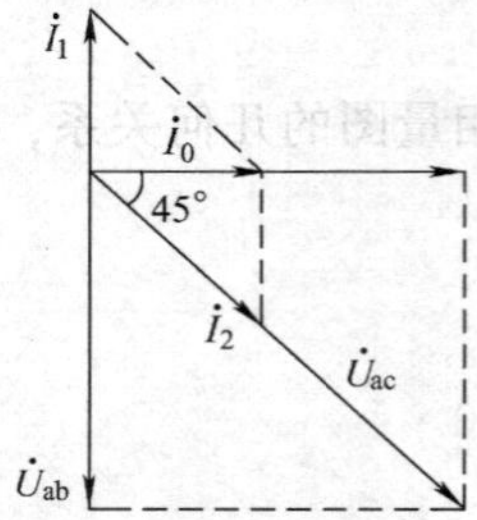

图 5-25 相量图

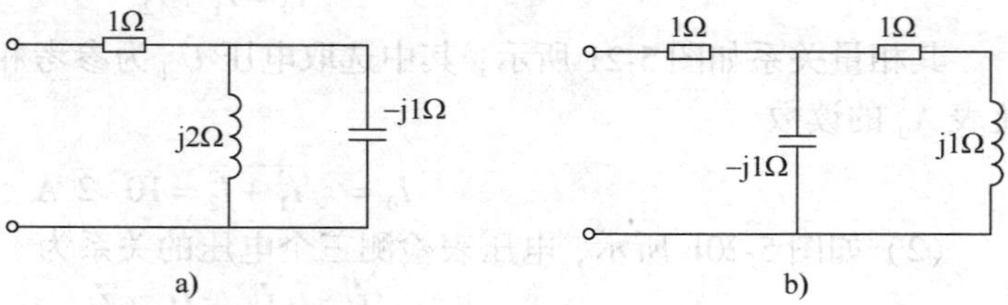

图 5-26 题 5-9 图

解:(1)图 5-26a 所示电路中

$$Z = 1 + \frac{j2 \times (-j)}{j2 - j}\ \Omega = (1 - 2j)\,\Omega$$

而

$$Y = \frac{1}{Z} = (0.2 + j0.4)\,s$$

(2)图 5-26b 所示电路中

$$Z = 1 + \frac{(-j)(1 + j)}{-j + 1 + j}\ \Omega = (2 - j)\,\Omega$$

而

$$Y = \frac{1}{Z} = (0.4 + j0.2)\,s$$

5-10 图 5-27 中 N 为无源一端口网络，端口电压、电流分别如下列各式所示。试求每一种情况下的输入阻抗 Z 和输入导纳 Y。

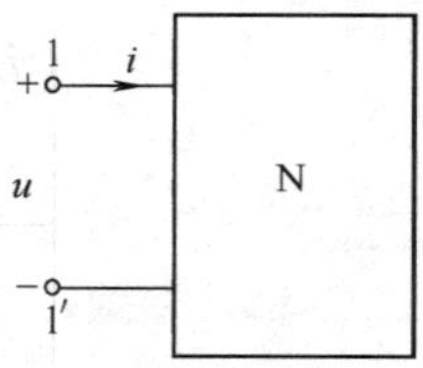

图 5-27 题 5-10 图

(1) $\begin{cases} u = 200\cos(314t)\,\text{V} \\ i = 10\cos(314t)\,\text{A} \end{cases}$

(2) $\begin{cases} u = 10\cos(10t + 45°)\,\text{V} \\ i = 10\cos(10t - 90°)\,\text{A} \end{cases}$

(3) $\begin{cases} u = 100\cos(2t + 60°)\,\text{V} \\ i = 5\cos(2t - 30°)\,\text{A} \end{cases}$

(4) $\begin{cases} u = 40\cos(100t + 17°)\,\text{V} \\ i = 8\sin(100t + 90°)\,\text{A} \end{cases}$

解:

$$Z = \frac{\dot U}{\dot I} = \frac{\dot U_m}{\dot I_m} \qquad Y = \frac{\dot I}{\dot U} = \frac{\dot I_m}{\dot U_m}$$

(1)

$$Z = \frac{\dot U_m}{\dot I_m} = \frac{200\angle 0°}{10\angle 0°}\ \Omega = 20\Omega$$

$$Y = \frac{1}{Z} = 0.05S$$

（2）

$$Z=\frac{\dot{U}_{\mathrm{m}}}{\dot{I}_{\mathrm{m}}}=\frac{10\angle 45^\circ}{10\angle -90^\circ}\ \Omega=1\angle 135^\circ\ \Omega=(-0.71+\mathrm{j}0.71)\ \Omega$$

$$Y=\frac{1}{Z}=1\angle -135^\circ\ \mathrm{S}=(-0.71-\mathrm{j}0.71)\ \mathrm{S}$$

（3）

$$Z=\frac{\dot{U}_{\mathrm{m}}}{\dot{I}_{\mathrm{m}}}=\frac{100\angle 60^\circ}{5\angle -30^\circ}\ \Omega=20\angle 90^\circ\ \Omega$$

$$Y=\frac{1}{Z}=0.05\angle -90^\circ\ \mathrm{S}$$

（4）

$$Z=\frac{\dot{U}_{\mathrm{m}}}{\dot{I}_{\mathrm{m}}}=\frac{40\angle 17^\circ}{8\angle 0^\circ}\ \Omega=5\angle 17^\circ\ \Omega=(4.78+\mathrm{j}1.46)\ \Omega$$

$$Y=\frac{1}{Z}=(0.19-\mathrm{j}0.059)\ \mathrm{S}$$

注：$\dot{I}$、$\dot{U}$ 表示有效值相量，$\dot{U}_{\mathrm{m}}$、$\dot{I}_{\mathrm{m}}$ 表示最大值相量，两者区别在于 $U=\frac{U_{\mathrm{m}}}{\sqrt{2}}$，$I=\frac{I_{\mathrm{m}}}{\sqrt{2}}$。本题两相量相除，分子分母的 $\sqrt{2}$ 可以互相约掉，因此采用最大值相量方便一些。

5-11　已知图 5-28 所示电路中，$\dot{I}=2\angle 0^\circ$ A，$R=4\Omega$，$\omega L=3\Omega$，$\frac{1}{\omega C}=5\Omega$，求电压 $\dot{U}=$？并作出电路的相量图。

解：

$$\dot{U}_R=4\dot{I}=8\angle 0^\circ\ \mathrm{V}$$

$$\dot{U}_L=\mathrm{j}3\dot{I}=\mathrm{j}6\mathrm{A}$$

$$\dot{U}_C=-\mathrm{j}5\dot{I}=-\mathrm{j}10\mathrm{A}$$

$$\dot{U}=\dot{U}_R+\dot{U}_L+\dot{U}_C=8.94\angle -26.6^\circ\ \mathrm{V}$$

相量图如图 5-29 所示。

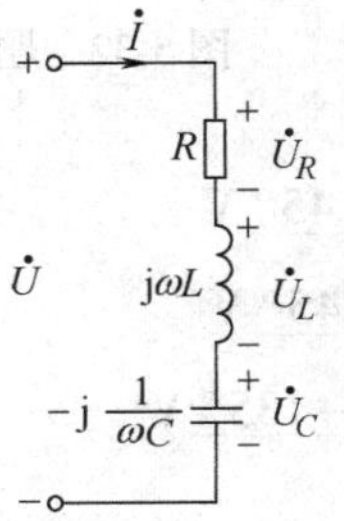

图 5-28　题 5-11 图

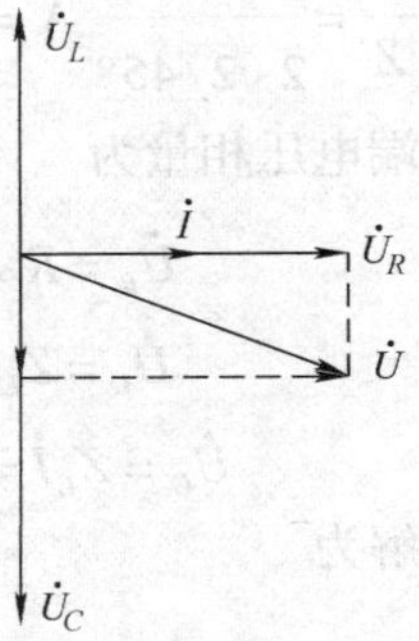

图 5-29　相量图

5-12　已知图 5-30 所示电路中，$I_s=10\text{A}$，$\omega=5000\text{rad/s}$，$R_1=R_2=10\Omega$，$C=10\mu\text{F}$，$\mu=0.5$。求各支路电流并作出电路的相量图。

解：用网孔电流法求解。如图 5-30 所示，设网孔电流 $\dot{I}_{l1}$ 与 $\dot{I}_{l2}$，令 $\dot{I}_s=10\underline{/0^\circ}$，有

$$\begin{cases}\dot{I}_{l1}=\dot{I}_s\\ -10\dot{I}_{l1}+20\dot{I}_{l2}=-\mu\dot{U}_C\\ \dot{U}_C=\dfrac{1}{\text{j}\omega C}\dot{I}_s\end{cases}$$

解得

$$\dot{I}_2=\dot{I}_{l2}=(5+\text{j}5)\text{A}$$
$$\dot{I}_1=\dot{I}_s-\dot{I}_2=(5-\text{j}5)\text{A}$$

作出相量图如图 5-31 所示。

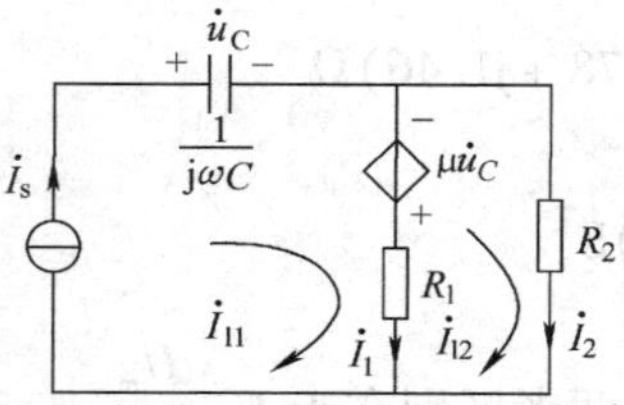

图 5-30　题 5-12 图

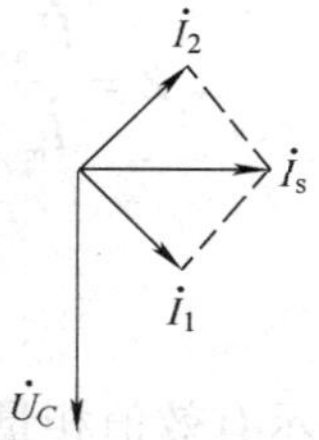

图 5-31　相量图

5-13　图 5-32 所示为一个 RLC 串联电路。$U=10\sqrt{2}\cos 2t\text{V}$，$R=2\Omega$，$L=2\text{H}$，$C=0.25\mu\text{F}$。求电流 i 及各元件上电压，判断电路的性质，并画出相量图。

解：首先作出图 5-32a 的相量模型，如图 5-32b 所示。设参考相量 $\dot{U}=10\underline{/0^\circ}\text{ V}$，则各元件的阻抗如下：$Z_R=R=2\Omega$，$Z_L=\text{j}\omega L=\text{j}\varphi\Omega$，$Z_C=\dfrac{1}{\text{j}\omega C}=-\text{j}2\Omega$

$$Z=Z_R+Z_L+Z_C=(2+\text{j}2)\Omega=2\sqrt{2}\underline{/45^\circ}\ \Omega$$

电流相量为

$$\dot{I}=\frac{\dot{U}}{Z}=\frac{10\underline{/0^\circ}}{2\sqrt{2}\underline{/45^\circ}}\text{ A}=2.5\sqrt{2}\underline{/-45^\circ}\text{ A}$$

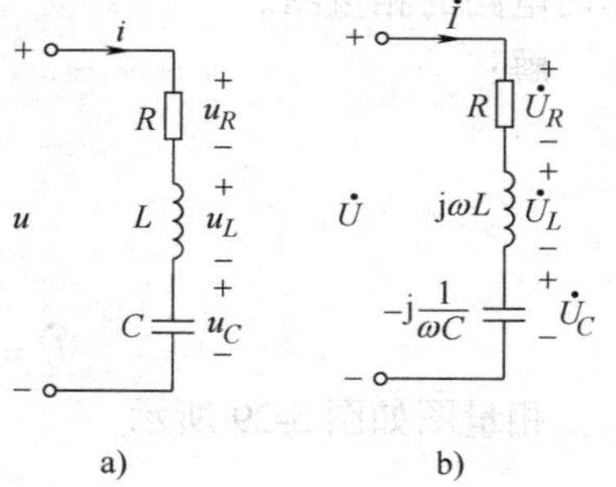

图 5-32　题 5-13 图

各元件两端电压相量为

$$\dot{U}_R=R\dot{I}=2\times2.5\sqrt{2}\underline{/-45^\circ}\text{ V}=5\sqrt{2}\underline{/-45^\circ}\text{ V}$$
$$\dot{U}_L=Z_L\dot{I}=\text{j}4\times2.5\sqrt{2}\underline{/-45^\circ}\text{ V}=10\sqrt{2}\underline{/45^\circ}\text{ V}$$
$$\dot{U}_C=Z_C\dot{I}=-\text{j}2\times2.5\sqrt{2}\underline{/-45^\circ}\text{ V}=5\sqrt{2}\underline{/-135^\circ}\text{ V}$$

所以时间解为

$$i=5\cos(2t-45^\circ)\text{A}$$
$$u_R=10\cos(2t-45^\circ)\text{V}$$
$$u_L=20\cos(2t+45^\circ)\text{V}$$

$$u_C = 10\cos(2t - 135°)\,\text{V}$$

由于端口总电压与总电流之间的相位差为 45°，电压超前电流 45°，所以电路的性质为感性。电路中各量的相量图如图 5-33 所示。

5-14　如图 5-34 所示荧光灯管与镇流器串联接到交流电源上，可看做 *RL* 串联电路。如已知某灯管的等效电阻 $R_1 = 280\Omega$，镇流器的电阻和电感分别为 $R_2 = 20\Omega$，$L = 1.65\text{H}$，电源电压 $U = 220\text{V}$，试求电路中的电流和灯管两端和镇流器上的电压有效值。这两个电压加起来是否等于 220V？（电源频率为 50Hz）

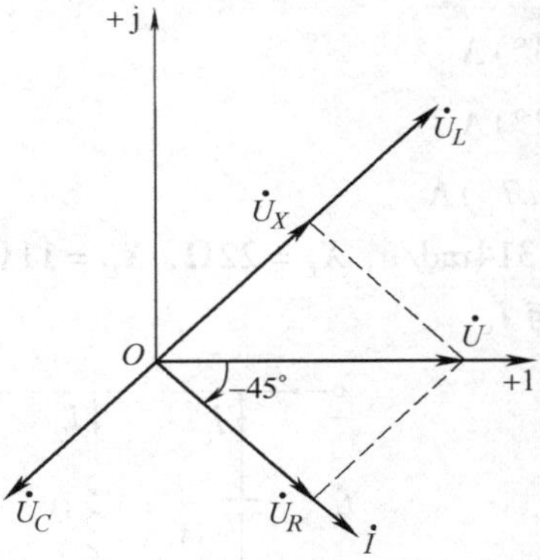

图 5-33　相量图

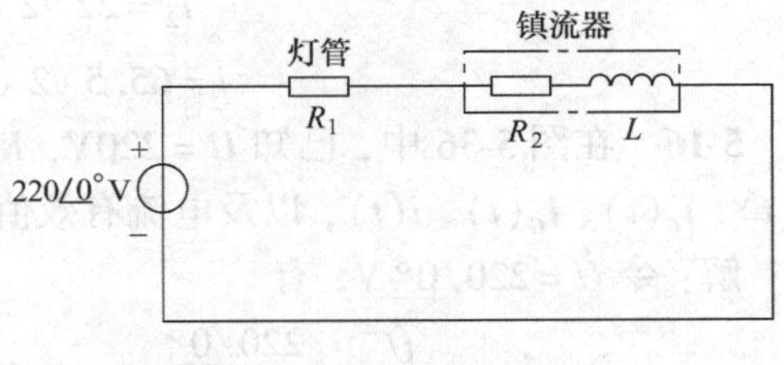

图 5-34　题 5-14 图

解：阻抗

$$Z = R_1 + R_2 + \text{j}\omega L = (300 + \text{j}518)\,\Omega = 599\angle 60°\,\Omega$$

电流有效值

$$I = \frac{U}{|Z|} = \frac{220}{599}\,\text{A} = 0.367\text{A}$$

灯管端电压

$$U_1 = IR_1 = 0.367 \times 280\text{V} = 102.8\text{V}$$

镇流器端电压

$$U_2 = I\sqrt{R_2^2 + (\omega L)^2} = 0.367 \times \sqrt{20^2 + (314 \times 1.65)^2}\,\text{V} = 190.3\text{V}$$

有效值

$$U_1 + U_2 = 102.8\text{V} + 190.3\text{V} = 293\text{V} > 220\text{V}$$

可见，虽然有相量关系 $\dot{U} = \dot{U}_1 + \dot{U}_2$，但有效值 $U \neq U_1 + U_2$。

5-15　在图 5-35 中，已知 $R_1 = 3\Omega$，$X_1 = 4\Omega$，$R_2 = 8\Omega$，$X_2 = 6\Omega$，$u = 220\sqrt{2}\cos(314t)\,\text{V}$，试求 i_1、i_2 和 i。

图 5-35　题 5-15 图

解：

$$Z_1 = (3 + \text{j}4)\,\Omega = 5\angle 53°\,\Omega$$

$$Z_2 = (8 + \text{j}6)\,\Omega = 10\angle 37°\,\Omega$$

$$Z = \frac{Z_1 Z_2}{Z_1 + Z_2} = \frac{50\angle 90°}{11 + \text{j}10}\,\Omega = \frac{50\angle 90°}{14.9\angle 42.3°}\,\Omega = 3.36\angle 47.7°\,\Omega$$

则

$$\dot{I}_1=\frac{\dot{U}}{Z_1}=44\underline{/-53^\circ}\ \text{A}$$

$$\dot{I}_2=\frac{\dot{U}}{Z_2}=22\underline{/-37^\circ}\ \text{A}$$

$$\dot{I}=\frac{\dot{U}}{Z}=65.5\underline{/-47.7^\circ}\ \text{A}$$

把相量还原为时间函数，有

$$i_1=44\sqrt{2}\cos(314t-53^\circ)\ \text{A}$$
$$i_2=22\sqrt{2}\cos(314t-37^\circ)\ \text{A}$$
$$i=65.5\sqrt{2}\cos(314t-47.7^\circ)\ \text{A}$$

5-16 在图5-36中，已知 $U=220\text{V}$，$R=22\Omega$，$\omega=314\text{rad/s}$，$X_L=22\Omega$，$X_C=11\Omega$，试求 $i_R(t)$、$i_L(t)$、$i_C(t)$、$i(t)$，以及电流有效值 I_R、I_L、I_C 与 I。

解：令 $\dot{U}=220\underline{/0^\circ}\ \text{V}$，有

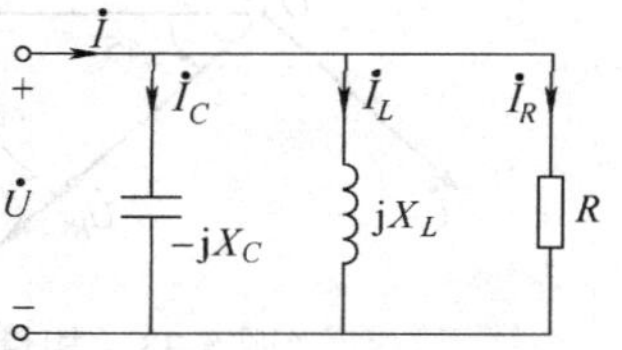

图5-36　题5-16图

$$\dot{I}_C=\frac{\dot{U}}{-\text{j}X_C}=\frac{220\underline{/0^\circ}}{-\text{j}11}\ \text{A}=20\underline{/90^\circ}\ \text{A}$$

$$\dot{I}_L=\frac{\dot{U}}{\text{j}X_L}=\frac{220\underline{/0^\circ}}{\text{j}22}\ \text{A}=10\underline{/-90^\circ}\ \text{A}$$

$$\dot{I}_R=\frac{\dot{U}}{R}=\frac{220\underline{/0^\circ}}{22}\ \text{A}=10\underline{/0^\circ}\ \text{A}$$

$$\dot{I}=\dot{I}_C+\dot{I}_L+\dot{I}_R=10\sqrt{2}\underline{/45^\circ}\ \text{A}$$

则电流有效值

$$I_R=10\text{A}\qquad I_L=10\text{A}\qquad I_C=20\text{A}\qquad I=10\sqrt{2}\ \text{A}$$

而电流的时间函数表达为

$$i_R(t)=10\sqrt{2}\cos(314t)\ \text{A}$$
$$i_L(t)=10\sqrt{2}\cos(314t-90^\circ)\ \text{A}$$
$$i_C(t)=20\sqrt{2}\cos(314t+90^\circ)\ \text{A}$$
$$i(t)=10\sqrt{2}\times\sqrt{2}\cos(314t+45^\circ)\ \text{A}$$
$$=20\cos(314t+45^\circ)\ \text{A}$$

5-17 电路如图5-37所示。已知，$\dot{U}_1=100\underline{/0^\circ}\ \text{V}$，$\dot{U}_2=100\underline{/53^\circ}\ \text{V}$，试求 I_0。

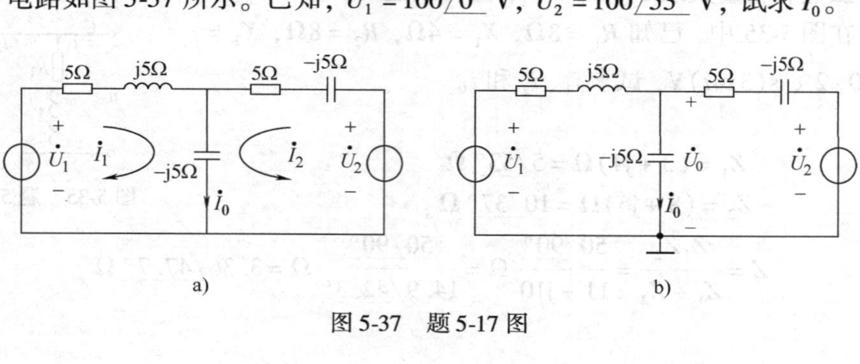

图5-37　题5-17图

解：(1) 用回路电流法求解。选定回路电流 $\dot{I}_1$、$\dot{I}_2$，如图 5-37a 所示。列回路电流方程

$$\begin{cases}(5+\mathrm{j}5-\mathrm{j}5)\dot{I}_1-\mathrm{j}5\dot{I}_2=100\angle 0^\circ \\ -\mathrm{j}5\dot{I}_1+(5-\mathrm{j}5-\mathrm{j}5)\dot{I}_2=100\angle 53^\circ\end{cases}$$

解方程，得：

$$\begin{cases}\dot{I}_1=(8-\mathrm{j}6)\,\mathrm{A} \\ \dot{I}_2=(-6+\mathrm{j}12)\,\mathrm{A}\end{cases}$$

所以

$$\dot{I}_0=\dot{I}_1+\dot{I}_2=(2+\mathrm{j}6)\,\mathrm{A}=6.32\angle 71.6^\circ\,\mathrm{A}$$

(2) 用节点电压法求解。设节点电压为 $\dot{U}_0$，如图 5-26b 所示。列节点电压方程

$$\left(\frac{1}{5+\mathrm{j}5}+\frac{1}{-\mathrm{j}5}+\frac{1}{5-\mathrm{j}5}\right)\dot{U}_0=\frac{100\angle 0^\circ}{5+\mathrm{j}5}+\frac{100\angle 53^\circ}{5-\mathrm{j}5}$$

解得：

$$\dot{U}_0=31.6\angle -18.4^\circ\,\mathrm{V}$$

所以

$$\dot{I}_0=\frac{\dot{U}_0}{-\mathrm{j}5}$$

解得：

$$\dot{I}_0=\frac{31.6\angle -18.4^\circ}{-\mathrm{j}5}\,\mathrm{A}=6.32\angle 71.6^\circ\,\mathrm{A}$$

5-18 电路如图 5-38 所示。已知，$Z=(10+\mathrm{j}50)\,\Omega$，$Z_1=(400+\mathrm{j}1000)\,\Omega$，电流控制电流源的电流受流过 Z_1 的电流 $\dot{I}_1$ 控制。如果要求 $\dot{I}_1$ 和 $\dot{U}_s$ 的相位差为 90°，试求 β。

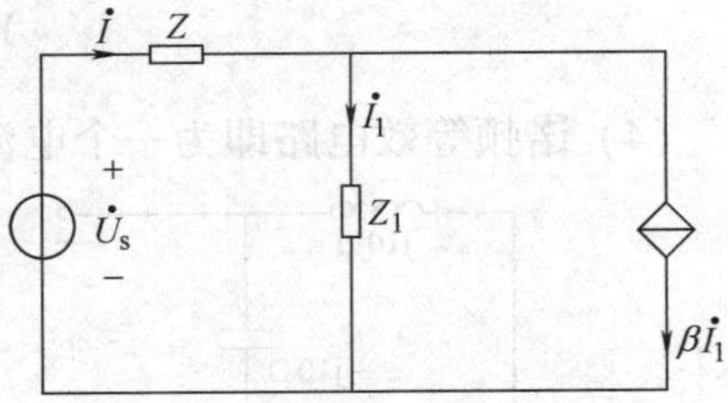

图 5-38 题 5-18 图

解：根据 KCL 和 KVL，有

$$\dot{I}=\dot{I}_1+\beta\dot{I}_1$$

$$\dot{U}_s=Z\dot{I}+Z_1\dot{I}_1$$

可得

$$\frac{\dot{U}_s}{\dot{I}_1}=Z+\beta Z+Z_1$$

要使 $\dot{I}_1$ 和 $\dot{U}_s$ 的相位差为 90°，必须使上式的复数的实部为零，即

$$\mathrm{Re}[Z+\beta Z+Z_1]=0$$

于是

$$10+10\beta+400=0$$

所以

$$\beta=41$$

最后有

$$\frac{\dot{U}_s}{\dot{I}_1}=Z+\beta Z+Z_1=(10+\mathrm{j}50-410-\mathrm{j}2050+400+\mathrm{j}1000)\,\Omega=-\mathrm{j}1000\,\Omega$$

电压 $\dot{U}_s$ 滞后于电流 $\dot{I}_1$ 的角度为90°。

5-19 已知 $\dot{U}=20\underline{/0^\circ}$ V，求图5-39所示一端口网络的戴维南或诺顿等效电路。

解：设参考相量 $\dot{U}=20\underline{/0^\circ}$ V。

（1）求a、b端开路电压

$$\dot{U}_{oc}=20\underline{/0^\circ}\times\frac{-j10}{j10-j10}\text{ V}\to\infty$$

可见本题不存在戴维南等效电路，只好转而求解诺顿等效电路。

（2）求短路电流 $\dot{I}_{ab}$。如图5-40所示，a与b短接，有

$$\dot{I}_{ab}=\frac{20\underline{/0^\circ}}{j10}\text{ A}=-j2\text{A}$$

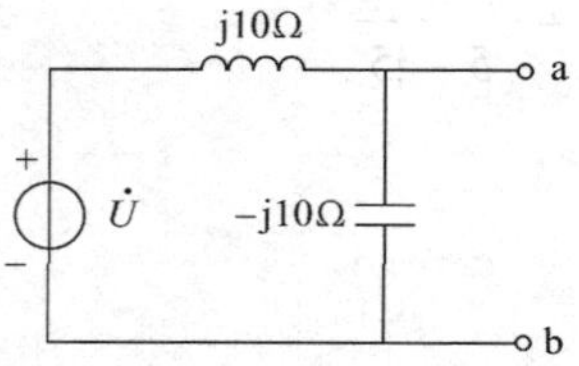

图5-39　题5-19图

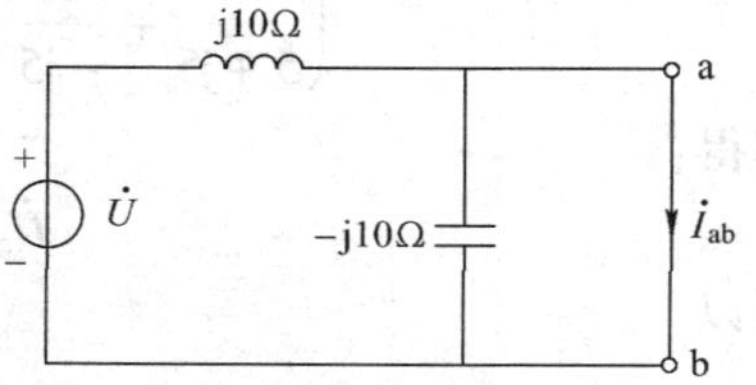

图5-40　求短路电流

（3）求入端等效电导。如图5-41所示，有

$$Y_{eq}=\frac{1}{j10}\text{ S}+\frac{1}{-j10}\text{ S}=0$$

（4）诺顿等效电路即为一个电流源，如图5-42所示。

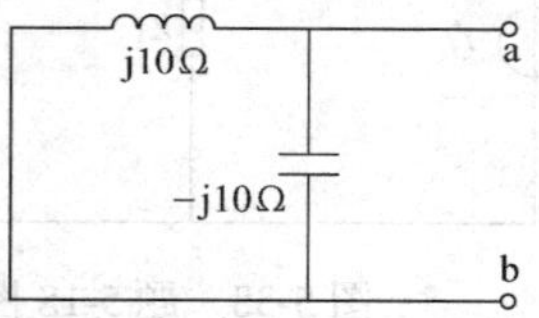

图5-41　求入端等效导纳

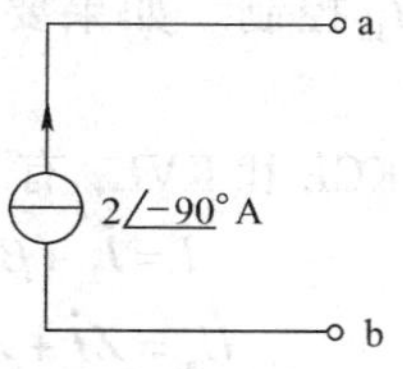

图5-42　等效结果

5-20 今有40W的荧光灯一个，使用灯管与镇流器（可近似地把镇流器看做纯电感）串联后接在电压为220V、频率为50Hz的电源上。已知灯管工作时属于纯电阻，灯管两端的电压等于110V，求镇流器的感抗与电感。这时电路的功率因数等于多少？若将功率因数提高到0.8，问应并联多大电容？

解：近似把灯管与镇流器看成 RL 串联，则灯管工作电流

$$I_N=\frac{P_N}{U_N}=\frac{40}{110}\text{ A}=0.364\text{A}$$

为使灯管上电压为110V，则电感电压应为

$$U_L=\sqrt{U^2-U_N^2}=\sqrt{220^2-110^2}\text{ V}=190.5\text{V}$$

感抗

$$X_L=\frac{U_L}{I_N}=\frac{190.5}{0.364}\ \Omega=523.4\Omega$$

则电感

$$L=\frac{X_L}{2\pi f}=\frac{523.4}{2\pi\times 50}\ \mathrm{H}=1.67\mathrm{H}$$

功率因数

$$\cos\varphi=\frac{P}{S}=\frac{40}{220\times 0.364}=0.5$$

若要将 $\cos\varphi'$ 提升到 0.8，则应在 RL 支路两端并联电容

$$\begin{aligned}C&=\frac{P}{2\pi fU^2}[\tan\varphi-\tan\varphi']\\&=\frac{40}{2\pi\times 50\times 220^2}[\tan(\arccos 0.5)-\tan(\arccos 0.8)]\mathrm{F}\\&=2.58\mu\mathrm{F}\end{aligned}$$

5-21 正弦稳态电路如图 5-43 所示。$\dot{U}=2\angle 0^\circ\ \mathrm{V}$，$Z_1=\mathrm{j}2\Omega$，$Z_2=-\mathrm{j}1\Omega$，$Z_3=\mathrm{j}1\Omega$，$Z_4=1\Omega$。求电源所发出的复功率和各元件吸收的复功率。

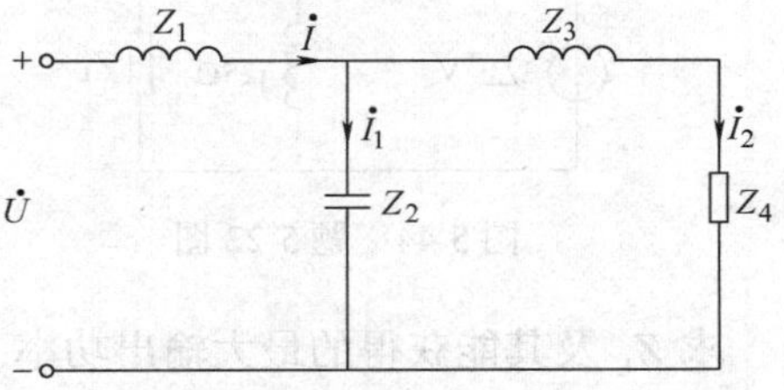

图 5-43 题 5-21 图

解：一端口网络的等效阻抗为

$$Z=Z_1+\frac{Z_2(Z_3+Z_4)}{Z_2+Z_3+Z_4}=\sqrt{2}\angle 45^\circ\ \Omega$$

总电流相量为

$$\dot{I}=\frac{\dot{U}}{Z}=\frac{2\angle 0^\circ}{\sqrt{2}\angle 45^\circ}\ \mathrm{A}=\sqrt{2}\angle 45^\circ\ \mathrm{A}$$

两条支路的电流相量分别为

$$\dot{I}_1=\frac{Z_3+Z_4}{Z_2+Z_3+Z_4}\dot{I}=\frac{\mathrm{j}+1}{-\mathrm{j}+\mathrm{j}+1}\times\sqrt{2}\angle -45^\circ\ \mathrm{A}=2\angle 0^\circ\ \mathrm{A}$$

$$\dot{I}_2=\frac{Z_2}{Z_2+Z_3+Z_4}\dot{I}=\frac{-\mathrm{j}}{-\mathrm{j}+\mathrm{j}+1}\times\sqrt{2}\angle -45^\circ\ \mathrm{A}=\sqrt{2}\angle -135^\circ\ \mathrm{A}$$

电源所发出的复功率

$$\bar{S}=\dot{U}\dot{I}^*=2\angle 0^\circ\times\sqrt{2}\angle 45^\circ\ \mathrm{VA}=2\sqrt{2}\angle 45^\circ\ \mathrm{VA}=(2+\mathrm{j}2)\mathrm{VA}$$

各元件吸收的复功率分别为

$$\bar{S}_1=Z_1I^2=\mathrm{j}2\times(\sqrt{2})^2\mathrm{VA}=\mathrm{j}4\mathrm{VA}$$

$$\bar{S}_2=Z_2I_1^2=(-\mathrm{j})\times 2^2\mathrm{VA}=-\mathrm{j}4\mathrm{VA}$$

$$\bar{S}_3=Z_3I_2^2=\mathrm{j}\times(\sqrt{2})^2\mathrm{VA}=\mathrm{j}2\mathrm{VA}$$

$$\bar{S}_4=Z_4I_2^2=1\times(\sqrt{2})^2\mathrm{VA}=2\mathrm{VA}$$

可验证 $$\overline{S}=\overline{S}_1+\overline{S}_2+\overline{S}_3+\overline{S}_4$$

5-22 在图5-44所示电路中，求：(1) 负载 Z_L 获最大功率时，Z_L 为何值？(2) Z_L 能获得的最大功率是多少？

解： 将电路进行戴维南处理。

求入端阻抗 Z_{in}

$$\frac{1}{Z_{in}}=\frac{1}{50\angle 0^\circ}\text{S}+\frac{1}{25\angle 90^\circ}\text{S}=(0.02+0.04\angle -90^\circ)\text{S}$$

$$Z_{in}=\frac{1}{0.02-\text{j}0.04}\Omega=(10+\text{j}20)\Omega$$

求开路电压

$$\dot{U}_{oc}=\frac{\text{j}25}{\text{j}25+50}\text{V}=1\angle 0^\circ\text{V}=0.4\angle 63.4^\circ\text{V}$$

戴维南等效电路如图5-45所示。

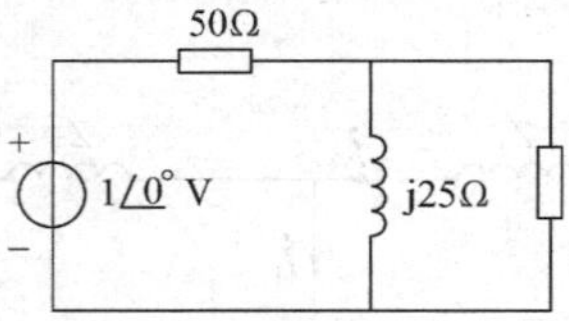

图5-44 题5-22图

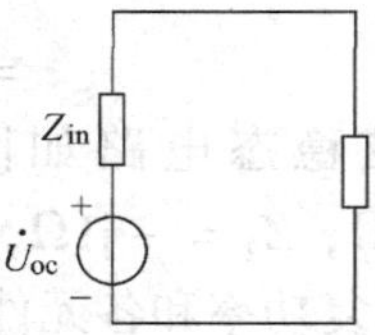

图5-45 等效电路

求 Z_L 及其能获得的最大输出功率，有

$$Z_L=Z_{in}^*=(10-\text{j}20)\Omega$$

$$P_{max}=\frac{U_{oc}^2}{4R_{eq}}=\frac{0.4^2}{4\times 10}\text{W}=0.004\text{W}$$

5-23 图5-46中，$I_1=10\text{A}$，$I_2=10\sqrt{2}\ \text{A}$，$U=220\text{V}$，$R=5\Omega$，$R_2=X_L$，试求 I，X_C，X_L 及 R_2。

解： 设电容两端电压为 $\dot{U}_1$，其参考方向与 $\dot{I}_1$ 相关联，且把 $\dot{U}_1$ 设为参考相量。根据题中已给条件作相量图如图5-47所示。

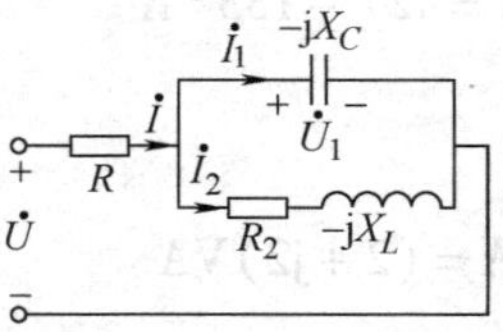

图5-46 题5-23图

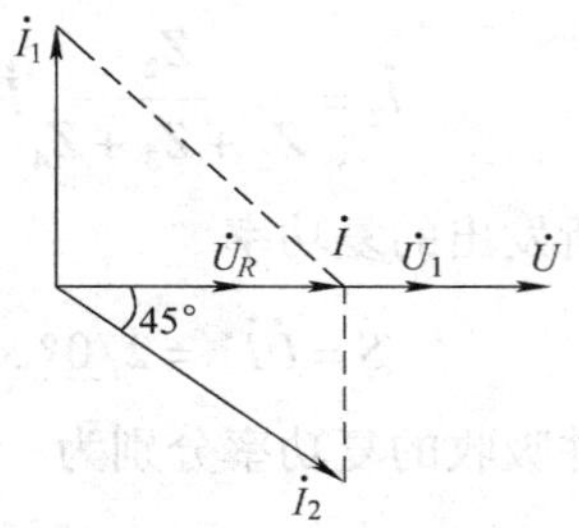

图5-47 相量图

由于 $R_2=X_L$，推断 R_2 与 L 串联支路的电流 $\dot{I}_2$ 滞后 $\dot{U}_1$ 相位角45°。由 I_1 与 I_2 数据可知

$$I=\sqrt{I_2^2-I_1^2}=10\text{A}$$

且 $\dot{I}$ 与 $\dot{U}_1$ 相位相同，进而推断 $\dot{I}$ 与 $\dot{U}_R$、$\dot{U}_1$、$\dot{U}$ 全部同相。

因此 $\dot{U}=\dot{U}_R+\dot{U}_1$ 变成 $U=U_R+U_1$，则

$$U_1=U-U_R=(220-10\times5)\text{V}=170\text{V}$$

$$X_C=\frac{U_1}{I_1}=\frac{170}{10}\ \Omega=17\Omega$$

而

$$\sqrt{R_2^2+X_L^2}=\frac{U_1}{I_2}=\frac{170}{10\sqrt{2}}\ \Omega=8.5\sqrt{2}\ \Omega$$

又因为 $R_2=X_L$，所以 $R_2=X_L=8.5\Omega$。

5-24　在图5-48中，$I_1=I_2=10\text{A}$，$U=100\text{V}$，$\dot{U}$ 与 $\dot{I}$ 同相，试求 I、R、X_C 及 X_L。

解： 设 $\dot{U}_R$ 为参考相量，画相量图如图5-49所示。

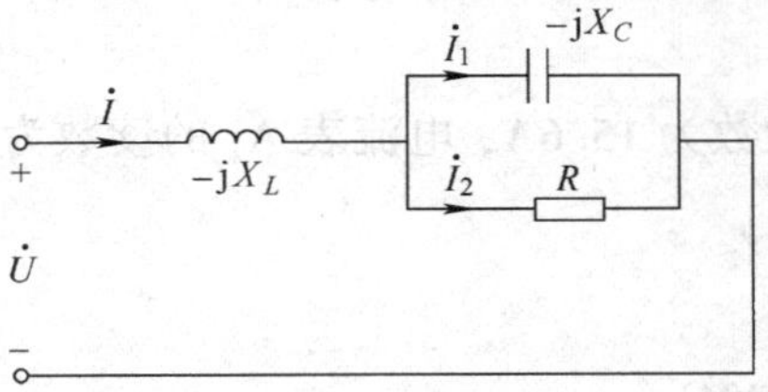

图5-48　题5-24图

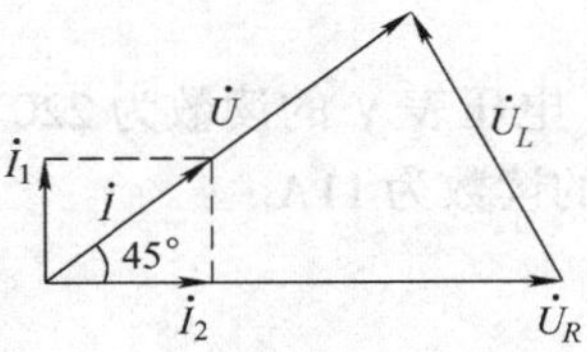

图　5-49

因为 $\dot{I}_2$ 与 $\dot{U}_R$ 同相，且 $\dot{I}_1$ 超前 $\dot{U}_R$ 90°电角度，$I_1=I_2=10\text{A}$，故由

$$I=\sqrt{I_1^2+I_2^2}=10\sqrt{2}\ \text{A}\approx14.14\text{A}$$

推断 $\dot{I}$ 超前 $\dot{U}_\text{R}$ 45°角。

又因 $\dot{U}_L$ 超前 $\dot{I}$ 为90°，$\dot{U}$ 与 $\dot{I}$ 同相，故 $\dot{U}_L$ 超前 $\dot{U}$ 为90°，而 $\dot{U}=\dot{U}_L+\dot{U}_R$，所以 $\dot{U}$、$\dot{U}_L$、$\dot{U}_R$ 构成一个直角三角形。故

$$U_R=\sqrt{2}U=100\sqrt{2}\ \text{V}\qquad U_L=U=100\text{V}$$

于是有

$$R=\frac{U_R}{I_2}=\frac{100\sqrt{2}}{10}\ \Omega=10\sqrt{2}\ \Omega$$

$$X_C=\frac{U_R}{I_1}=\frac{100\sqrt{2}}{10}\ \Omega=10\sqrt{2}\ \Omega$$

$$X_L=\frac{U_L}{I}=\frac{100}{10\sqrt{2}}\ \Omega=\frac{10}{\sqrt{2}}\ \Omega$$

5-25　在图5-50中，已知 $u=220\sqrt{2}\cos(314t)\text{V}$，$i_1=22\cos(314t-45°)\text{A}$，$i_2=11\sqrt{2}\cos(314t+90°)\text{A}$，试求各仪表读数及电路参数 R、L 和 C。

解： 设 $\dot{U}$ 为参考相量、相量图如图5-51所示。可知

$$\dot{U}=220\underline{/0°}\ \text{V}$$

$$I_1 = \frac{22}{\sqrt{2}}\ \text{A} = 11\sqrt{2}\ \text{A} = 15.6\text{A}$$

$$I_2 = 11\text{A}$$

$$\dot{I} = \dot{I}_1 + \dot{I}_2 = 11\sqrt{2}\underline{/-45^\circ}\ \text{A} + 11\underline{/90^\circ}\ \text{A} = 11\underline{/0^\circ}\ \text{A}$$

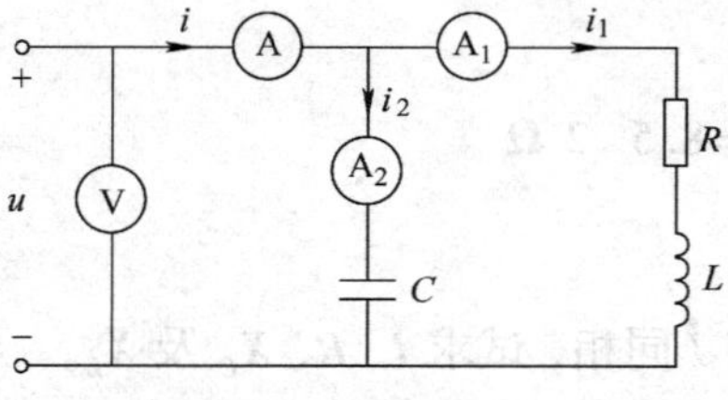

图 5-50　题 5-25 图

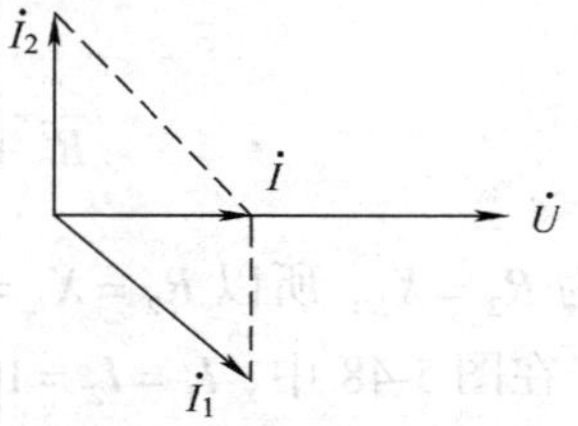

图　5-51

可见，电压表 V 的读数为 220V，电流表 A_1 的读数为 15.6A，电流表 A_2 的读数为 11A，电流表 A 的读数为 11A。

因

$$X_C = \frac{U}{I_2} = \frac{220}{11}\ \Omega = 20\Omega$$

所以

$$C = \frac{1}{\omega X_C} = \frac{1}{314 \times 20}\ \text{F} = 159\mu\text{F}$$

而

$$Z_1 = R + \text{j}X_L = \frac{\dot{U}}{\dot{I}_1} = \frac{220\underline{/0^\circ}}{11\sqrt{2}\underline{/-45^\circ}}\ \Omega = (10 + \text{j}10)\ \Omega$$

所以 $R = 10\Omega$，$X_L = 10\Omega$，由 $\omega L = X_L$，可得：

$$L = \frac{X_L}{\omega} = \frac{10}{314}\ \text{H} = 31.8\text{mH}$$

第 6 章　正弦稳态电路分析的工程应用

【本章学习要点】

本章前两节从工程应用角度讨论交流电路中的谐振现象，研究电路发生串联谐振和并联谐振的条件及特征；接着研究互感现象，定义互感，耦合系数和同名端，推导出在有互感的线圈中的互感电压表达式，论述含互感元件电路的 KVL 方程的列写及去耦等效电路，并介绍理想变压器的变压、变流及变阻作用；最后两节介绍非正弦周期信号电路的分析方法：将非正弦周期信号利用傅里叶级数分解为一系列不同频率的谐波，将激励视为多个不同频率的谐波源之和，根据叠加原理计算出每一谐波源单独作用时电路的稳态响应。

学习难点：谐振的条件及特征；同名端；互感电路的 KVL 方程列写。

6.1　*RLC* 串联交流电路的谐振

1. 串联谐振电路定义

在串联 *RLC* 中，电流和电压的相位一般不相同，当 $X_C = X_L$ 时电流恰好与电压同相位，电路发生谐振，电路呈现出纯电阻性，谐振发生时的频率称为谐振频率，用 f_0 表示，如图 6-1 所示。

2. 谐振条件

对于给定的 *RLC* 电路，谐振只能在特定的频率点发生。根据谐振的定义，当正弦电源角频率 ω 变化到 ω_0 时，电路中的感抗和容抗相等。即

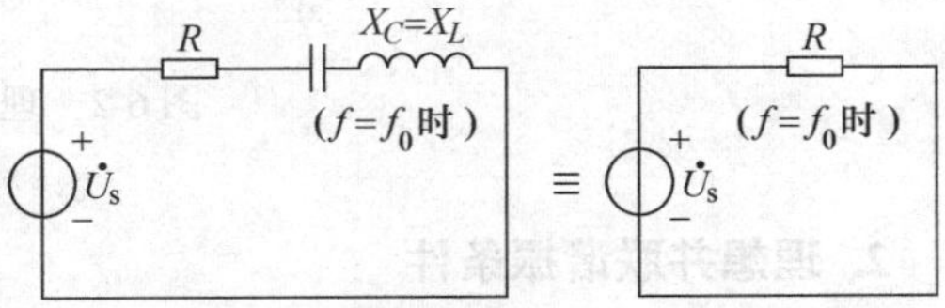

图 6-1　串联谐振：当 $X_C = X_L$ 时其作用相互抵消，电路呈现纯阻性

$$\omega_0 L = \frac{1}{\omega_0 C} \tag{6-1}$$

由式(6-1)可得

$$\omega_0 = 2\pi f_0 = \frac{1}{\sqrt{LC}} \quad 或 \quad f_0 = \frac{1}{2\pi\sqrt{LC}} \tag{6-2}$$

3. 串联谐振电路的特征

1）阻抗角 $\varphi = 0$，谐振电路的阻抗 $Z = \sqrt{R^2 + (X_L - X_C)^2} = R$，**电流与电压同相位，电路呈电阻性。**

2）谐振电流最大，即 $I_0 = \dfrac{U}{R}$。谐振时 $X_C = X_L$，即 *LC* 串联部分相当于短路，电路的阻抗最小($Z = R$)，因此在总电压有效值一定的情况下，谐振电流最大。

3）谐振时电感 X_L 与电容 X_C 的作用相互抵消，此时电阻上获得电压最大 $U_R = U$。

4）电路谐振时，电感和电容的阻抗相等，称为谐振电路的特性阻抗，用 ρ 表示

$$\rho=\omega_0 L=\frac{1}{\omega_0 C}=\sqrt{\frac{L}{C}} \tag{6-3}$$

5）串联谐振时，电感电压或电容电压与电源电压的比值称为谐振电路的品质因数，用 Q 表示：

$$Q=\frac{U_L}{U}=\frac{U_C}{U}=\frac{\omega_0 L}{R}=\frac{1}{R\omega_0 C}=\frac{\rho}{R} \tag{6-4}$$

注意：所有的电源电压均降在电阻端，而且$\dot{U}_C$ 与$\dot{U}_L$ 大小相等且方向相反，导致二者电压相互抵消，使得总的电抗电压为零。

6.2 *RLC* 并联交流电路的谐振

1. 理想并联谐振电路

图 6-2 所示为理想 *RLC* 并联谐振电路，由于该电路与 *RLC* 串联是对偶电路，所以分析方法与 *RLC* 串联谐振电路相同。

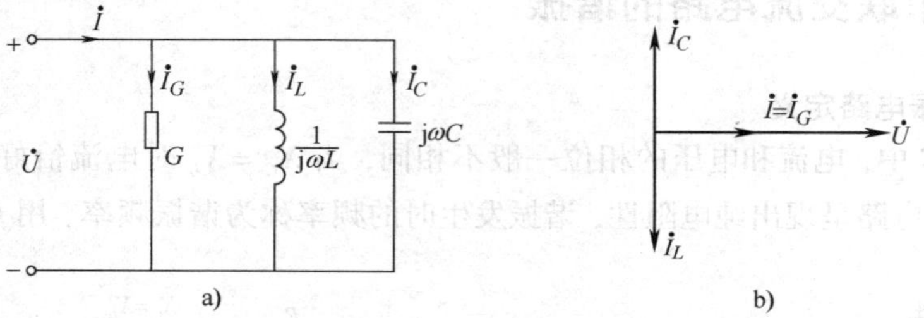

图 6-2 理想并联谐振电路

2. 理想并联谐振条件

由图 6-2a 可知，并联电路的复导纳为

$$Y=G+\mathrm{j}\left(\omega C-\frac{1}{\omega L}\right) \tag{6-5}$$

电压与电流同相位，电路发生谐振。并联谐振条件用下面两式表示：

$$\omega_0 C=\frac{1}{\omega_0 L} \tag{6-6}$$

$$Y=G \tag{6-7}$$

即

$$\omega_0=2\pi f_0=\frac{1}{\sqrt{LC}} \quad 或 \quad f_0=\frac{1}{2\pi\sqrt{LC}} \tag{6-8}$$

3. 并联谐振电路的特征

1）阻抗角 $\varphi=0$，电流与电压同相位，电路呈电阻性。

2）振时电路的输入导纳最小，$Y=\sqrt{G^2+(B_C-B_L)^2}=G=1/R$，相应的并联谐振阻抗 $Z=1/G=R$ 为最大。

LC 并联组合相当于开路。当电源电压 U 和电路的电导 G 固定时，谐振电路的电流最小，并等于电导 G 中的电流，即 $I_0=I_G=GU$。

3）并联谐振电路的品质因数 Q

$$Q=\frac{I_L(\omega_0)}{I}=\frac{I_C(\omega_0)}{I}=\frac{1}{G\omega_0 L}=\frac{\omega_0 C}{G}=\frac{1}{G}\sqrt{\frac{C}{L}}=R\sqrt{\frac{C}{L}} \tag{6-9}$$

4）并联谐振电路中的电流。 谐振时电感支路电流 $\dot{I}_L$ 与电容支路电流 $\dot{I}_C$ 大小相等，相位相反，二者相互抵消，即

$$\dot{I}_L+\dot{I}_C=0$$

$$\dot{I}_L(\omega_0)=-\mathrm{j}\frac{1}{\omega_0 L}\dot{U}=-\mathrm{j}\frac{1}{\omega_0 LG}\dot{I}=-\mathrm{j}Q\dot{I} \tag{6-10}$$

$$\dot{I}_C(\omega_0)=\mathrm{j}\omega_0 C\dot{U}=\mathrm{j}\frac{\omega_0 C}{G}\dot{I}=-\mathrm{j}Q\dot{I} \tag{6-11}$$

这时外施激励电流 $\dot{I}$ 全部流经电导 G，所以并联谐振又称为电流谐振。

当 $B_L=B_C>G$ 时，I_L 和 I_C 将大于总电流 I。

4. 非理想并联谐振电路

图6-3所示为非理想 RLC 并联谐振等效电路。

1）非理想电路中的并联谐振条件。 上述电路的导纳

$$Y=\frac{1}{R+\mathrm{j}\omega L}+\mathrm{j}\omega C=\frac{R}{R^2+\omega^2L^2}+\mathrm{j}\left(\omega C-\frac{\omega L}{R^2+\omega^2L^2}\right) \tag{6-12}$$

谐振时，电纳为零，即 $\omega_0 C-\dfrac{\omega_0 L}{R^2+\omega_0^2L^2}=0$，**因此只有 $R<\sqrt{\dfrac{L}{C}}$ 时，ω_0 才为实数，电路才发生并联谐振，这就是非理想电路中的并联谐振条件。**

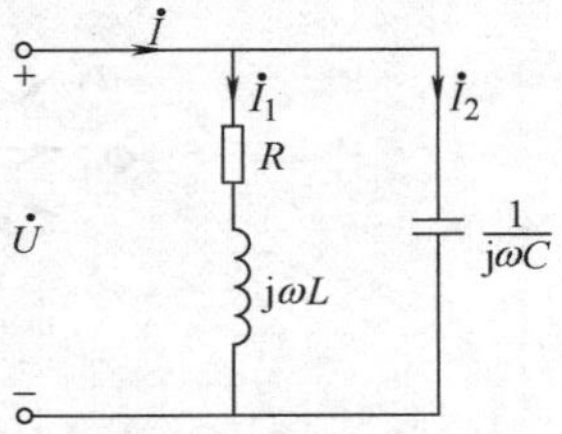

图6-3　非理想 RLC 并联谐振等效电路

$$\omega_0=\sqrt{\frac{1}{LC}-\frac{R^2}{L^2}}=\frac{1}{\sqrt{LC}}\sqrt{1-\frac{CR^2}{L^2}} \tag{6-13}$$

$$f_0=\frac{1}{2\pi\sqrt{LC}}\sqrt{1-\frac{CR^2}{L^2}} \tag{6-14}$$

$$Y_0=\frac{R}{R^2+{\omega_0}^2L^2} \tag{6-15}$$

在 $\omega_0 L>>R$ 的条件下，非理想电路的并联谐振频率与理想 RLC 并联电路的谐振频率一样，即

$$f_0=\frac{1}{2\pi\sqrt{LC}} \tag{6-16}$$

2）非理想电路并联谐振的阻抗。 通常电感线圈的电阻 R 是很小的，谐振时满足 $\omega_0 L>>R$ 的条件，即

$$Z_0 = |Z_0| = \frac{1}{|Y_0|} = \frac{R^2 + \omega_0^2 L^2}{R} \approx \frac{\omega_0^2 L^2}{R} = \frac{\omega_0 L}{R\omega_0 C} = \frac{L}{RC} \tag{6-17}$$

谐振时阻抗与品质因素的关系为

$$Z_0 = R\frac{R^2 + \omega_0^2 L^2}{R^2} = R\left(1 + \frac{\omega_0^2 L^2}{R^2}\right) = R(1 + Q^2) \tag{6-18}$$

$$Q = \sqrt{\frac{L}{R^2 C} - 1} \tag{6-19}$$

6.3 互感现象

1. 互感现象

这种在一个线圈中由于电流的变化而在其他线圈中产生感应电压的现象称为互感现象。

若线圈1中的电流为正弦波，那么线圈2中的感应电压也将是正弦波，线圈2中电流的波形也与线圈1相同。

2. 耦合系数

两个具有互感的线圈如图6-4所示。

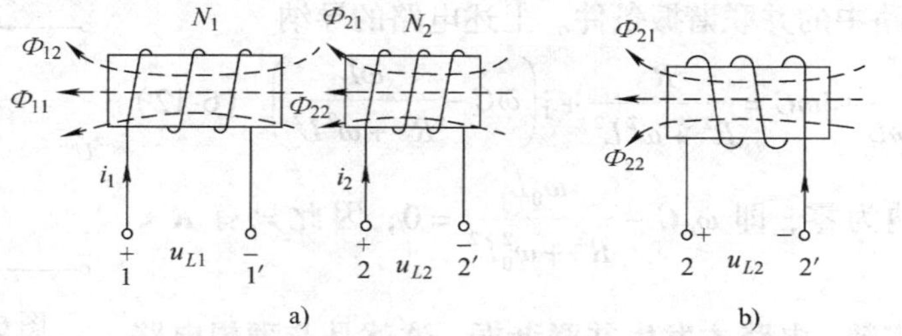

图6-4　两个具有互感的线圈

耦合系数：假设线圈2中没流过电流时，线圈1与线圈2间的耦合系数是线圈1与线圈2相耦合的磁通与线圈1所产生的总磁通的比值，即

$$k = \frac{\Phi_{21}}{\Phi_1} \tag{6-20}$$

注意：**k 是一个没有单位的量。**

耦合系数 k 取决于线圈间的物理位置、线圈缠绕的磁心材料的类型、磁心的结构以及形状等因素。

耦合系数的定义：当两个线圈都流过电流时，耦合系数定义为互感磁通的乘积与两个自感磁通的乘积之比的几何平均值，即

$$k = \sqrt{\frac{\Phi_{21}}{\Phi_{11}}\frac{\Phi_{12}}{\Phi_{22}}} \tag{6-21}$$

3. 互感公式

根据电感的定义，有

$$\begin{cases} L_1 = N_1\dfrac{\Phi_{11}}{i_1} = \dfrac{\Psi_{11}}{i_1} & (6\text{-}22) \\ L_2 = N_2\dfrac{\Phi_{22}}{i_2} = \dfrac{\Psi_{22}}{i_2} & (6\text{-}23) \end{cases}$$

$$\begin{cases} M_{12} = N_1\dfrac{\Phi_{12}}{i_2} = \dfrac{\Psi_{12}}{i_2} & (6\text{-}24) \\ M_{21} = N_2\dfrac{\Phi_{21}}{i_1} = \dfrac{\Psi_{21}}{i_1} & (6\text{-}25) \end{cases}$$

根据物理学已知，一对互感线圈只有一个互感系数，即 $M = M_{12} = M_{21}$，而且两个互感系数一定小于或等于两个线圈自感系数的几何平均值，即 $M \leqslant \sqrt{L_1L_2}$。

根据式(6-22)至(6-25)可推导出互感系数与耦合系数之间的关系，即

$$k = \sqrt{\frac{\Phi_{21}}{\Phi_{11}}\cdot\frac{\Phi_{12}}{\Phi_{22}}} = \sqrt{\frac{N_1\Phi_{21}/i_1}{N_1\Phi_{11}/i_1}\cdot\frac{N_2\Phi_{12}/i_2}{N_2\Phi_{22}/i_2}} = \sqrt{\frac{N_2\Phi_{21}/i_1}{N_1\Phi_{11}/i_1}\cdot\frac{N_1\Phi_{12}/i_2}{N_2\Phi_{22}/i_2}} = \frac{M}{\sqrt{L_1L_2}} \quad (6\text{-}26)$$

$$M = k\sqrt{L_1L_2} \quad (6\text{-}27)$$

注意：互感系数又称为互感量，简称为互感。当线圈附近没有铁磁性材料时，互感大小只与线圈的相对位置形状和尺寸线圈的匝数以及线圈附近媒质的磁导率有关，**而与线圈中流过的电流的大小无关。理想互感是一个常数，是线性元件。其单位是H(亨利)。**

6.4　互感电路的正弦稳态分析

1. 互感元件的基本模型

图6-5a所示电路为具有磁耦合关系的基本互感元件构成的二端口电路模型，**端口电流、电压取关联方向**。它们的伏安关系为一组KVL方程，即

$$\begin{cases} u_1 = L_1\dfrac{\mathrm{d}i_1}{\mathrm{d}t} + M\dfrac{\mathrm{d}i_2}{\mathrm{d}t} \\ u_2 = M\dfrac{\mathrm{d}i_1}{\mathrm{d}t} + L_2\dfrac{\mathrm{d}i_2}{\mathrm{d}t} \end{cases} \quad (6\text{-}28)$$

由于每个支路的互感电压与另一支路的电流有关，因此，可将互感电压用电流控制电压源替代，如图6-5b所示。

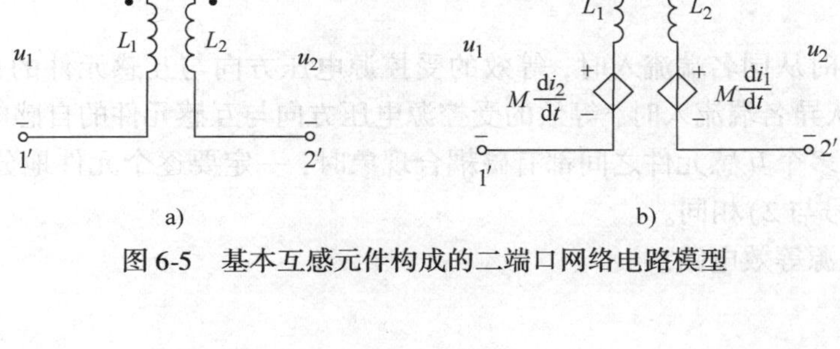

图6-5　基本互感元件构成的二端口网络电路模型

当互感元件中流过正弦电流时，由式(6-28)可得相应的相量形式的伏安方程式(6-29)，其电路模型如图6-6所示。

$$\begin{cases}\dot{U}_1 = \mathrm{j}\omega L_1\,\dot{I}_1 + \mathrm{j}\omega M\,\dot{I}_2\\ \dot{U}_2 = \mathrm{j}\omega M\,\dot{I}_1 + \mathrm{j}\omega L_2\,\dot{I}_2\end{cases} \tag{6-29}$$

式中，$\mathrm{j}\omega M = \mathrm{j}X_M$ 称为复互感感抗，单位与复感抗 $\mathrm{j}\omega L$ 一样，也为Ω(欧姆)。

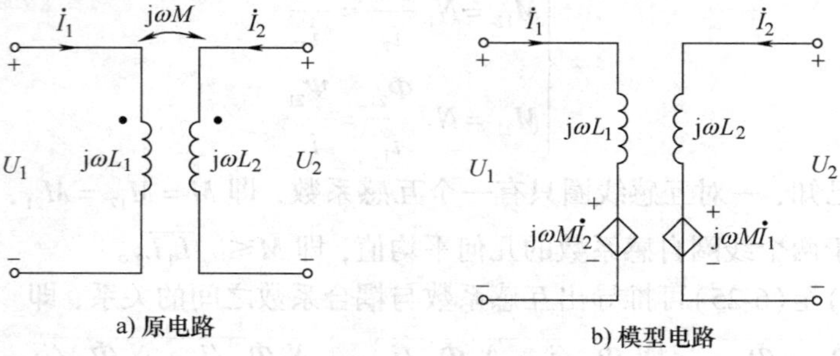

图6-6 互感元件的电路模型

2. 互感电路方程的列写

无论多么复杂的含互感元件电路，只要遵循以下原则列写电路方程都不会出错：

1）列写方程之前，选好各支路电流和各元件两端电压的参考方向。

2）含互感元件两端的电压与流过它的电流方向一定取关联方向，这样自感电压前永远取"正号"。

3）牢牢记住互感元件的端电压都由两部分构成：自感电压和互感电压，自感电压与流过自身的电流成正比，互感电压与流过另一个产生耦合磁通链的电感电流成正比。

4）当电流同时从两互感元件的同名端流入或流出时，互感电压前取"正号"，当一个电流从同名端流入而另一个从同名端流出时，互感电压前取"负号"。

注意：在解题过程中一定要仔细，特别注意是复数运算。在列写方程时一定要注意互感电压中的电流应该是哪个线圈支路的。

3. 消互感的方法

互感元件去磁耦合的等效方法有三种，即将互感电压等效为电流控制的电压源，互感化除法，等效阻抗法。

(1) 将互感电压等效为电流控制的电压源法

在用受控源等效电路法时应遵守以下原则：

1）标出电路中各支路电压和电流的参考方向，注意：**互感元件端电压和电流一定选取关联方向。**

2）当电流同时从同名端流入时，等效的受控源电压方向与互感元件的自感电压方向一致；当电流同时从异名端流入时，等效的受控源电压方向与互感元件的自感电压方向相反。

3）如果碰到多个互感元件之间都有磁耦合现象时，一定要逐个元件地分析其互感电压，互感电压前的符号与2)相同。

4）画出受控源等效电路。

5）把受控源视为电源，按网孔电流法列写方程。

（2）互感化除法

这种方法主要根据电路列写 KCL 及 KVL 方程，并通过数学整理，将互感电路等效为无互感电路。

1）互感线圈串联电路。当两个线圈串联连接时，由于同名端的不同，有两种连接方式：顺串和逆串。图 6-7 中，图 6-7a 所示为顺串，图 6-7b 所示为逆串。

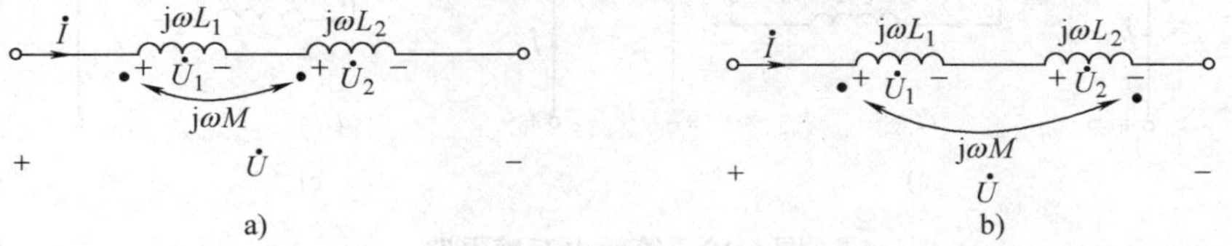

图 6-7　串联

图 6-7a 的电压与电流的关系为

$$\begin{aligned}\dot{U}=\dot{U}_1+\dot{U}_2&=j\omega L_1\dot{I}+j\omega M\dot{I}+j\omega L_2\dot{I}+j\omega M\dot{I}\\&=j\omega(L_1+M)\dot{I}+j\omega(L_2+M)\dot{I}\end{aligned}$$

其去互感后的等效电路如图 6-8a 所示。

图 6-7b 的电压由于电流的关系为

$$\begin{aligned}\dot{U}=\dot{U}_1+\dot{U}_2&=j\omega L_1\dot{I}-j\omega M\dot{I}+j\omega L_2\dot{I}-j\omega M\dot{I}\\&=j\omega(L_1-M)\dot{I}+j\omega(L_2-M)\dot{I}\end{aligned}$$

其去互感后的等效电路如图 6-8b 所示。

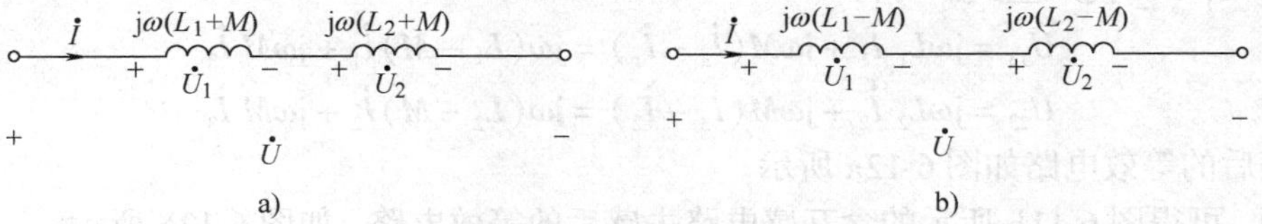

图 6-8　去互感等效电路

2）互感线圈并联电路。图 6-9 所示为互感线圈并联电路。

对于图 6-9a 所示电路，其 KCL、KVL 相量方程为

$$\dot{U}=j\omega L_1\dot{I}_1+j\omega M\dot{I}_2 \tag{6-30}$$

$$\dot{U}=j\omega L_2\dot{I}_2+j\omega M\dot{I}_1 \tag{6-31}$$

$$\dot{I}=\dot{I}_1+\dot{I}_2 \tag{6-32}$$

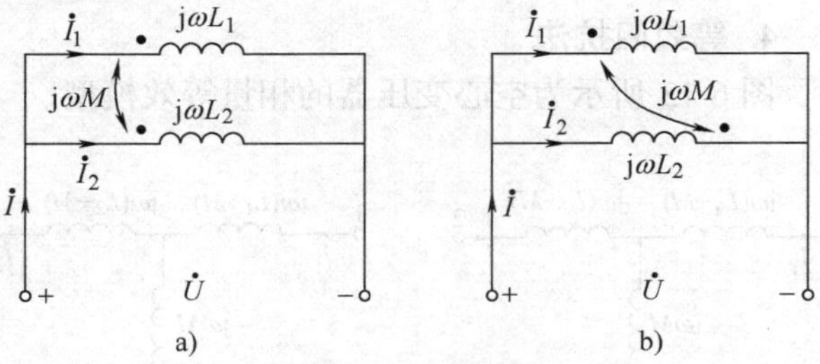

图 6-9　互感线圈并联电路

整理得：

$$\begin{aligned}\dot{U}&=j\omega L_1\dot{I}_1+j\omega M(\dot{I}-\dot{I}_1)\\&=j\omega M\dot{I}+j\omega(L_1-M)\dot{I}_1\end{aligned} \tag{6-33}$$

$$\dot{U}=j\omega L_1\dot{I}_2+j\omega M(\dot{I}-\dot{I}_2)=j\omega M\dot{I}+j\omega(L_2-M)\dot{I}_2 \tag{6-34}$$

其等效去互感电路如图 6-10a 所示。

同理，可得图 6-9b 所示去互感后电路的方程为

$$\dot{U}=\mathrm{j}\omega L_1\dot{I}_1-\mathrm{j}\omega M(\dot{I}-\dot{I}_1)=-\mathrm{j}\omega M\dot{I}+\mathrm{j}\omega(L_1+M)\dot{I}_1 \tag{6-35}$$

$$\dot{U}=\mathrm{j}\omega L_1\dot{I}_2-\mathrm{j}\omega M(\dot{I}-\dot{I}_2)=-\mathrm{j}\omega M\dot{I}+\mathrm{j}\omega(L_2+M)\dot{I}_2 \tag{6-36}$$

其等效去互感电路如图 6-10b 所示。

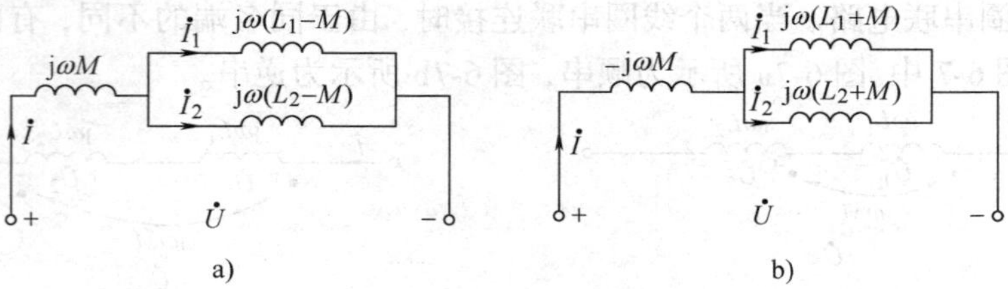

图 6-10 等效去互感电路

3）一般连接。图 6-11 所示具有互感的三端电路，是电路中的一部分。图 6-11a 是同名端连接在一个节点上，而图 6-11b 是异名端连接在一个节点上。

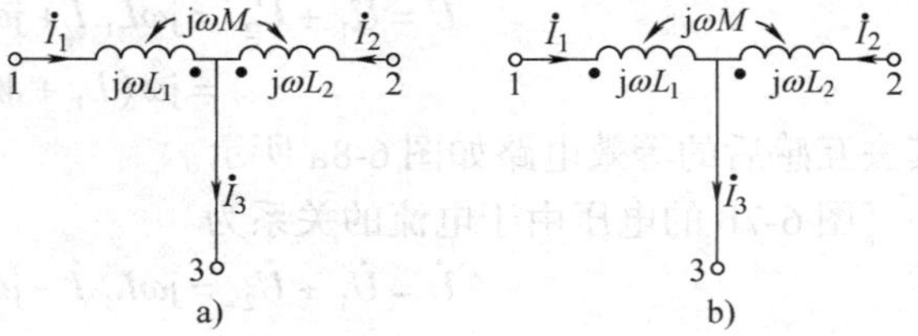

图 6-11 具有互感的三端电路

各支路电流和端电压参考方向如图 6-11a 所示，用支路电流法分别列写出左右两个回路的电压方程为

$$\begin{cases}\dot{U}_{13}=\mathrm{j}\omega L_1\dot{I}_1+\mathrm{j}\omega M\dot{I}_2\\ \dot{U}_{23}=\mathrm{j}\omega L_2\dot{I}_2+\mathrm{j}\omega M\dot{I}_1\end{cases}$$

将$\dot{I}_3=\dot{I}_1+\dot{I}_2$ 代入上式。可得

$$\dot{U}_{13}=\mathrm{j}\omega L_1\dot{I}_1+\mathrm{j}\omega M(\dot{I}_3-\dot{I}_1)=\mathrm{j}\omega(L_1-M)\dot{I}_1+\mathrm{j}\omega M\dot{I}_3$$

$$\dot{U}_{23}=\mathrm{j}\omega L_2\dot{I}_2+\mathrm{j}\omega M(\dot{I}_3-\dot{I}_2)=\mathrm{j}\omega(L_2-M)\dot{I}_2+\mathrm{j}\omega M\dot{I}_3$$

其去互感后的等效电路如图 6-12a 所示。

同理，可得图 6-11b 所示的含互感电路去感后的等效电路，如图 6-12b 所示。

互感化除法一般应用于简单的含互感电路，如果互感元件较多，各元件间的磁耦合现象较复杂，用此办法并不理想。另外，在应用此法时还一定要注意各支路电流的方向，不可完全照搬。

4. 等效阻抗法

图 6-13 所示为空心变压器的相量等效模型。

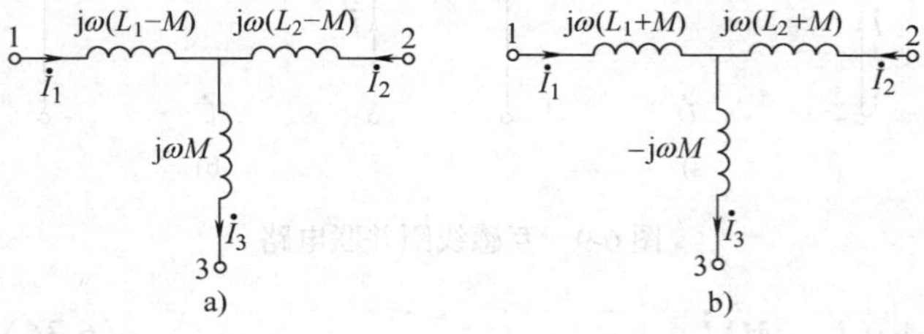

图 6-12 去互感后的等效电路

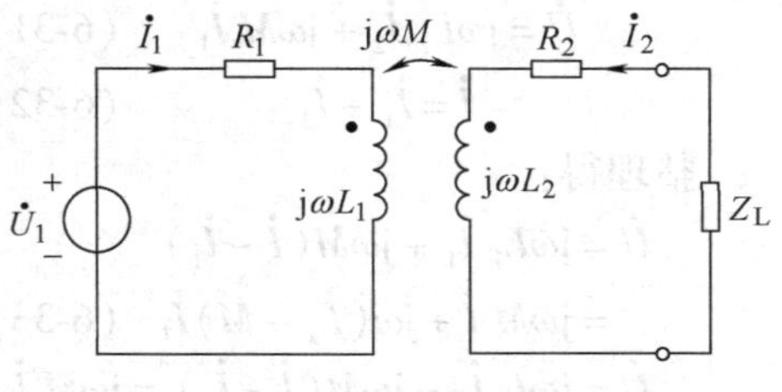

图 6-13 空心变压器的相量等效模型

按图6-13中标示的电压和电流参考方向，列写出一次侧和二次侧电路的电压方程为

$$(R_1+\mathrm{j}\omega L_1)\dot{I}_1+\mathrm{j}\omega M\dot{I}_2=\dot{U}_1 \tag{6-37}$$

$$+\mathrm{j}\omega M\dot{I}_1+(Z_L+R_2+\mathrm{j}\omega L_2)\dot{I}_2=0 \tag{6-38}$$

令一次侧回路阻抗 $Z_{11}=R+\mathrm{j}\omega L_1$，二次侧回路阻抗 $Z_{22}=Z_L+R_2+\mathrm{j}\omega L_2$，一、二次侧回路互阻抗 $Z_M=\mathrm{j}\omega M$，如果$\dot{I}_1$ 和$\dot{I}_2$ 同时流入同名端取“+”号，同时流入异名端取“-”号。整理可得$\dot{I}_1$ 和$\dot{I}_2$ 电流

$$\dot{I}_1=\frac{Z_{22}}{Z_{11}Z_{22}-Z_M^{\ 2}}\dot{U}_1=\frac{Z_{22}}{Z_{11}Z_{22}+(\omega M)^2}\dot{U}_1 \tag{6-39}$$

$$\dot{I}_2=\frac{-Z_M}{Z_{11}Z_{22}-Z_M^{\ 2}}\dot{U}_1=\frac{-\mathrm{j}\omega M}{Z_{11}Z_{22}+(\omega M)^2}\dot{U}_1 \tag{6-40}$$

注意：**以上计算都是按照一、二次电流都流入同名端，如果是流入异名端，则 $\dot{I}_2$ 的符号要改变。**

从输入回路看，由式(6-39)可得一次侧回路的输入阻抗为

$$Z_i=\frac{\dot{U}_1}{\dot{I}_1}=Z_{11}-\frac{Z_M^2}{Z_{22}}=Z_{11}+\frac{(\omega M)^2}{Z_{22}}=Z_{11}+\frac{(\omega M)^2}{R_2+\mathrm{j}\omega L_2+Z_L} \tag{6-41}$$

令

$$Z_{r12}=\frac{(\omega M)^2}{R_2+\mathrm{j}\omega L_2+Z_L} \tag{6-42}$$

称 Z_{r12}为反映阻抗，**与同名端无关。**

其一次侧回路等效电路如图6-14所示。

分析二次侧回路，利用戴维南定理求得二次侧回路等效电路如图6-15所示。

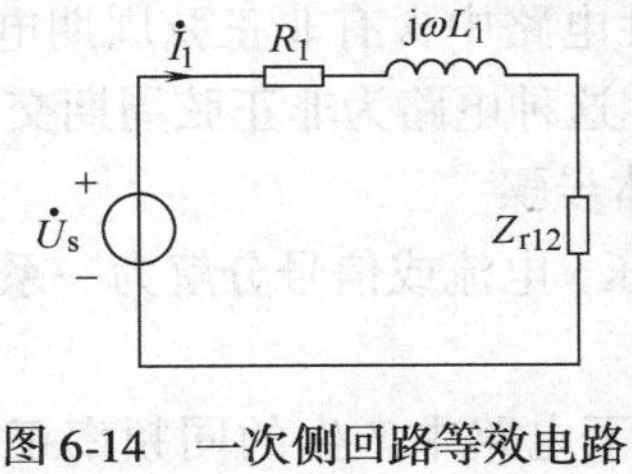

图6-14　一次侧回路等效电路

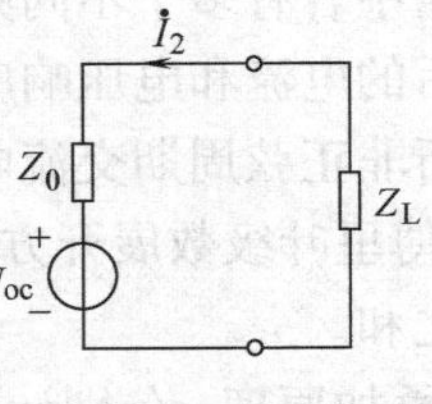

图6-15　二次侧回路等效电路

$\dot{U}_{oc}$为二次侧开路电压即二次绕组感应电压，**其正极性与同名端取同一端。**

$$\dot{U}_{oc}=\mathrm{j}\omega M\dot{I}_1=\frac{\mathrm{j}\omega M\dot{U}_1}{R_1+\mathrm{j}\omega L_1}$$

二次侧等效回路中阻抗 Z_0 等于开路电压$\dot{U}_{oc}$除以短路电流$\dot{I}_{2c}$。由于二次侧短路时 $Z_L=0$，因此

$$\dot{I}_{2c}=\frac{-\mathrm{j}\omega M}{Z_{11}(R_2+\mathrm{j}\omega L_2)+(\omega M)^2}\dot{U}_1$$

那么

$$Z_0=\frac{\dot{U}_{oc}}{-\dot{I}_{2c}}=\frac{\mathrm{j}\omega M\dot{U}_1}{R_1+\mathrm{j}\omega L_1}\cdot\frac{Z_{11}(R_2+\mathrm{j}\omega L_2)+(\omega M)^2}{\mathrm{j}\omega M\dot{U}_1}$$

$$= R_2 + \frac{R_1(\omega M)^2}{R_1^2 + (\omega L_1)^2} + \mathrm{j}\left[\omega L_2 - \frac{\omega^3 M^2 L_1}{R_1^2 + (\omega L_1)^2}\right]$$

令

$$R_0 = R_2 + \frac{R_1(\omega M)^2}{R_1^2 + (\omega L_1)^2}$$

$$X_0 = \omega L_2 - \frac{(\omega M)^2(\omega L_1)}{R_1^2 + (\omega L_1)^2}$$

如果要使负载获得最大功率，根据最大功率传输定理，当 $Z_L = Z_0^*$ 时，可获得最大功率为

$$P_{\max} = \frac{U_{oc}^2}{4R_0}$$

注意：**上面计算中 R_0、X_0 与电流 $\dot{I}_1$ 和 $\dot{I}_2$ 是否同时流入同名端无关，读者可以自己推导。**

6.5 非正弦周期信号的傅里叶分解

1. 非正弦周期交流信号

(1) 非正弦周期函数的特点

1) 不是正弦波。

2) 按周期规律变化 $f(t) = f(t + kT)$　　$(k = 0, \pm 1, \pm 2, \cdots)$。

(2) 非正弦周期交流电路的定义

线性电路中若有多个不同频率的正弦电源，或者线性电路中含有非正弦周期电源，则电路进入稳态后的电流和电压响应将是非正弦周期函数，称这种电路为非正弦周期交流电路。

(3) 分析非正弦周期交流电路常用谐波分析法的具体步骤

1) 应用傅里叶级数展开方法，将非正弦周期激励电压、电流或信号分解为一系列不同频率的正弦量之和。

2) 根据叠加原理，分别计算在各个正弦量单独作用下电路中产生的同频率正弦电流分量和电压分量。

3) 把所得分量按时域形式叠加。

2. 周期函数的傅里叶级数展开式

(1) 傅里叶级数的定义

对于周期函数 $f(t) = f(t + kT)$，式中 T 为周期函数 $f(t)$ 的周期，$k = 0, 1, 2, \cdots$，如果 $f(t)$ 满足狄氏条件(在一周期内绝对可积、在一周期内只有有限个极大值和极小值、在一周期内只有有限个不连续点)，它就能展开成一个收敛的傅里叶级数。电路中的非正弦周期量都能满足这个条件。

(2) 傅里叶级数的两种形式

1) 第一种形式

$$f(t) = a_0 + \sum_{k=1}^{\infty}[a_k\cos(k\omega_1 t) + b_k\sin(k\omega_1 t)]$$

系数的计算公式

$$a_0 = \frac{1}{T}\int_0^T f(t)\,\mathrm{d}t = \frac{1}{T}\int_{-\frac{T}{2}}^{\frac{T}{2}} f(t)\,\mathrm{d}t$$

$$a_k = \frac{2}{T}\int_0^T f(t)\cos(k\omega_1 t)\,\mathrm{d}t = \frac{2}{T}\int_{-\frac{T}{2}}^{\frac{T}{2}} f(t)\cos(k\omega_1 t)\,\mathrm{d}t = \frac{1}{\pi}\int_0^{2\pi} f(t)\cos(k\omega_1 t)\,\mathrm{d}(\omega_1 t)$$

$$= \frac{1}{\pi}\int_{-\pi}^{\pi} f(t)\cos(k\omega_1 t)\,\mathrm{d}(\omega_1 t)$$

$$b_k = \frac{2}{T}\int_0^T f(t)\sin(k\omega_1 t)\,\mathrm{d}t = \frac{2}{T}\int_{-\frac{T}{2}}^{\frac{T}{2}} f(t)\sin(k\omega_1 t)\,\mathrm{d}t = \frac{1}{\pi}\int_0^{2\pi} f(t)\sin(k\omega_1 t)\,\mathrm{d}(\omega_1 t)$$

$$= \frac{1}{\pi}\int_{-\pi}^{\pi} f(t)\sin(k\omega_1 t)\,\mathrm{d}(\omega_1 t)$$

2）第二种形式

$$f(t) = A_0 + \sum_{k=1}^{\infty} A_k\cos(k\omega_1 t + \theta_k) \tag{6-43}$$

式中，A_0为 $f(t)$的恒定分量(平均值)；$A_1\cos(\omega_1 t + \theta_1)$为 $f(t)$的基波分量，$\omega_1 = 2\pi/T$ 基波频率与$f(t)$ 的频率相同；其他各项统称为高次谐波，即 2 次、3 次、4 次、…、k 次；A_k 是为$f(t)$的 k 次谐波的振幅，θ_k 是 k 次谐波的初相位，k 次谐波的频率是基波频率的 k 倍。

3）两种形式系数之间的关系如下：

第一种形式

$$f(t) = a_0 + \sum_{k=1}^{\infty}[a_k\cos(k\omega_1 t) + b_k\sin(k\omega_1 t)]$$

第二种形式

$$f(t) = A_0 + \sum_{k=1}^{\infty} A_{km}\cos(k\omega_1 t + \psi_k)$$

式中

$$A_0 = a_0 \qquad A_{km} = \sqrt{a_k^2 + b_k^2}$$

$$a_k = A_{km}\cos\psi_k \qquad b_k = -A_{km}\sin\psi_k$$

$$\psi_k = \arctan\left(\frac{-b_k}{a_k}\right)$$

3. 傅里叶分解式的数学、电气意义

图 6-16 所示为傅里叶分解式的数学和电气对应关系图，分解后的电源相当于无限个电压源串联，电路分析应用的方法是叠加原理。

4. $f(t)$的频谱

1）幅度频谱。把各次谐波的振幅用相应线段依次排列，称为傅里叶级数的幅度频谱，如图 6-17 所示。

2）相位频谱。把各次谐波的初相位用相应线段依次排列，称为傅里叶级数的相位频谱。

频谱与非正弦周期信号特征的关系：波形越接近正弦波，谐波成分越少；波形突变点越小，频谱变化越大。

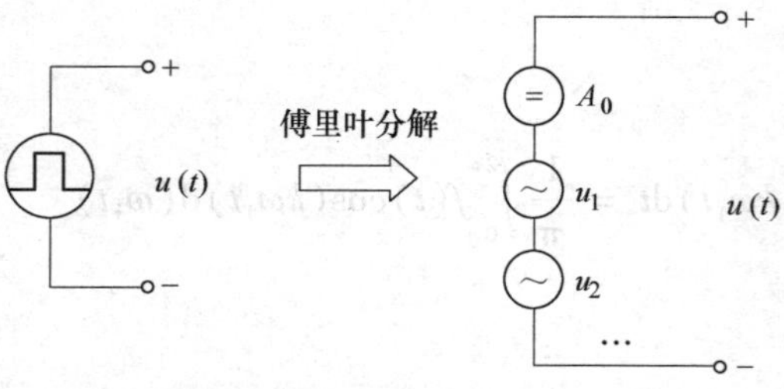

图 6-16 傅里叶分解式的数学和电气对应关系图

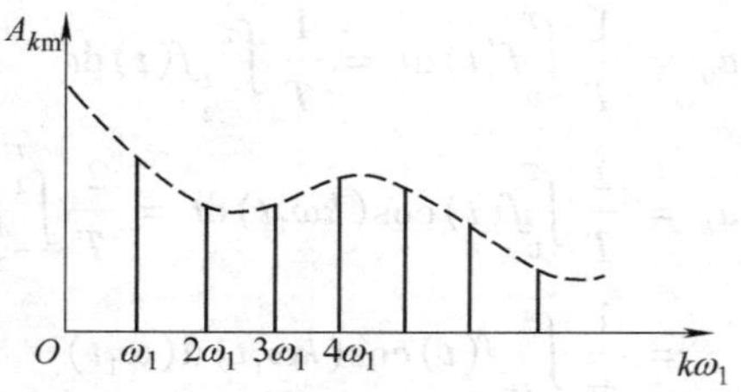

图 6-17 傅里叶级数的幅度频谱

6.6 非正弦周期信号的有效值

1. 非正弦周期电流和电压的有效值

(1) 有效值的定义

周期为 T 的非正弦周期电流 $i(t)$ 的有效值为

$$I=\sqrt{\frac{1}{T}\int_0^T i^2(t)\,\mathrm{d}t} \tag{6-44}$$

$$I=\sqrt{I_0^2+I_1^2+I_2^2+\cdots I_L^2} \tag{6-45}$$

非正弦周期电流的有效值等于恒定分量的二次方与各次谐波有效值的二次方之和的二次方根。此结论可推广用于其他非正弦周期量。因此，同样可推得

$$U=\sqrt{U_0^2+U_1^2+U_2^2+\cdots+U_L^2} \tag{6-46}$$

(2) 非正弦周期量的平均值

平均值的定义

$$I_{\mathrm{av}}=\frac{1}{T}\int_0^T |\,i\,|\,\mathrm{d}t$$

非正弦周期电流平均值等于此电流绝对值的平均值。其值为

$$I_{\mathrm{av}}=\frac{1}{T}\int_0^T |\,I_{\mathrm{m}}\cos\omega t\,|\,\mathrm{d}t=2I_{\mathrm{m}}/\pi=0.637I_{\mathrm{m}}=0.898I$$

它相当于正弦周期电流经全波整流后的平均值，如图 6-18 所示，这是因为取电流的绝对值相当于把负半周的各个值变为对应的正值。

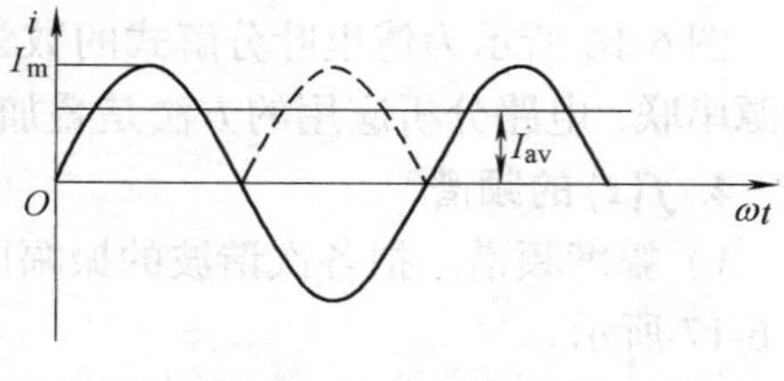

图 6-18 非正弦周期电流的平均值

(3) 不同的测量结果

对于同一非正弦周期电流，用不同类型的仪表进行测量时，会有不同的结果。

1) 用磁电系仪表(直流仪表)测量，所得结果将是电流的恒定分量。

2) 用电磁系或电动系仪表测量时，所得结果将是电流的有效值。

3）用全波整流磁电系仪表测量时，所得结果将是电流的平均值。

由此可见，在测量非正弦周期电流和电压时，要注意选择合适的仪表，并注意不同类型仪表的读数所代表的含意。

2. 非正弦周期交流电路的平均功率

图 6-19 所示为一端口网络，设非正弦周期交流电路中某一端口网络的端电流和端电压表达式为

$$i(t) = I_0 + \sum_{k=1}^{L} \sqrt{2} I_k \cos(a_k \omega t + \theta_{ik})$$

$$u(t) = U_0 + \sum_{k=1}^{L} \sqrt{2} U_k \cos(a_k \omega t + \theta_{uk})$$

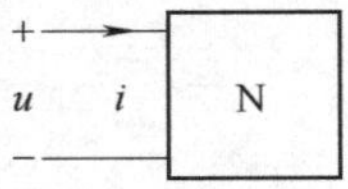

图 6-19　一端口网络

平均功率等于直流分量构成的功率和各次谐波分量构成的平均功率之和。即

$$P = U_0 I_0 + \sum_{k=1}^{L} U_k I_k \cos\varphi_k = P_0 + P_2 + P_2 + \cdots + P_L \tag{6-47}$$

只有同频率的正弦谐波电压和电流才能构成平均功率。

6.7　含有非正弦周期信号电路的分析

1. 非正弦周期交流电路的分析计算一般步骤

1）将电路中的激励展开成傅里叶级数表达式，也就相当于在电路输入端施加多个等效电压源串联。

2）根据 6.5 节中的讨论，将激励分解为直流和一系列正弦谐波时，一般计算至 3～5 次谐波即可。

3）对各次谐波单独作用时的响应分别进行求解。

4）求解出的响应均用解析式进行表示。

5）由于电路是线性的，根据叠加原理，将电路响应中的各次谐波分量进行叠加后即为待求响应。

2. 在分析计算含有非正弦周期信号电路时应注意的问题

1）求各单一频率稳态响应时，可分别采用相量法。

2）直流电源作用时，电感 L 短接，电容 C 开路。

3）不同频率电源作用时，电感和电容的阻抗是不同的，在 k 次谐波激励时，感抗为 $X_{Lk} = k\omega_1 L$，容抗为 $X_{Ck} = 1/k\omega_1 C$，感纳为 $B_{Lk} = 1/k\omega_1 L$，容纳为 $B_{Ck} = k\omega_1 C$。

4）用相量分析法计算出来的各次谐波分量是不能直接进行叠加的，必须根据相量与正弦量的对应关系表示成正弦量的解析式后再进行叠加。

5）不同频率的各次谐波响应是不能画在同一个相量图上，也不能出现在同一个相量表达式中。

6）不同频率正弦量的相量求和是无意义的，叠加只能对瞬时表达式进行。

本章习题及其解答

6-1　写出图 6-20 所示各电路发生谐振时的频率表达式。

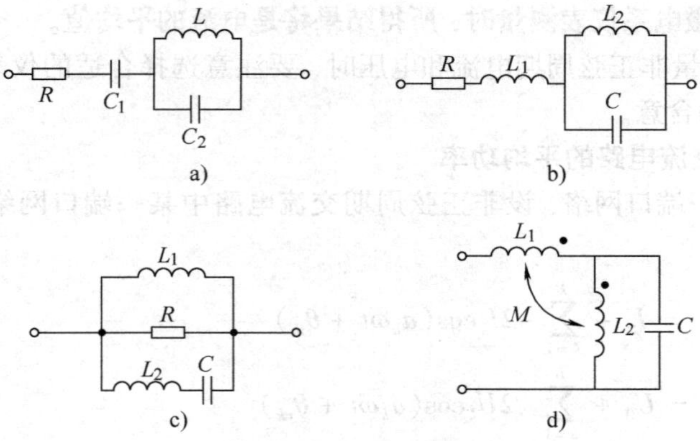

图 6-20　题 6-1 图

解： 写出图 6-20a ~ d 的复阻抗表达式，当虚部的分子为零时发生串联谐振，分母为零时发生并联谐振。

（1）图 6-20a 中

$$Z = R + \frac{1}{j\omega C_1} + \frac{\frac{1}{j\omega C_2} j\omega L}{\frac{1}{j\omega C_2} + j\omega L} = R + j\left(\frac{\omega L}{1 - \omega^2 C_2 L} - \frac{1}{\omega C_1}\right)$$

$$= R + j\frac{\omega^2 L(C_1 + C_2) - 1}{\omega C_1(1 - \omega^2 C_2 L)}$$

所以当 $\omega_0 = \dfrac{1}{\sqrt{L(C_1 + C_2)}}$ 时发生串联谐振，当 $\omega_0 = \dfrac{1}{\sqrt{LC_2}}$ 时，发生并联谐振。

（2）图 6-20b 中

$$Z = R + j\omega L_1 + \frac{\frac{1}{j\omega C} j\omega L_2}{\frac{1}{j\omega C} + j\omega L_2} = R + j\left(\omega L_1 + \frac{\omega L_2}{1 - \omega^2 CL_2}\right)$$

$$= R + j\omega \frac{L_1 + L_2 - \omega^2 L_1 L_2 C}{1 - \omega^2 CL_2}$$

所以，当 $\omega_0 = \dfrac{1}{\sqrt{\dfrac{L_2 + L_1}{L_1 L_2} C}} = \sqrt{\dfrac{L_1 L_2}{L_1 + L_2}} C$ 时发生串联谐振，当 $\omega_0 = \dfrac{1}{\sqrt{LC_2}}$ 时发生并联谐振。

（3）图 6-20c 中，其导纳的表达式为

$$G = \frac{1}{R} + \frac{1}{j\omega L_1} + \frac{1}{j\omega L_2 + \frac{1}{j\omega C}} = \frac{1}{R} + j\left(\frac{\omega C}{1 - \omega^2 L_2 C} - \frac{1}{\omega L_1}\right)$$

$$=\frac{1}{R}+\mathrm{j}\frac{\omega^2 CL_1-1+\omega^2 L_2 C}{\omega L_1(1-\omega^2 L_2 C)}$$

所以，当分母为零即 $\omega_0=\dfrac{1}{\sqrt{L_2 C}}$ 时发生串联谐振，分子为零即 $\omega_0=\dfrac{1}{\sqrt{C(L_1+L_2)}}$ 时发生并联谐振。

（4）图6-20d中，根据消除互感法得到去耦合电路，如图6-21所示。其等效阻抗为

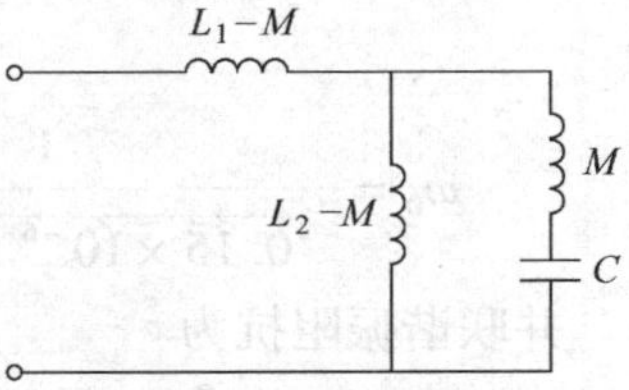

图6-21　去耦电路

$$Z=\mathrm{j}\omega(L_1-M)+\frac{\mathrm{j}\omega(L_2-M)\left(\mathrm{j}\omega M+\dfrac{1}{\mathrm{j}\omega C}\right)}{\mathrm{j}\omega(L_2-M)+\mathrm{j}\omega M+\dfrac{1}{\mathrm{j}\omega C}}$$

$$=\mathrm{j}\omega\left[L_1-M+\frac{(L_2-M)(1-\omega^2 MC)}{1-\omega^2 CL_2}\right]$$

$$=\mathrm{j}\omega\frac{(L_1+L_2-2M)-\omega^2 C(L_1L_2-M^2)}{1-\omega^2 CL_2}$$

所以，当 $\omega_0=\dfrac{\sqrt{L_1+L_2-2M}}{\sqrt{C(L_1L_2-M^2)}}$ 时发生串联谐振，当 $\omega_0=\dfrac{1}{\sqrt{CL_2}}$ 时发生并联谐振。

6-2　图6-22所示电路中，已知：电源电压 $U=10\mathrm{V}$，角频率 $\omega=3000\mathrm{rad/s}$。调节电容 C 使电路达到谐振，谐振电流 $I_0=100\mathrm{mA}$，谐振电容电压 $U_{C0}=200\mathrm{V}$。试求 R、L、C 之值及回路的品质因数 Q 和特征阻抗 ρ。

解： 串联谐振时，电源电压全部加压电阻两端，所以

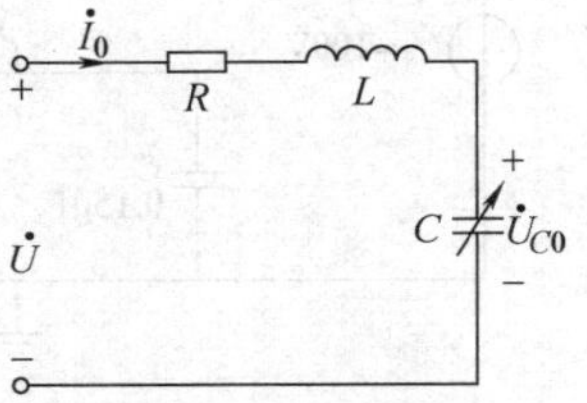

图6-22　题6-2图

$$R=\frac{U}{I_0}=\frac{10}{100\times10^{-3}}\ \Omega=100\Omega$$

$$X_{0L}=\omega_0 L=\frac{U_{C0}}{I_0}=\frac{U_{C0}}{I_0}=\frac{200}{100\times10^{-3}}\ \Omega=2000\Omega$$

$$L=\frac{X_{0L}}{\omega_0}=\frac{2000}{3000}\ \mathrm{H}=\frac{2}{3}\ \mathrm{H}=0.67\mathrm{H}$$

$$X_{0C}=\frac{1}{\omega_0 C}=\frac{U_{C0}}{I_0}=\frac{200}{100\times10^{-3}}\ \Omega=2000\Omega$$

$$C=\frac{1}{X_{0C}\omega_0}=\frac{1}{2000\times3000}\ \mathrm{F}=\frac{1}{6}\times10^{-6}\mathrm{F}=1.67\times10^{-7}\mathrm{F}$$

特征阻抗

$$\rho=\sqrt{\frac{L}{C}}=\omega_0 L=2000\Omega$$

品质因数

$$Q=\frac{U_{L0}}{U}=\frac{200}{10}=20$$

6-3 计算图 6-23 所示电路的最大输出电压 U_o。

解：要使 $\dot{U}_o$ 为最大值，其电路中 C 与 L_2 及 R_{W2} 构成的电路发生并联谐振，这时的等效阻抗最大。首先计算出谐振频率，根据公式

$$\omega_0 = \frac{1}{\sqrt{LC}}\sqrt{1 - \frac{CR^2}{L^2}}$$

得

$$\omega_0 = \frac{1}{\sqrt{0.15 \times 10^{-6} \times 25 \times 10^{-3}}}\sqrt{1 - \frac{0.15 \times 10^{-6} \times 4^2}{(25 \times 10^{-3})^2}}\ \text{rad/s} = 1.63 \times 10^4\ \text{rad/s}$$

并联谐振阻抗为

$$Z_0 = \frac{R_{W2}^2 + (\omega_0 L_2)^2}{R_{W2}} = \frac{4^2 + (1.63 \times 10^4 \times 25 \times 10^{-3})^2}{4}\ \Omega = 41518.06\Omega$$

输出电压为

$$\dot{U}_o = \frac{R_{W1} + j\omega_0 L_1 + Z_0}{R + R_{W1} + j\omega_0 L_1 + Z_0}\dot{U}_s = \frac{2 + j1.63 \times 10^4 \times 10 \times 10^{-3} + 41518.06}{860 + 2 + j1.63 \times 10^4 \times 10 \times 10^{-3} + 41518.06} \times 100\angle 0^\circ\ \text{V}$$

$$\approx 97.97\angle 0^\circ\ \text{V}$$

6-4 图 6-24 所示电路中，电流表 A_1 的读数为 0。已知 $U = 220\text{V}$，$R_1 = 50\Omega$，$L_1 = 0.2\text{H}$，$C_1 = 10\mu\text{F}$，$L_2 = 0.1\text{H}$，$C_2 = 5\mu\text{F}$，$R_2 = 50\Omega$，求电流表 A_2 的读数。

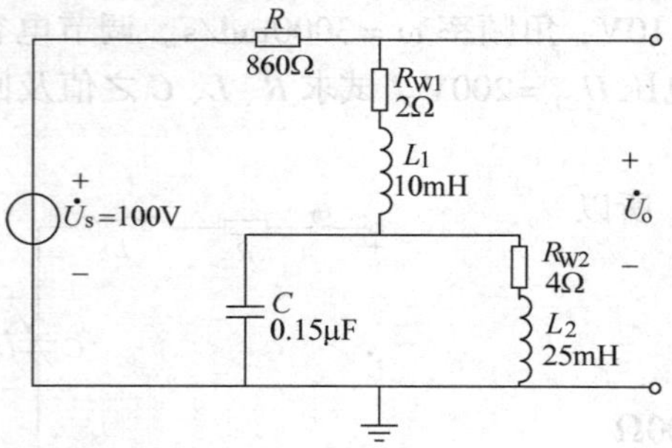

图 6-23 题 6-3 图

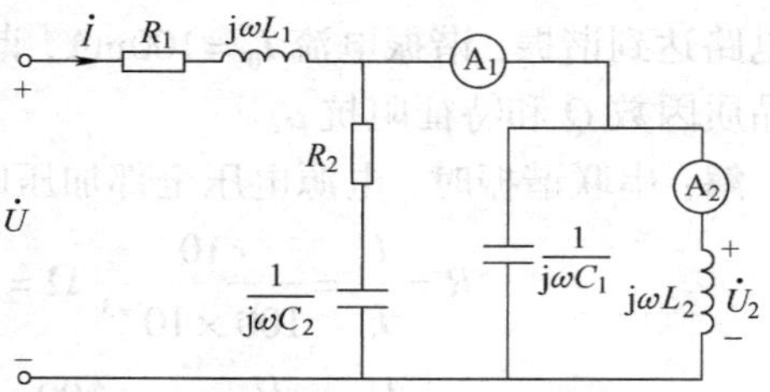

图 6-24 题 6-4 图

解：从表 A_1 示数为 0 可以得知 C_1 和 L_2 发生并联谐振，其谐振角频率为

$$\omega_0 = \frac{1}{\sqrt{C_1 L_2}} = \frac{1}{\sqrt{10 \times 10^{-6} \times 0.1}}\ \text{rad/s} = 1000\text{rad/s}$$

此时加在电感 L_2 两端的电压 $\dot{U}_2$ 就是 R_2 与 C_2 串联支路两端的电压

$$\dot{U}_2 = \frac{R_2 + \dfrac{1}{j\omega_0 C_2}}{R_1 + j\omega_0 L_1 + R_2 + \dfrac{1}{j\omega_0 C_2}}\dot{U} = \frac{50 - j\dfrac{1}{1000 \times 5 \times 10^{-6}}}{50 + j1000 \times 0.2 + 50 - j\dfrac{1}{1000 \times 5 \times 10^{-6}}} \times 220\angle 0^\circ\ \text{V}$$

$$= 110\sqrt{17}\angle -75.96^\circ\ \text{V}$$

$$\dot{I}_2=\frac{\dot{U}_2}{j\omega L_2}=\frac{110\sqrt{17}\angle -75.96^\circ}{j1000\times 0.1}\text{ A}=4.54\angle -165.96^\circ\text{ A}$$

所以，电流表 A_2 的读数为4.54A。

6-5　(难)图6-25所示正弦交流电路，已知 $\omega=100\text{rad/s}$，图中所示电流 $\dot{I}=0$。求 $\dot{I}_{L1}$、$\dot{I}_C$ 和 C 的值。

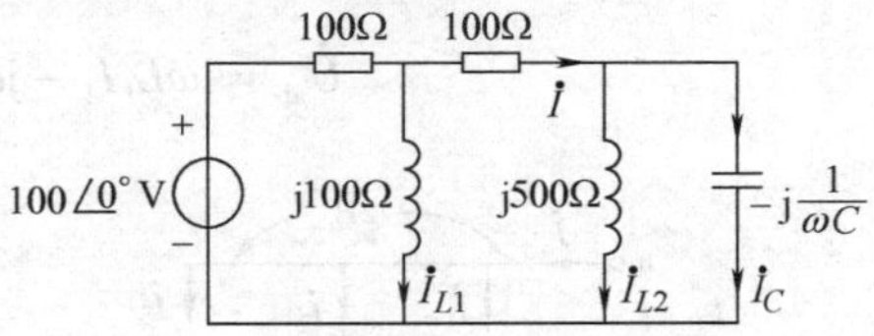

图6-25　题6-5图

解：$\dot{I}=0$ 意味着电感 j500 与电容 C 在 $\omega=100\text{rad/s}$ 时发生并联谐振，则有

$$\omega=\frac{1}{\sqrt{L_2C}}\qquad L_2=\frac{500}{100}\text{ H}=5\text{H}$$

所以

$$C=\frac{1}{\omega^2L_2}=\frac{1}{100^2\times 5}\text{ F}=0.2\times 10^{-4}\text{F}=20\mu\text{F}$$

电源电压全部加在100Ω电阻和电感 L_1 上，则有

$$\dot{I}_{L1}=\frac{\dot{U}_s}{100+j100}=\frac{100\angle 0^\circ}{100+j100}\text{ A}=\frac{\sqrt{2}}{2}\angle -45^\circ\text{ A}$$

电容两端的电压为

$$\dot{U}_C=\dot{U}_{L1}=\dot{I}_1\times j100=\frac{\sqrt{2}}{2}\angle -45^\circ\times j100\text{V}=50\sqrt{2}\angle 45^\circ\text{ V}$$

$$\dot{I}_C=\frac{\dot{U}_C}{-j\dfrac{1}{\omega C}}=\frac{50\sqrt{2}\angle 45^\circ}{-j500}\text{ A}=0.141\angle -135^\circ\text{ A}$$

6-6　在图6-26所示各正弦交流电路中，已知 $\omega=1\text{rad/s}$，试用互感电路列方程法和消互感法求电路的输入(复)阻抗 Z_{ab}。

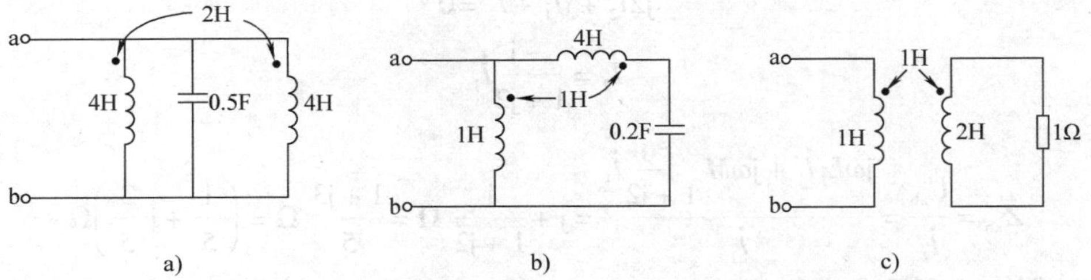

图6-26　题6-6图

解：(1) 设电流、电压如图6-27所示

$$\dot{U}_{ab}=j\omega L_1\dot{I}_1+j\omega M\dot{I}_3=j\omega L_3\dot{I}_3+j\omega M\dot{I}_1=-j\frac{1}{\omega C}\dot{I}_2$$

由 $\dot{I}=\dot{I}_1+\dot{I}_2+\dot{I}_3$，有

$$\dot{I}_1=\frac{j\omega L_3-j\omega M}{j\omega L_1-j\omega M}\dot{I}_3=\frac{L_3-M}{L_1-M}\dot{I}_3=\frac{4-2}{4-2}\dot{I}_3=\dot{I}_3$$

$$\dot{I}_2 = -\omega^2 C(L_3 + M)\dot{I}_1 = -1^2 \times 0.5 \times (4+2)\dot{I}_1 = -3\dot{I}_1$$

$$Z_{ab} = \frac{\dot{U}_{ab}}{\dot{I}} = \frac{\dot{U}_{ab}}{\dot{I}_1 - 3\dot{I}_1 + \dot{I}_1} = -\frac{\dot{U}_{ab}}{\dot{I}_1} = -j\omega(L_1 + M) = -j1 \times (4+2)\Omega = -j6\Omega$$

（2）设电流如图 6-28 所示，有

$$\dot{U}_{ab} = j\omega L_1\dot{I}_1 - j\omega M\dot{I}_2 = j\omega L_2\dot{I}_2 - j\omega M\dot{I}_1 - j\frac{1}{\omega C}\dot{I}_2$$

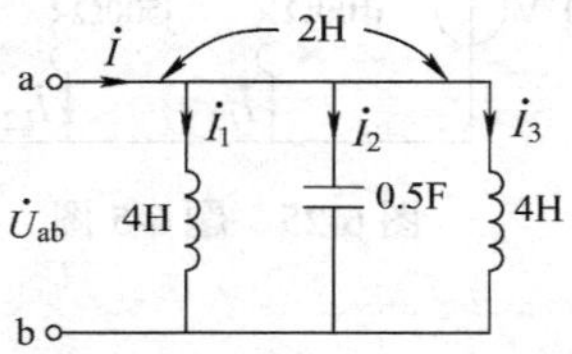

图 6-27　分析图解

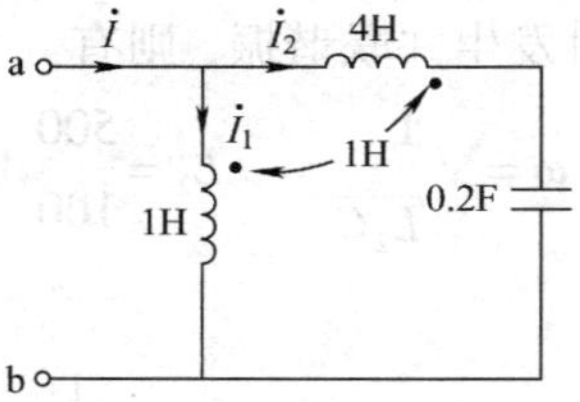

图 6-28　分析图解

由 $\dot{I} = \dot{I}_1 + \dot{I}_2$，有

$$\dot{I}_1 = \frac{\omega L_2 + \omega M - \frac{1}{\omega C}}{\omega L_1 + \omega M} \qquad \dot{I}_2 = \frac{1 \times 4 + 1 \times 1 - \frac{1}{1 \times 0.2}}{1 \times 1 + 1 \times 1} \qquad \dot{I}_2 = 0$$

$$Z_{ab} = \frac{\dot{U}_{ab}}{\dot{I}} = \frac{\dot{U}_{ab}}{\dot{I}_2} = \frac{j\omega L_2\dot{I}_2 - j\frac{1}{\omega C}\dot{I}_2}{\dot{I}_2} = j\omega L_2 - j\frac{1}{\omega C} = -j1\Omega$$

（3）设电流如图 6-29 所示，有

$$\begin{cases} \dot{U}_{ab} = j\omega L_1\dot{I}_1 + j\omega M\dot{I}_2 & ① \\ j\omega L_2\dot{I}_2 + j\omega M\dot{I}_1 + R\dot{I}_2 = 0 & ② \end{cases}$$

由式②代入数据得

$$j2\dot{I}_2 + j\dot{I}_1 + \dot{I}_2 = 0$$

$$\dot{I}_2 = \frac{-j}{1+j2}\dot{I}_1$$

$$Z_{ab} = \frac{\dot{U}_{ab}}{\dot{I}_1} = \frac{j\omega L_1\dot{I}_1 + j\omega M\frac{-j}{1+j2}\dot{I}_1}{\dot{I}_1} = j + \frac{1}{1+j2}\ \Omega = \frac{1+j3}{5}\ \Omega = \left(\frac{1}{5} + j\frac{3}{5}\right)\Omega$$

6-7　图 6-30 所示电路中，已知 $R_1 = R_2 = 1\Omega$，$\omega L_1 = 3\Omega$，$\omega L_2 = 2\Omega$，$\omega M = 2\Omega$，$U_1 = 100\text{V}$。试求开关 S 断开和闭合时的电流 $i_1(t)$。

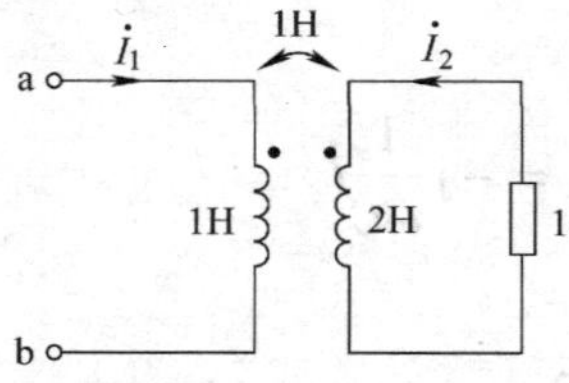

图 6-29　分析图解

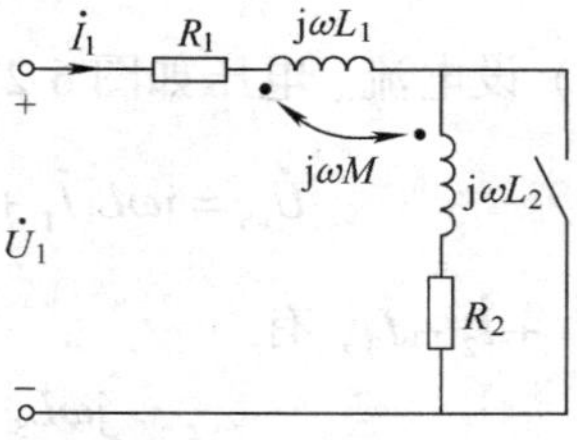

图 6-30　题 6-7 图

解：(1) 开关断开，电路如图 6-31 所示，电感为顺串，设 $\dot{U}_1 = 100\underline{/0°}$ V，有

$$\dot{I}_1 = \frac{\dot{U}_1}{R_1 + j\omega L_1 + j\omega L_2 + 2j\omega M + R_2} = \frac{100\underline{/0°}}{1 + j3 + j2 + j4 + 1}\ \text{A}$$
$$= 9.22\underline{/-77.47°}\ \text{A}$$

(2) 开关闭合，电路如图 6-32 所示。各支路电流如图所示，有

$$\begin{cases} \dot{U}_1 = R_1\dot{I}_1 + j\omega L_1\dot{I}_1 + j\omega M\dot{I}_2 \\ j\omega L_2\dot{I}_2 + j\omega M\dot{I}_1 + R_2\dot{I}_2 = 0 \end{cases}$$

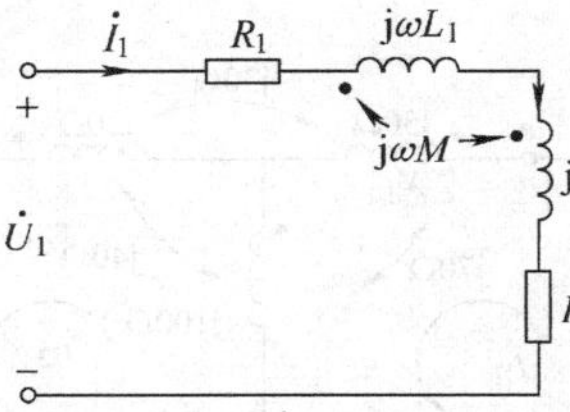

图 6-31　开关断开分析

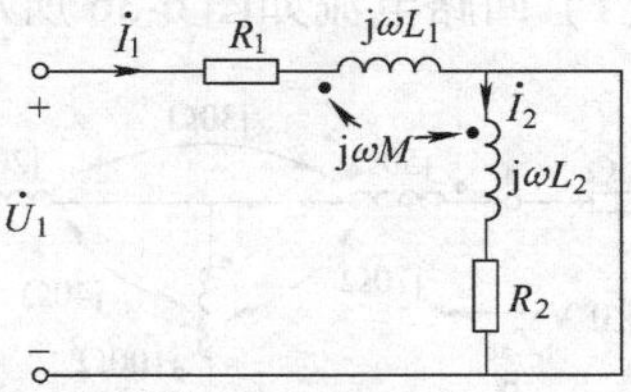

图 6-32　开关闭合分析

代入数据得

$$\begin{cases} 100\underline{/0°} = \dot{I}_1 + j3\dot{I}_1 + j2\dot{I}_2 \\ j2\dot{I}_2 + j2\dot{I}_1 + \dot{I}_2 = 0 \end{cases}$$

解得

$$\dot{I}_1 = 43.87\underline{/-37.87°}\ \text{A}$$

6-8　图 6-33 所示电路中，已知 $R_1 = R_2 = 100\Omega$，$L_1 = 3\text{H}$，$L_2 = 10\text{H}$，$M = 5\text{H}$，$U_1 = 220\text{V}$，$\omega = 100\text{rad/s}$。试求：

(1) 两个线圈端电压；

(2) 画出该电路的去耦等效电路；

(3) 电路中串多大的电容可使 $\dot{U}$、$\dot{I}$ 同相。

解：(1) 由图 6-33 得知

$$\dot{I} = \frac{\dot{U}_1}{R_1 + j\omega L_1 + j\omega L_2 - 2j\omega M + R_2} = \frac{220\underline{/0°}}{100 + j100\times3 + j100\times10 - 2j100\times5 + 100}\ \text{A}$$
$$= 0.61\underline{/-56.31°}\ \text{A}$$

电感 L_1 两端电压

$$\dot{U}_{L1} = j\omega(L_1 - M)\dot{I}_1 = j100\times(3-5)\times0.61\underline{/-56.31°}\ \text{V} = 122\underline{/-146.31°}\ \text{V}$$
$$\dot{U}_{L2} = j\omega(L_2 - M)\dot{I}_1 = j100\times(10-5)\times0.61\underline{/-56.31°}\ \text{V} = 305\underline{/33.69°}\ \text{V}$$

(2) 去耦等效电路如图 6-34 所示。

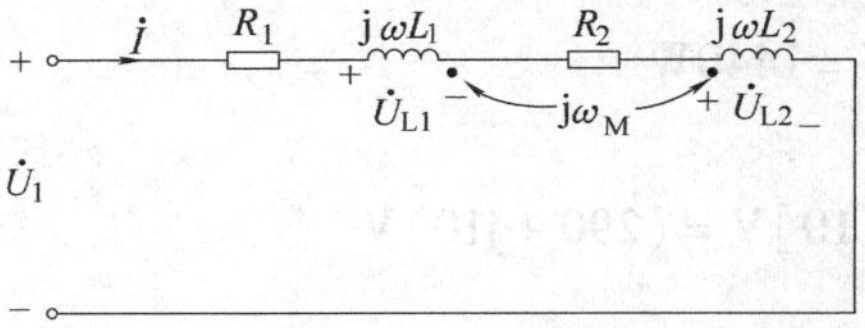

图 6-33　题 6-8 图

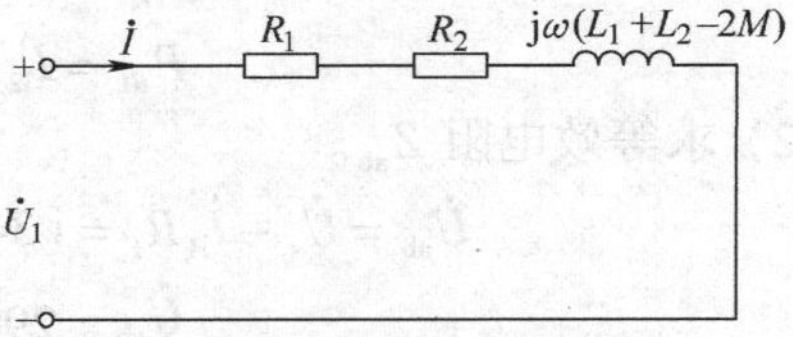

图 6-34　去耦电路

(3) 去耦后的等效电感

$$L = L_1 + L_2 - 2M = (3 + 10 - 2 \times 5)\,\mathrm{H} = 3\mathrm{H}$$

只有当 $\omega L = \dfrac{1}{\omega C}$ 时电压 $\dot{U}$ 与电流 $\dot{I}$ 同相，解得电容

$$C = \frac{1}{\omega^2 L} = \frac{1}{100^2 \times 3}\,\mathrm{F} = \frac{1}{3} \times 10^{-4}\mathrm{F}$$

6-9 在图 6-35 所示电路中，试求：(1) 40Ω 电阻获得的有功功率；(2) 等效电阻 Z_{ab}。

解：(1) 回路电流如图 6-36 所示。

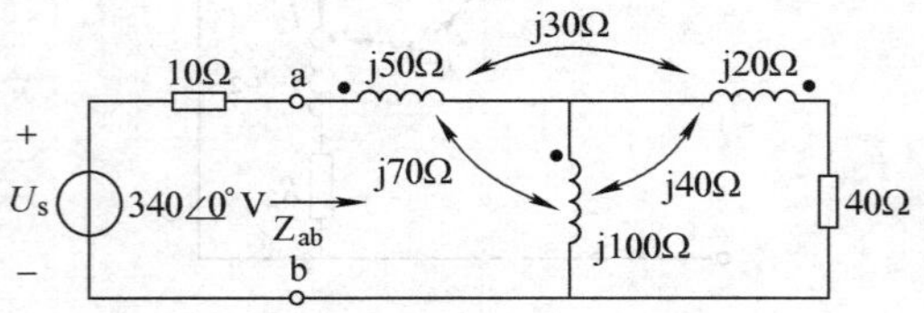

图 6-35 题 6-9 图

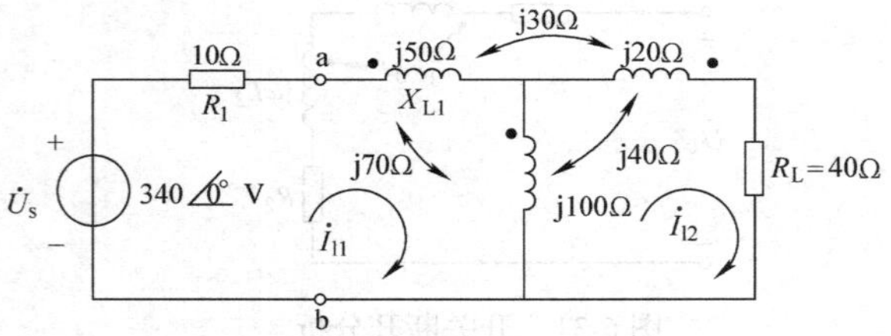

图 6-36 回路电流分析

画出受控源等效电路，如图 6-37 所示。

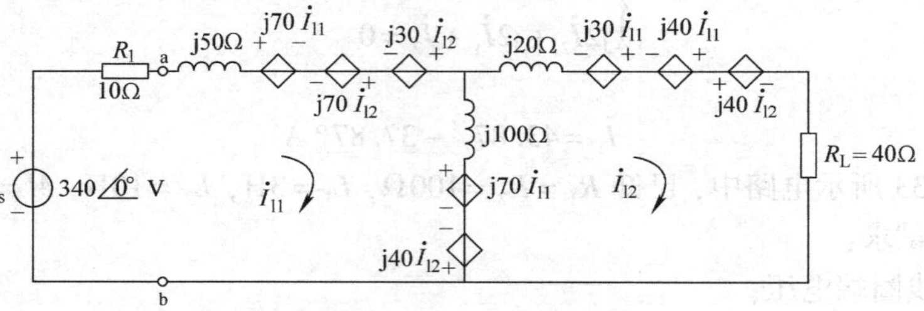

图 6-37 受控源等效电路

列写网孔电流方程

$$\begin{cases}(10 + \mathrm{j}50 + \mathrm{j}100)\dot{I}_{l1} - \mathrm{j}100\dot{I}_{l2} = -\mathrm{j}70\dot{I}_{l1} + \mathrm{j}70\dot{I}_{l2} + \mathrm{j}30\dot{I}_{l2} - \mathrm{j}70\dot{I}_{l1} + \mathrm{j}40\dot{I}_{l2} + 340\underline{/0^\circ} \\ \mathrm{j}100\dot{I}_{l1} + (\mathrm{j}100 + \mathrm{j}20 + 40)\dot{I}_{l2} = \mathrm{j}30\dot{I}_{l1} + \mathrm{j}40\dot{I}_{l1} - \mathrm{j}40\dot{I}_{l2} - \mathrm{j}40\dot{I}_{l2} + \mathrm{j}70\dot{I}_{l1}\end{cases}$$

整理得

$$\begin{cases}(1 + \mathrm{j}29)\dot{I}_{l1} - \mathrm{j}24\dot{I}_{l2} = 34\underline{/0^\circ} \\ -\mathrm{j}6\dot{I}_{l1} + (\mathrm{j}5 + 1)\dot{I}_{l2} = 0\end{cases}$$

解得

$$\dot{I}_{l2} = 6\underline{/0^\circ}\,\mathrm{A} \qquad \dot{I}_{l1} = (5 - \mathrm{j})\,\mathrm{A}$$

$$P_{RL} = I_{l2}^2 R_L = 6^2 \times 40\mathrm{W} = 1440\mathrm{W}$$

(2) 求等效电阻 Z_{ab}。

$$\dot{U}_{ab} = \dot{U}_s - \dot{I}_{l1}R_1 = [340 - (5 - \mathrm{j}) \times 10]\,\mathrm{V} = (290 + \mathrm{j}10)\,\mathrm{V}$$

$$Z_{ab} = \frac{\dot{U}_{ab}}{\dot{I}_{l1}} = \frac{290 + \mathrm{j}10}{5 - \mathrm{j}}\,\Omega = 56.91\underline{/13.28^\circ}\,\Omega$$

6-10 在图 6-38 所示电路中，请问：Z_0 为多大时能获得最大功率，并求出最大功率。

解：假设电路中的回路电流及 Z_0 两端电压如图 6-39a 所示。画出受控源等效电路如图 6-39b 所示。

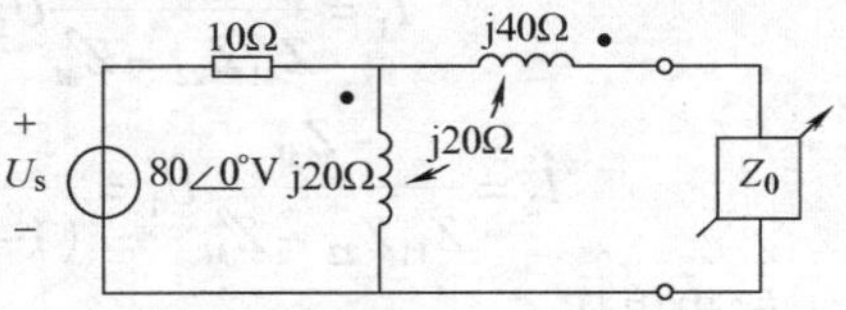

图 6-38 题 6-10 图

根据网孔电流法列写方程

$$\begin{cases}(10+\mathrm{j}20)\dot{I}_{l1}-\mathrm{j}20\dot{I}_{l2}=80\underline{/0^\circ}+\mathrm{j}20\dot{I}_{l2}\\ -\mathrm{j}20\dot{I}_{l1}+(\mathrm{j}20+\mathrm{j}40)\dot{I}_{l2}=\mathrm{j}20\dot{I}_{l1}-\mathrm{j}20\dot{I}_{l2}-\mathrm{j}20\dot{I}_{l2}-\dot{U}_{oc}\end{cases}$$

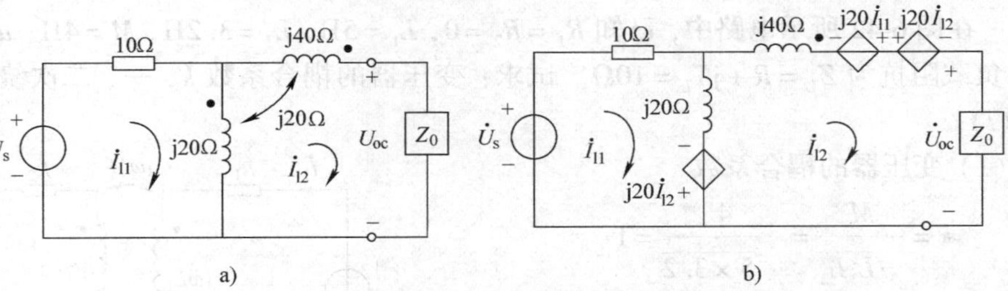

图 6-39 分析图解及受控源等效电路

整理得

$$\begin{cases}(10+\mathrm{j}20)\dot{I}_{l1}-\mathrm{j}40\dot{I}_{l2}=80\underline{/0^\circ}\\ -\mathrm{j}40\dot{I}_{l1}+\mathrm{j}100\dot{I}_{l2}=-\dot{U}_{oc}\end{cases}$$

消去方程组中 $\dot{I}_{l1}$，整理得

$$\dot{U}_{oc}=(128+\mathrm{j}64)-(32+\mathrm{j}36)\dot{I}_{l2}=143.11\underline{/26.57^\circ}-(32+\mathrm{j}36)\dot{I}_{l2}$$

戴维南等效电路如图 6-40 所示。

当 $Z_0=(32-\mathrm{j}36)\Omega$ 时获得最大功率，最大功率为

$$P_{max}=\frac{143.11^2}{4\times32}\ \mathrm{W}=160\mathrm{W}$$

6-11 在图 6-41 所示电路中，试用等效阻抗法求输入电流 $\dot{I}_1$ 和输出电压 $\dot{U}_2$。

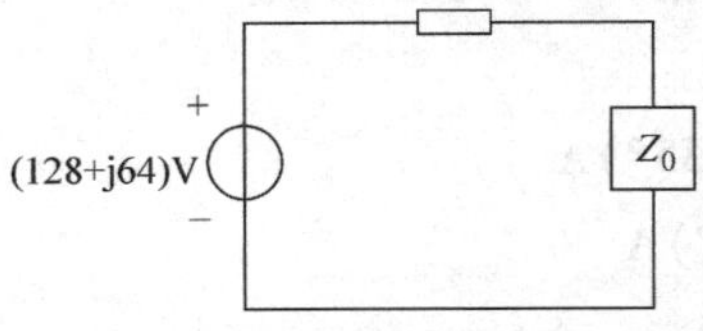

图 6-40 戴维南等效中路

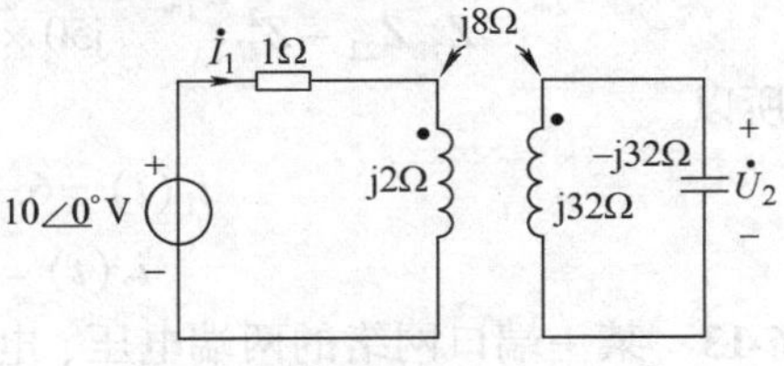

图 6-41 题 6-11 图

解：计算出一次回路阻抗、二次回路阻抗及互阻抗

$$Z_{11}=R+\mathrm{j}\omega L_1=(1+\mathrm{j}2)\Omega$$

$$Z_{22}=Z_L+R_2+\mathrm{j}\omega L_2=0+\mathrm{j}32-\mathrm{j}32=0$$

$$Z_M=\mathrm{j}\omega M=\mathrm{j}8\Omega$$

根据式(6-39)、式(6-40)得

$$\dot{I}_1 = \frac{Z_{22}}{Z_{11}Z_{22}-Z_M^2}\dot{U}_1 = \frac{0}{(1+\mathrm{j}2)\times 0-(\mathrm{j}8)^2}\times 10\underline{/0^\circ}\ \mathrm{A}=0$$

$$\dot{I}_2 = \frac{-Z_M}{Z_{11}Z_{22}-Z_M^2}\dot{U}_1 = \frac{-\mathrm{j}8}{(1+\mathrm{j}2)\times 0-(\mathrm{j}8)^2}\times 10\underline{/0^\circ}\ \mathrm{A}=1.25\underline{/-90^\circ}\ \mathrm{A}$$

输出电压

$$\dot{U}_2 = -\mathrm{j}X_C\dot{I}_2 = -\mathrm{j}32\times 1.25\underline{/-90^\circ}\ \mathrm{V}=40\underline{/180^\circ}\ \mathrm{V}=-40\mathrm{V}$$

6-12 在图6-42所示电路中，已知 $R_1=R_2=0$，$L_1=5\mathrm{H}$，$L_2=3.2\mathrm{H}$，$M=4\mathrm{H}$，$u_1=100\cos(10t)\mathrm{V}$，负载阻抗为 $Z_L=R+\mathrm{j}X_L=10\Omega$。试求：变压器的耦合系数 k，一、二次绕组的电流 $i_1(t)$、$i_2(t)$。

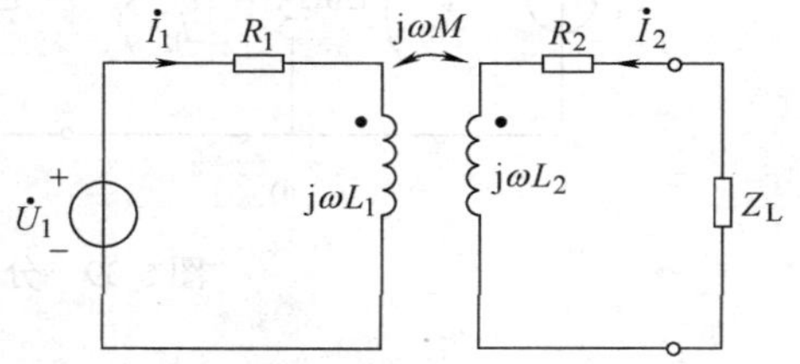

图6-42 题6-12图

解：(1) 变压器的耦合系数

$$k=\frac{M}{\sqrt{L_1L_2}}=\frac{4}{\sqrt{5\times 3.2}}=1$$

(2) 计算各绕组的自感抗和互感抗，以及一次侧回路、二次侧回路的阻抗

$$\omega L_1 = 10\times 5\Omega = 50\Omega$$

$$\omega L_2 = 3.2\times 10\Omega = 32\Omega$$

$$\omega M = 4\times 10\Omega = 40\Omega$$

$$Z_{11}=R_1+\mathrm{j}\omega L_1=(0+\mathrm{j}50)\Omega=\mathrm{j}50\Omega$$

$$Z_{22}=Z_L+R_2+\mathrm{j}\omega L_2=(10+0+\mathrm{j}32)\Omega=(10+\mathrm{j}32)\Omega$$

$$Z_M=\mathrm{j}\omega M=\mathrm{j}40\Omega$$

根据式(6-39)、式(6-40)得

$$\dot{I}_{1\mathrm{m}}=\frac{Z_{22}}{Z_{11}Z_{22}-Z_M^2}\dot{U}_{1\mathrm{m}}=\frac{10+\mathrm{j}32}{\mathrm{j}50\times(10+\mathrm{j}32)-(\mathrm{j}40)^2}\times 100\underline{/0^\circ}\ \mathrm{A}=6.71\underline{/-17.35^\circ}\ \mathrm{A}$$

$$\dot{I}_{2\mathrm{m}}=\frac{-Z_M}{Z_{11}Z_{22}-Z_M^2}\dot{U}_{1\mathrm{m}}=\frac{-\mathrm{j}40}{\mathrm{j}50\times(10+\mathrm{j}32)-(\mathrm{j}40)^2}\times 100\underline{/0^\circ}\ \mathrm{A}=-8\mathrm{A}$$

所以

$$i_1(t)=6.71\cos(10t-17.35^\circ)\mathrm{A}$$

$$i_2(t)=8\cos(10t+180^\circ)\mathrm{A}$$

6-13 某一端口网络的两端电压、电流为

$$u=[80+200\cos(500t+45^\circ)+60\sin 1500t]\mathrm{V}$$

$$i=[10+6\sin(500t+75^\circ)+3\cos(1500t-30^\circ)]\mathrm{A}$$

电压与电流参考方向相关联。试求：(1) 电压的有效值；(2) 电流的有效值；(3) 一端口网络获得的有功功率。

解：(1) 电压的有效值

$$U=\sqrt{80^2+\left(\frac{200}{\sqrt{2}}\right)^2+\left(\frac{60}{\sqrt{2}}\right)^2}\ \mathrm{V}=\sqrt{6400+20000+1800}\ \mathrm{V}=167.93\mathrm{V}$$

(2) 电流的有效值

$$I=\sqrt{10^2+\left(\frac{6}{\sqrt{2}}\right)^2+\left(\frac{3}{\sqrt{2}}\right)^2}\ \mathrm{A}=\sqrt{100+18+4.5}\ \mathrm{A}=11.07\mathrm{A}$$

(3) 求一端口网络获得的有功功率

$$i=[10+6\cos(500t-15°)+3\cos(1500t-30°)]\mathrm{A}$$

$$u=[80+200\cos(500t+45°)+60\cos(1500t-90°)]\mathrm{V}$$

$$P=\left[10\times80+\frac{1}{2}\times6\times200\cos(45°+15°)+\frac{1}{2}\times3\times60\cos(-90°+30°)\right]\mathrm{W}$$

$$=(800+300+45)\mathrm{W}=1145\mathrm{W}$$

6-14　图6-43所示电路有两个不同频率的正弦交流电源，已知 $R_1=4\Omega$，$R_2=1\Omega$，$L=2\mathrm{H}$，$C=\frac{1}{3}\mathrm{F}$，$u_s=2\sin(3t+30°)\mathrm{V}$，$i_s=3\cos(5t+10°)\mathrm{A}$，试求稳态电流 i。

解： 由叠加原理，电压源 u_s 单独作用时，电路如图6-44所示，有

$$\omega L=3\times2\Omega=6\Omega$$

$$\frac{1}{\omega C}=\frac{1}{3\times\frac{1}{3}}\Omega=1\Omega$$

$$\dot{I}_m'=\frac{\dot{U}_{sm}}{R_1+\mathrm{j}\omega L+R_2-\mathrm{j}\frac{1}{\omega C}}=\frac{2\angle30°}{4+\mathrm{j}6+1-\mathrm{j}1}\mathrm{A}=\frac{\sqrt{2}}{5}\angle-15°\mathrm{A}$$

$$i'=\frac{\sqrt{2}}{5}\sin(3t-15°)\mathrm{A}$$

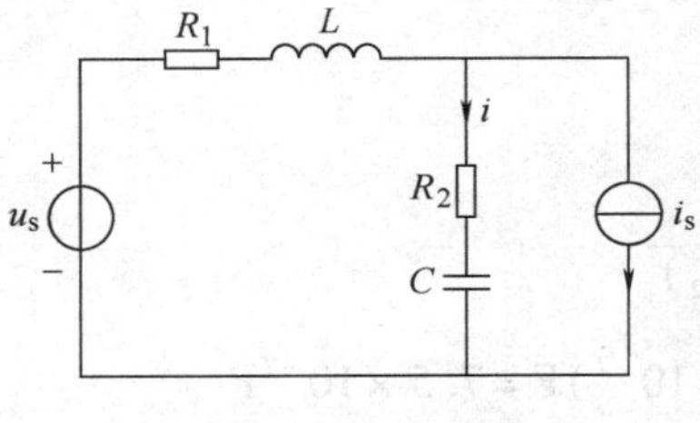

图6-43　题6-14图

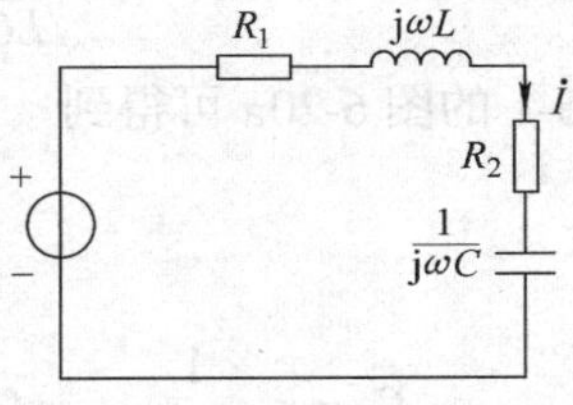

图　6-44

电流源单独作用时，电路如图6-45所示，有

$$\dot{I}_{sm}=3\angle10°\mathrm{A}$$

$$\omega L=5\times2\Omega=10\Omega$$

$$\frac{1}{\omega C}=\frac{1}{5\times\frac{1}{3}}\Omega=\frac{3}{5}\Omega$$

$$\dot{I}_m''=-\frac{(R_1+\mathrm{j}\omega L)\dot{I}_{sm}}{R_1+\mathrm{j}\omega L+R_2-\mathrm{j}\frac{1}{\omega C}}=\frac{-(4+\mathrm{j}10)\times3\angle10°}{4+\mathrm{j}10+1-\mathrm{j}\frac{3}{5}}\mathrm{A}=3.03\angle-163.79°\mathrm{A}$$

$$i''=3.03\cos(5t-163.79°)\text{ A}$$

所以

$$i=i'+i''=[0.2\sqrt{2}\sin(-15°)+3.03\cos(5t-163.79°)]\text{ A}$$

6-15 图6-46所示电路，已知$L=1\text{H}$，$R=10\text{k}\Omega$，电源电压u_s和电阻R两端的电压u_R分别为

$$u_s=[20+100\cos(1000t)+15\cos(2000t)]\text{ V}$$
$$u_R=100\cos(1000t)\text{ V}$$

试求：电容C_1、C_2以及交流电压表V的读数。

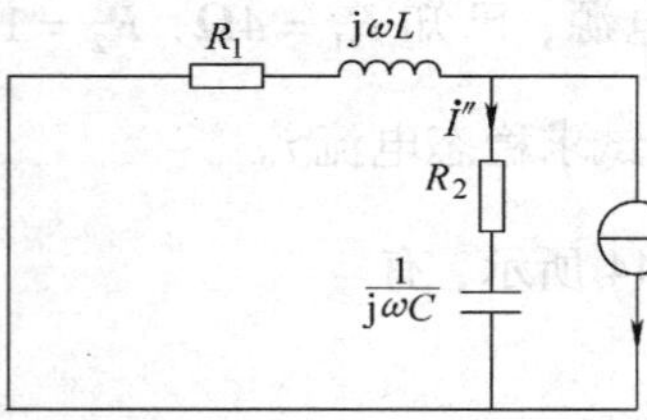

图 6-45

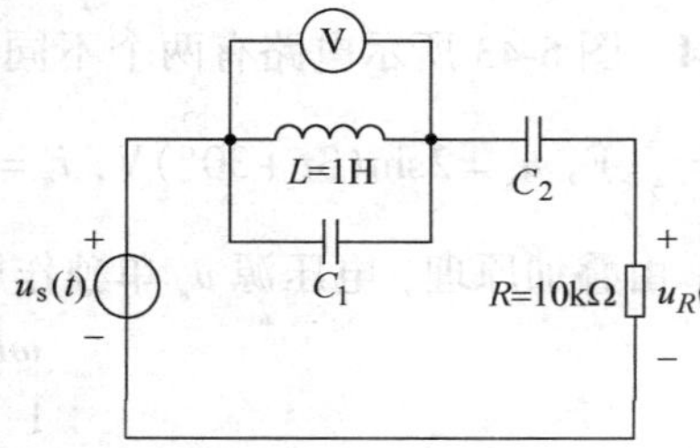

图6-46 题6-15图

解：由于电容在直流电路中相当于开路，所以不论C_2为何值u_R都不含有直流。

再由于$u_R=100\cos(1000t)\text{ V}$，说明该电路在$\omega=2000\text{rad/s}$时，$L$与$C_1$发生并联谐振，相当于开路，此时电感两端的电压是$\frac{15}{\sqrt{2}}\text{ V}(7.5\sqrt{2}\text{ V})$，该电路在$\omega=1000\text{rad/s}$时，$L$、$C_1$、$C_2$发生串联谐振。所以

$$2000=\frac{1}{\sqrt{LC_1}}\qquad C_1=\frac{1}{2000^2\times1}\text{ F}=2.5\times10^{-7}\text{F}$$

由题6-1的图6-20a可得到

$$1000=\frac{1}{\sqrt{L(C_1+C_2)}}$$

$$C_2=\frac{1}{1000^2\times1}-C_1=(1\times10^{-6}-2.5\times10^{-7})\text{ F}=7.5\times10^{-7}\text{F}$$

此时电路中的电流为

$$I_0=\frac{U_R}{R}=\frac{\frac{100}{\sqrt{2}}}{10\times10^3}\text{ A}=\frac{1}{100\sqrt{2}}\text{ A}$$

电感两端电压为

$$U=I_0\frac{1}{\omega C_2}=\frac{1}{100\sqrt{2}}\times\frac{1}{1000\times7.5\times10^{-7}}\text{ V}=\frac{20\sqrt{2}}{3}\text{ V}$$

电压表的读数为

$$U=\sqrt{(7.5\sqrt{2})^2+\left(\frac{20}{3}\sqrt{2}\right)^2}\text{ V}=14.19\text{V}$$

第 7 章　三相正弦稳态电路分析

【本章学习要点】

本章介绍三相正弦稳态电路的基本知识。介绍三相电源以及对称三相电路和不对称三相电路的概念；分析负载星形联结的三相电路以及负载三角形联结的三相电路，并介绍三相功率；最后介绍三相功率的测量。本章的目的是使同学们对三相电路有较为深入的认识和理解，能够独立分析三相电路的问题。

学习难点：三相交流电源；负载星形联结；负载三角形联结；三相功率。

7.1　三相交流电源

对称三相电源是由三个等幅值、同频率、初相位依次相差 120°的正弦电压源按照不同的联结方式而组成的电源，如图 7-1 所示。

这三个电源依次称为 A 相、B 相和 C 相，A、B、C 分别为这三个电源的首端，X、Y、Z 分别为这三个电源的尾端，它们的电压为

$$u_A = U_m\cos\omega t$$

$$u_B = U_m\cos(\omega t - 120°)$$

$$u_C = U_m\cos(\omega t - 240°) = U_m\cos(\omega t + 120°)$$

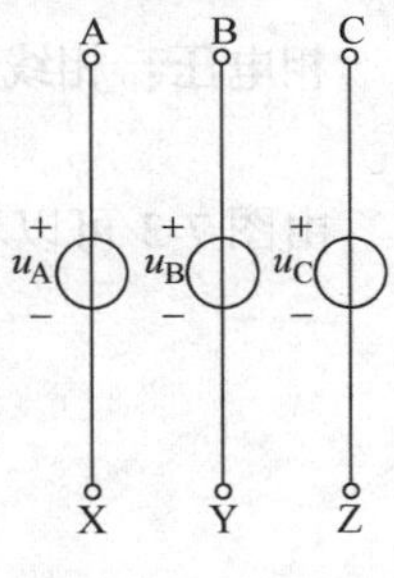

图 7-1　三相电源

式中，以 A 相电压 u_A 作为参考正弦量。

它们对应的相量形式为

$$\dot{U}_A = U\angle 0°$$

$$\dot{U}_B = U\angle -120° = a^2\dot{U}_A$$

$$\dot{U}_C = U\angle 120° = a\dot{U}_A$$

式中，$a = 1\angle 120°$，它是工程上为了方便而引入的单位相量算子。

对称三相电源的波形图和相量图分别如图 7-2a、b 所示。

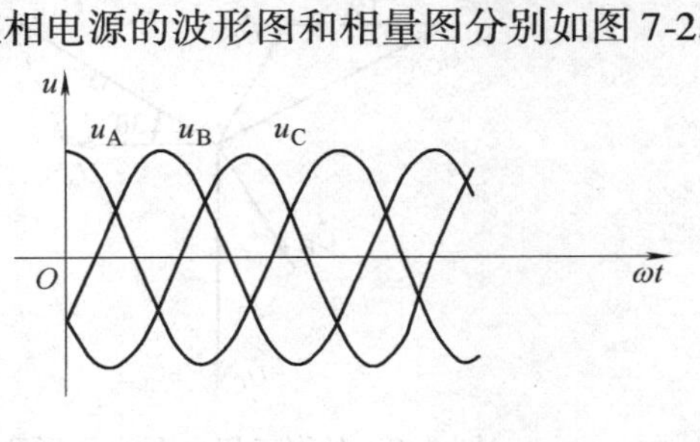

a)对称三相电源的波形图

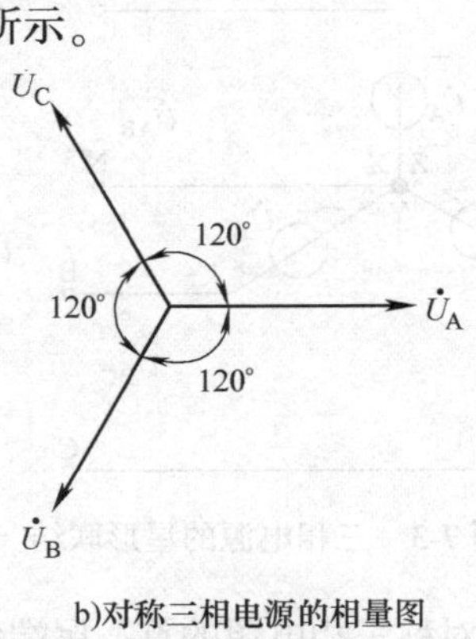

b)对称三相电源的相量图

图 7-2　对称三相电源的波形图和相量图

顺序或正序：图 7-2a 中各相电压达到正幅值的顺序依次为 A 相、B 相和 C 相，相序为 A→B→C。$\dot{U}_A$、$\dot{U}_B$、$\dot{U}_C$ 在相量图中的次序是顺时针的，如图 7-2b 所示，称此相序为顺序或正序。

逆序或负序：如果 u_A、u_B、u_C 达到正幅值的顺序依次为 A 相、C 相和 B 相，相序为 A→C→B，$\dot{U}_A$、$\dot{U}_B$、$\dot{U}_C$ 在相量图中的次序是逆时针的，则称此相序为逆序或负序。

无特殊说明时，三相电源的相序均是正序。

显然，对称三相电源的电压瞬时值之和及其相量之和均为零，即

$$u_A + u_B + u_C = 0$$

$$\dot{U}_A + \dot{U}_B + \dot{U}_C = 0$$

三相电源的联结方式有两种，即星形（Y）联结和三角形（△）联结。

星形联结：如果把三相电源的尾端 X、Y、Z 连接在一起，则这种联结方式称为三相电源的星形联结，如图 7-3 所示。

中性线：三相电源的尾端连接在一起的点（N 点）称为中性点，**从中性点 N 引出的导线称为中性线（俗称零线）**。

相线（或端线）：**从首端 A、B、C 引出的三根导线称为相线或端线（俗称火线）**。

线电压：相线与相线之间的电压（u_{AB}、u_{BC}、u_{CA}）称为线电压，其有效值一般用 U_l 表示。

相电压：相线与中性线之间的电压（u_A、u_B、u_C）称为相电压，其有效值一般用 U_p 表示。

由图 7-3 可以看出，对称三相电源为星形联结时，线电压与相电压之间有下列关系：

$$\begin{cases} \dot{U}_{AB} = \dot{U}_A - \dot{U}_B = U\angle 0° - U\angle -120° = \sqrt{3}\dot{U}_A\angle 30° \\ \dot{U}_{BC} = \dot{U}_B - \dot{U}_C = U\angle -120° - U\angle 120° = \sqrt{3}\dot{U}_B\angle 30° \\ \dot{U}_{CA} = \dot{U}_C - \dot{U}_A = U\angle 120° - U\angle 0° = \sqrt{3}\dot{U}_C\angle 30° \end{cases}$$

由上式可以看出线电压与相电压的大小与相位关系。当三相相电压对称时，三相线电压也对称。线电压有效值是相电压有效值的$\sqrt{3}$倍，线电压在相位上超前对应的相电压 30°。可以画出对称三相电源为星形联结时线电压与相电压的相量图，如图 7-4 所示。

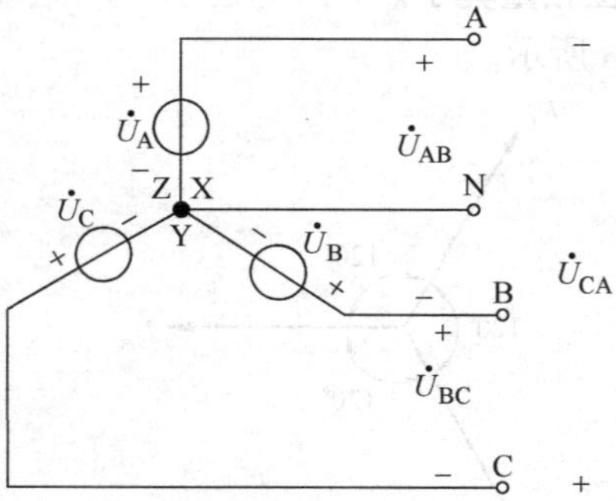

图 7-3　三相电源的星形联结

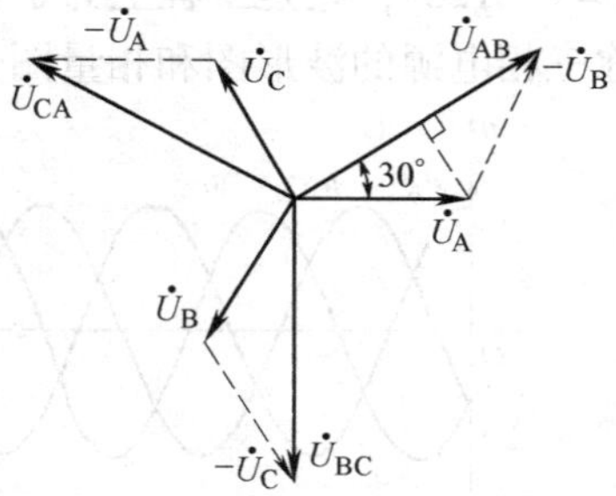

图 7-4　对称三相电源为星形联结时线电压与相电压的相量图

如果把对称三相电源的首、尾端依次相接形成闭合的三角形，即 X 接 B，Y 接 C，Z 接 A，再从 A、B、C 引出相线，则这种联结方式称为对称三相电源的三角形联结，如图 7-5 所示。

从图 7-5 可以看出，当对称三相电源为三角形联结时，线电压就是相电压，即

$$\begin{cases}\dot{U}_{AB}=\dot{U}_A\\ \dot{U}_{BC}=\dot{U}_B\\ \dot{U}_{CA}=\dot{U}_C\end{cases}$$

其电压相量图如图 7-6 所示。值得注意的是，三角形联结的对称三相电源只能提供一种电压，而星形联结的对称三相电源却能同时提供两种不同的电压，即线电压与相电压。另外，当对称三相电源为三角形联结时，如果任何一相电源接反，三个相电压之和将不为零，会在三角形联结的闭合回路中产生很大的环形电流，造成严重后果。

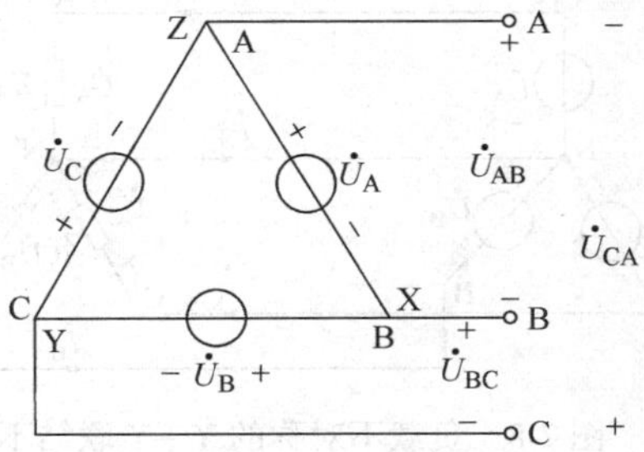

图 7-5　对称三相电源的三角形联结

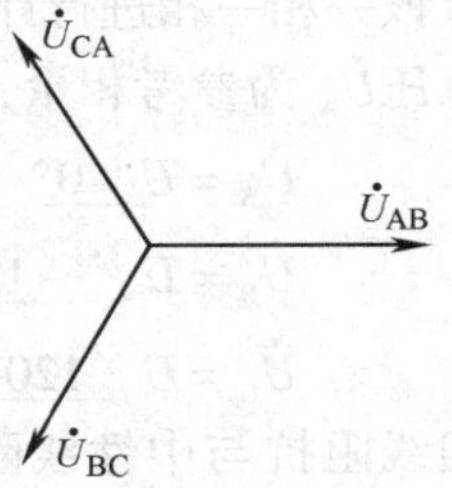

图 7-6　对称三相电源为三角形联结时的电压相量图

7.2　负载星形联结的三相电路

三相电源有两种联结方式——星形联结和三角形联结，负载也有两种联结方式——星形联结和三角形联结。三个阻抗连接成星形（或三角形）就构成星形（或三角形）联结负载，如图 7-7 所示。当这三个阻抗相等时，就称为对称三相负载。三相负载的相电压和相电流是指各阻抗的电压和电流。三相负载的三个端子 A′、B′、C′向外引出的导线中的电流称为负载的线电流，每相负载中的电流称为相电流，任两个端子之间的电压则称为负载的线电压。

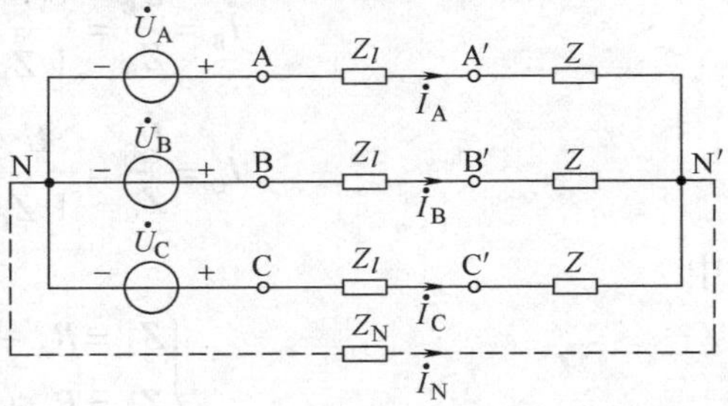

a)负载星形联结的三相电路

在三相电路中，将三个单相负载的尾端连接在一起，并将其首端分别接到三相电源的三根相线上，就构成负载的星形联结。若三相电源和三相负载都连接成星形，就形成三相电路的 Y—Y 联结方式。在 Y—Y 联结中，若把三相电源中性点和负载中性点用一根中性线连接起来，这种方式称为三相四线制供电方式，否则为三相三线制供电方式。

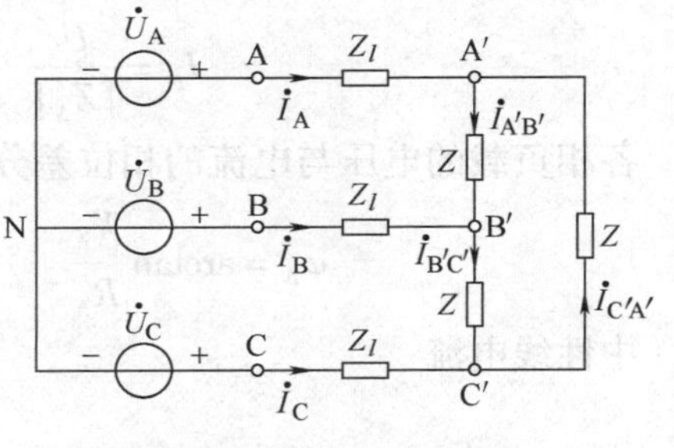

b)负载三角形联结的三相电路

图 7-7　三相电路

三相电路也是正弦交流电路，因此，正弦交流电路的分析方法同样适用于三相电路。当

电源为对称三相电源、负载为对称三相负载时，就形成对称三相电路。在Y—Y联结的三相四线制电路中，由节点电压法可求出中性点电压

$$\dot{U}_{N'N}=\frac{\frac{\dot{U}_A}{Z_A}+\frac{\dot{U}_B}{Z_B}+\frac{\dot{U}_C}{Z_C}}{\frac{1}{Z_A}+\frac{1}{Z_B}+\frac{1}{Z_C}+\frac{1}{Z_N}}$$

式中，Z_N 为中性线阻抗；相线阻抗忽略不计。

在电源对称、负载不对称的Y—Y联结不对称三相电路（见图7-8）中，由于负载不对称，计算时应该一相一相进行计算。

设电源电压$\dot{U}_A$ 为参考相量，则

$$\dot{U}_A=U\angle 0°$$

$$\dot{U}_B=U\angle -120°$$

$$\dot{U}_C=U\angle 120°$$

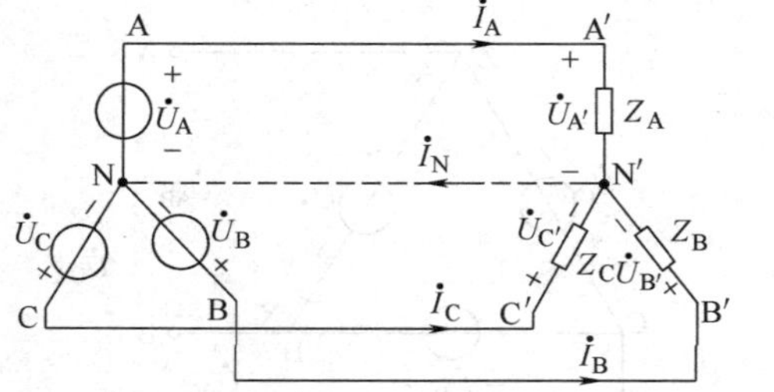

图7-8 负载不对称的Y—Y联结不对称三相电路

若忽略相线阻抗与中性线阻抗，则电源的相电压即为负载的相电压。由于电源的相电压对称，因此负载的相电压也对称，故负载的相电流可求得为

$$\dot{I}_A=\frac{\dot{U}_A}{Z_A}=\frac{U\angle 0°}{|Z_A|\angle\varphi_A}=I_A\angle -\varphi_A$$

$$\dot{I}_B=\frac{\dot{U}_B}{Z_B}=\frac{U\angle -120°}{|Z_B|\angle\varphi_B}=I_B\angle -120°-\varphi_B$$

$$\dot{I}_C=\frac{\dot{U}_C}{Z_C}=\frac{U\angle 120°}{|Z_C|\angle\varphi_C}=I_C\angle 120°-\varphi_C$$

式中

$$\begin{cases}Z_A=R_A+jX_A=|Z_A|\angle\varphi_A\\Z_B=R_B+jX_B=|Z_B|\angle\varphi_B\\Z_C=R_C+jX_C=|Z_C|\angle\varphi_C\end{cases}$$

负载的相电流有效值分别为

$$I_A=\frac{U}{|Z_A|}\qquad I_B=\frac{U}{|Z_B|}\qquad I_C=\frac{U}{|Z_C|}$$

各相负载的电压与电流的相位差分别为

$$\varphi_A=\arctan\frac{X_A}{R_A}\qquad\varphi_B=\arctan\frac{X_B}{R_B}\qquad\varphi_C=\arctan\frac{X_C}{R_C}$$

中性线电流

$$\dot{I}_N=\dot{I}_A+\dot{I}_B+\dot{I}_C$$

电压与电流的相量图如图7-9所示。在作相量图时，先画出以$\dot{U}_A$ 为参考相量的电源相电压$\dot{U}_A$、$\dot{U}_B$、$\dot{U}_C$ 的相量，而后逐相画出各相电流$\dot{I}_A$、$\dot{I}_B$、$\dot{I}_C$ 的相量，最后画出中性线电流

$\dot{I}_N$ 的相量。

在 Y—Y 联结不对称三相四线制电路中，计算时必须逐相加以计算。然而，在 Y—Y 联结对称三相四线制电路（见图 7-10）中，计算则可大大简化。在 Y—Y 联结对称三相四线制电路中，三相电源对称，三相负载（设为感性负载）也对称，即

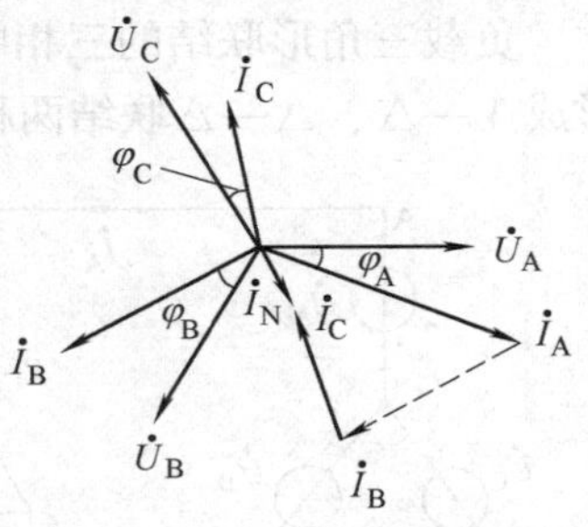

图 7-9　电压与电流的相量图

$$\dot{U}_A = U\angle 0^\circ$$
$$\dot{U}_B = U\angle -120^\circ$$
$$\dot{U}_C = U\angle 120^\circ$$
$$Z_A = Z_B = Z_C = Z = R + jX$$
$$\begin{cases} |Z_A| = |Z_B| = |Z_C| = |Z| \\ \varphi_A = \varphi_B = \varphi_C = \varphi = \arctan\dfrac{X}{R} \end{cases}$$

由于电源电压对称，负载对称，所以负载的相电流也是对称的，即

$$I_A = I_B = I_C = I_p = \frac{U}{|Z|}$$
$$\varphi_A = \varphi_B = \varphi_C = \varphi = \arctan\frac{X}{R}$$

因此，这时中性线电流等于零，即

$$\dot{I}_N = \dot{I}_A + \dot{I}_B + \dot{I}_C = 0$$

电压与电流的相量图如图 7-11 所示。

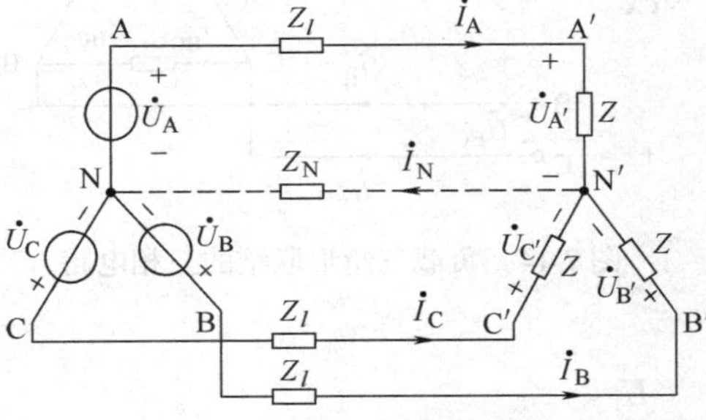

图 7-10　Y—Y 联结对称三相四线制电路

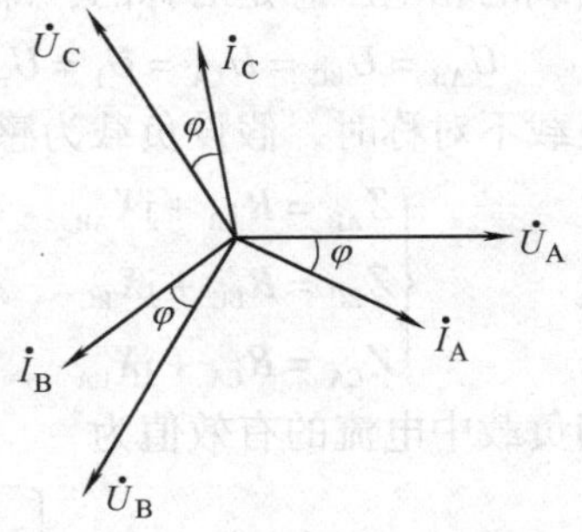

图 7-11　电压与电流的相量图

由于中性线电流为零，因此在 Y—Y 联结对称三相电路中，中性线就不需要了，去掉中性线的电路即变为三相三线制电路，如图 7-12 所示。三相三线制电路在生产上应用极为广泛，因为生产上的三相负载一般都是对称的。

在 Y—Y 联结对称三相电路中，由于负载的相电压、相电流均对称，因此可把三相电路的计算化为单相来计算。只要求出其中一相负载的相电压与相电流，其他两相的电压与电流可根据对称性依次写出。这样就大大减轻了三相电路计算的工作量。

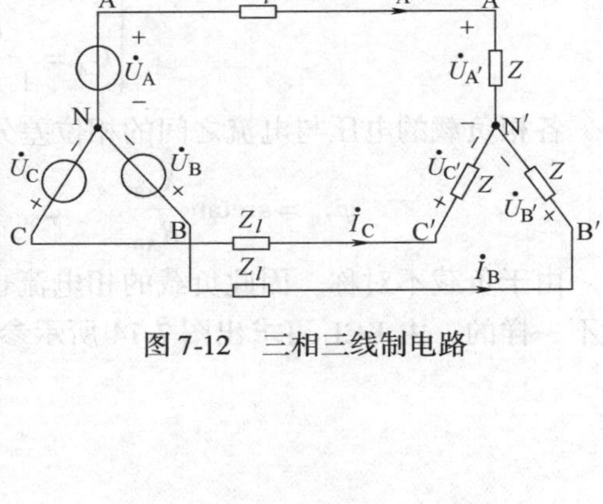

图 7-12　三相三线制电路

7.3 负载三角形联结的三相电路

负载三角形联结的三相电路可用图 7-13 所示电路来表示。根据三相电源的不同联结可形成 Y—△、△—△联结两种方式的三相电路。

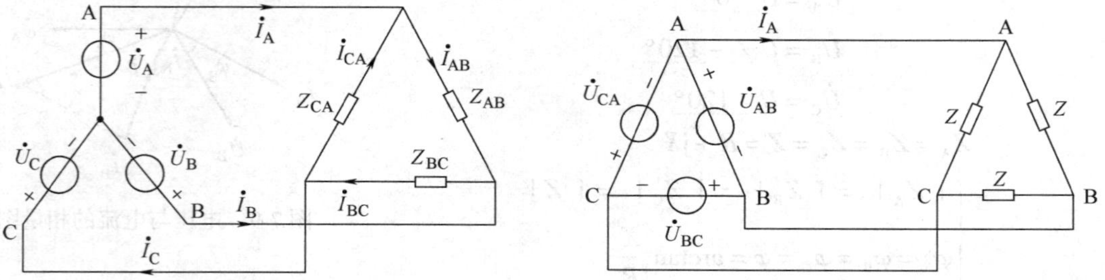

a) Y—△联结的三相电路　　b) △—△联结的三相电路

图 7-13　Y—△、△—△联结两种方式的三相电路

负载三角形联结时，各相负载的电压等于对应的电源的线电压，因此，在计算各相负载的电压、电流时，只要知道电源的线电压即可，不必追究电源的具体接法，如图 7-14 所示。

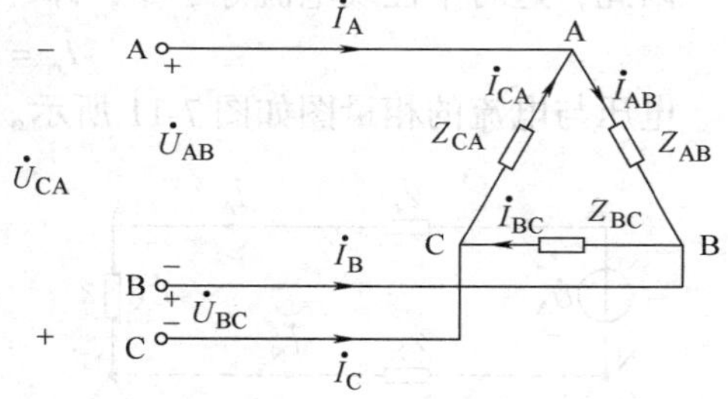

图 7-14　负载三角形联结的三相电路

由于各相负载都直接接在电源的线电压上，而电源的线电压是对称的，因此，不论负载对称与否，负载的相电压总是对称的，即

$$U_{AB}=U_{BC}=U_{CA}=U_1=U_p$$

当负载不对称时，假设负载为感性负载，令

$$\begin{cases}Z_{AB}=R_{AB}+jX_{AB}\\Z_{BC}=R_{BC}+jX_{BC}\\Z_{CA}=R_{CA}+jX_{CA}\end{cases}$$

各相负载中电流的有效值为

$$\begin{cases}I_{AB}=\dfrac{U_{AB}}{|Z_{AB}|}=\dfrac{U_1}{|Z_{AB}|}\\I_{BC}=\dfrac{U_{BC}}{|Z_{BC}|}=\dfrac{U_1}{|Z_{BC}|}\\I_{CA}=\dfrac{U_{CA}}{|Z_{CA}|}=\dfrac{U_1}{|Z_{CA}|}\end{cases}$$

各相负载的电压与电流之间的相位差分别为

$$\varphi_{AB}=\arctan\frac{X_{AB}}{R_{AB}}\qquad\varphi_{BC}=\arctan\frac{X_{BC}}{R_{BC}}\qquad\varphi_{CA}=\arctan\frac{X_{CA}}{R_{CA}}$$

由于负载不对称，因此负载的相电流也不对称，由图 7-14 电路可知，线电流和相电流是不一样的，由 KCL 可求出图 7-14 所示参考方向下线电流和相电流的关系为

$$\begin{cases}\dot{I}_A = \dot{I}_{AB} - \dot{I}_{CA} \\ \dot{I}_B = \dot{I}_{BC} - \dot{I}_{AB} \\ \dot{I}_C = \dot{I}_{CA} - \dot{I}_{BC}\end{cases}$$

因此，当负载不对称时，负载的相电流不对称，电路的线电流也不对称。

如果负载对称，即

$$Z_{AB} = Z_{BC} = Z_{CA} = Z = R + jX$$

$$|Z_{AB}| = |Z_{BC}| = |Z_{CA}| = |Z|$$

$$\varphi_{AB} = \varphi_{BC} = \varphi_{CA} = \varphi$$

则负载的相电流的有效值为

$$I_{AB} = I_{BC} = I_{CA} = I_p = \frac{U_p}{|Z|}$$

各相负载的电压与电流的相位差为

$$\varphi_{AB} = \varphi_{BC} = \varphi_{CA} = \varphi = \arctan\frac{X}{R}$$

因此，当负载对称时，负载的相电流是对称的，即

$$\dot{I}_{AB} = \frac{\dot{U}_{AB}}{Z_{AB}} = \frac{\dot{U}_{AB}}{Z}$$

$$\dot{I}_{BC} = \frac{\dot{U}_{BC}}{Z} = \dot{I}_{AB}\angle -120°$$

$$\dot{I}_{CA} = \frac{\dot{U}_{CA}}{Z} = \dot{I}_{AB}\angle 120°$$

电路的线电流为

$$\dot{I}_A = \dot{I}_{AB} - \dot{I}_{CA} = \dot{I}_{AB} - \dot{I}_{AB}\angle 120° = \sqrt{3}\dot{I}_{AB}\angle -30°$$

$$\dot{I}_B = \dot{I}_{BC} - \dot{I}_{AB} = \dot{I}_{BC} - \dot{I}_{BC}\angle 120° = \sqrt{3}\dot{I}_{BC}\angle -30°$$

$$\dot{I}_C = \dot{I}_{CA} - \dot{I}_{BC} = \dot{I}_{CA} - \dot{I}_{CA}\angle 120° = \sqrt{3}\dot{I}_{CA}\angle -30°$$

这就是对称负载三角形联结的一般关系式。可见，相电流对称时，线电流也对称。在幅值上，线电流是相电流的$\sqrt{3}$倍，$I_l = \sqrt{3}I_p$；在相位上，线电流滞后于相应的相电流 30°。由线电流与相电流的关系可画出对称负载三角形联结的三相电路的线电流与相电流的相量图，如图 7-15 所示。

对称负载三角形联结的三相电路的计算可归结为一相的计算。只要分析计算三相负载中的任一相负载电流及对应的线电流，其他两相负载的电流及对应的线电流就可按对称顺序依次写出。

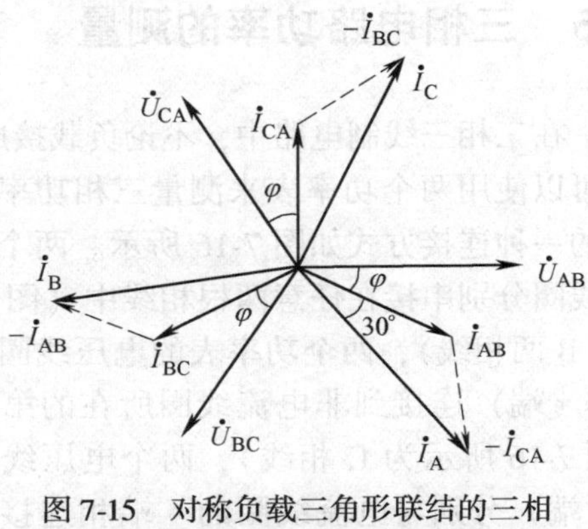

图 7-15 对称负载三角形联结的三相电路的线电流与相电流的相量图

7.4 三相电路的功率

在三相电路中，不论负载是星形联结还是三角形联结，不论负载是对称负载还是不对称负载，总的有功功率必定等于各相有功功率之和，总的无功功率必定等于各相无功功率之和。当负载不对称时，三相负载总的有功功率为

$$P = P_A + P_B + P_C = U_A I_A \cos\varphi_A + U_B I_B \cos\varphi_B + U_C I_C \cos\varphi_C$$

式中，P_A、P_B、P_C 分别为 A 相、B 相、C 相负载所吸收的有功功率；U_A、U_B、U_C 分别为 A 相、B 相、C 相负载的相电压；I_A、I_B、I_C 分别为 A 相、B 相、C 相负载的相电流；φ_A、φ_B、φ_C 分别为 A 相、B 相、C 相负载的相电压与相电流之间的相位差。

当负载不对称时，三相负载总的无功功率为

$$Q = U_A I_A \sin\varphi_A + U_B I_B \sin\varphi_B + U_C I_C \sin\varphi_C$$

总的视在功率为

$$S = \sqrt{P^2 + Q^2}$$

在对称三相电路中，有 $P_A = P_B = P_C$，$Q_A = Q_B = Q_C$，因此，三相负载总的有功功率为

$$P = P_A + P_B + P_C = 3P_A = 3U_p I_p \cos\varphi$$

式中，U_p、I_p 分别为负载的相电压与相电流；φ 是负载的相电压与相电流之间的相位差。

当对称负载是星形联结时

$$U_l = \sqrt{3}U_p \qquad I_l = I_p$$

当对称负载是三角形联结时

$$U_l = U_p \qquad I_l = \sqrt{3}I_p$$

不论对称负载是星形联结还是三角形联结，三相负载总的有功功率为

$$P = \sqrt{3}U_l I_l \cos\varphi$$

同理，可得出三相负载总的无功功率与视在功率为

$$Q = 3U_p I_p \sin\varphi = \sqrt{3}U_l I_l \sin\varphi$$

$$S = 3U_p I_p = \sqrt{3}U_l I_l$$

7.5 三相电路功率的测量

在三相三线制电路中，不论负载接成星形联结还是三角形联结，也不论负载对称与否，都可以使用两个功率表来测量三相功率。两个功率表的一种连接方式如图 7-16 所示。两个功率表的电流线圈分别串接在任意两根相线中（图 7-16 所示为 A、B 两相线），两个功率表的电压线圈的非电源端（非 * 端）连接到非电流线圈所在的第 3 条相线上（图 7-16 所示为 C 相线），两个电压线圈的另一端（ * 端）分别与电流线圈的 * 端相连接。在这种测量方法中，功率表的接线只触及相线而与负载和电

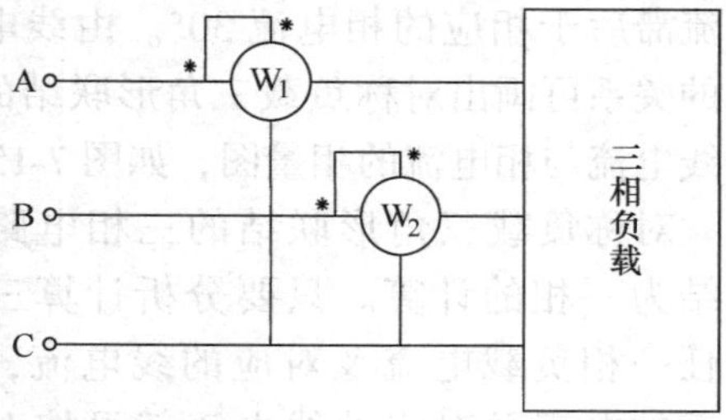

图 7-16 二瓦计法测量线路

源的联结方式无关。此时，两个功率表读数的代数和等于三相负载的平均功率之和。这种方法称为二瓦计法（或两表法）。

可以证明，图7-16中两个功率表读数的代数和为三相三线制中右侧电路吸收的平均功率。

设两个功率表的读数分别为 P_1 和 P_2，则

$$P_1 = \frac{1}{T}\int_0^T u_{AC} i_A \mathrm{d}t$$

$$P_2 = \frac{1}{T}\int_0^T u_{BC} i_B \mathrm{d}t$$

式中，T 为周期。

由于

$$u_{AC} = u_A - u_C \qquad u_{BC} = u_B - u_C \qquad i_A + i_B = -i_C$$

故

$$\begin{aligned}
P_1 + P_2 &= \frac{1}{T}\int_0^T (u_{AC} i_A + u_{BC} i_B)\mathrm{d}t \\
&= \frac{1}{T}\int_0^T [(u_A - u_C) i_A + (u_B - u_C) i_B]\mathrm{d}t \\
&= \frac{1}{T}\int_0^T [u_A i_A + u_B i_B - u_C(i_A + i_B)]\mathrm{d}t \\
&= \frac{1}{T}\int_0^T (u_A i_A + u_B i_B + u_C i_C)\mathrm{d}t \\
&= \frac{1}{T}\int_0^T (p_A + p_B + p_C)\mathrm{d}t \\
&= P
\end{aligned}$$

可见，两个功率表读数的代数和就是三相电路的三相平均功率。

可以证明，在对称三相三线制电路中，两个功率表的读数分别为

$$P_1 = U_{AC} I_A \cos(\varphi - 30°)$$

$$P_2 = U_{BC} I_B \cos(\varphi + 30°)$$

式中，φ 为负载的阻抗角。

应当注意，在一定的条件下（例如 $\varphi > 60°$），两个功率表之一的读数可能为负，求代数和时该读数应取负值。一般来讲，单独一个功率表的读数是没有意义的。

二瓦计法一般只适于测量三相三线制电路的有功功率。对于三相四线制电路的有功功率的测量则不能采取二瓦计法，这是因为在一般情况下，$i_A + i_B + i_C \neq 0$。当负载不对称时，可使用一只功率表分别测量A相、B相和C相电路的有功功率，取其总和就是三相四线制电路的有功功率。当负载对称时，只需测量单相功率，三相功率为单相功率的3倍。

本章习题及其解答

7-1 有一个三相对称负载，其每相的电阻 $R = 8\Omega$，感抗 $X_L = 6\Omega$。如将负载连接成Y，接于线电压为380V的三相电源上，求相电压、相电流及线电流。

解：做这样的题首先根据理解画出电路，如图 7-17 所示。

已知线电压，可以假设$\dot{U}_{AB}=380\angle 0°V$，本题一定要记住前面学习的两点内容，那就是 Y 联结时线电压是相电压的$\sqrt{3}$倍并超前对应的相电压 30°，线电流等于相电流。碰到对称三相电路用归一法计算，画出一相计算电路，如图 7-18 所示。

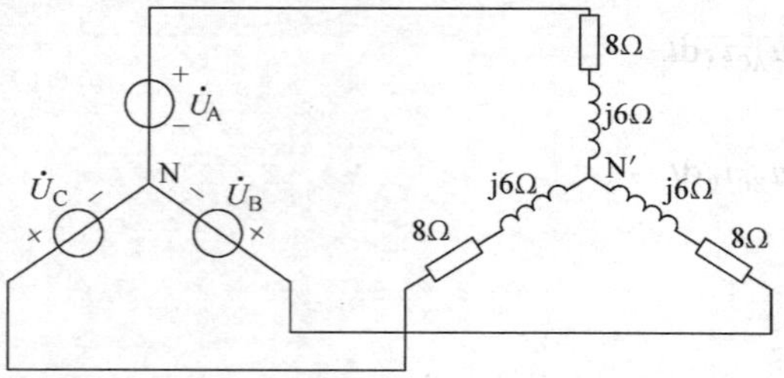

图 7-17　分析图解

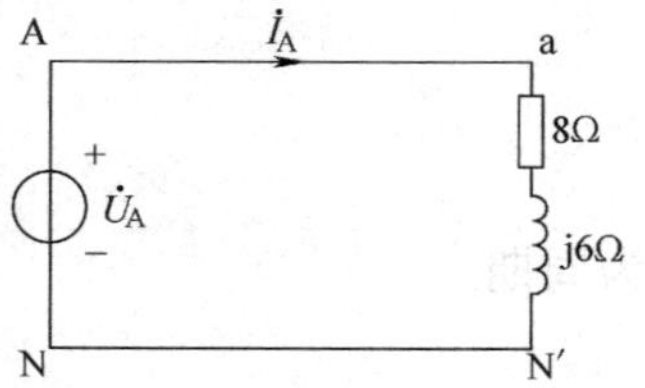

图 7-18　一相电路图

负载 Y 联结，其线电流等于相电流。线电压是相电压的$\sqrt{3}$倍，因此其相电压为 220V。

$$\dot{I}_A=\frac{\dot{U}_A}{R+jX_L}=\frac{220\angle -30°}{8+j6}\text{A}=22\angle -66.87°\text{A}$$

7-2　如图 7-19 所示三相四线制电路，线电压为 380V。其电阻为 $R_A=11\Omega$，$R_B=R_C=22\Omega$。试求：

(1) 负载的相电压、相电流及中性线电流，并作它们的相量图；

(2) 如无中性线，求负载的相电压及中性点电压；

(3) 如无中性线且 A 相短路时，求各相互电压及电流，并作出它们的相量图；

(4) 如无中性线且 A 相断路时，求另外两相的电压及电流；

(5) 在 (3) 和 (4) 中如有中性线，则又如何?

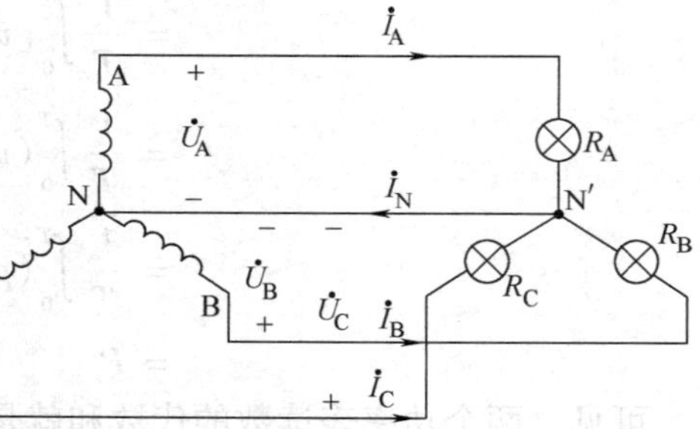

图 7-19　题 7-2 图

解：(1) 此题是 Y_0—Y_0 联结，通过导线把 N′和 N 连接，这样电源电压都加在灯泡两端。由于是 Y 联结，线电压是相电压的$\sqrt{3}$倍，假设$\dot{U}_{AB}=380\angle 30°$ V，那么$\dot{U}_A=220\angle 0°$ V，即

$$\dot{I}_A=\frac{\dot{U}_A}{R_A}=\frac{220\angle 0°}{11}\text{A}=20\angle 0°\text{A}$$

$$\dot{I}_B=\frac{\dot{U}_B}{R_B}=\frac{220\angle -120°}{22}\text{A}=10\angle -120°\text{A}$$

$$\dot{I}_C=\frac{\dot{U}_C}{R_C}=\frac{220\angle -240°}{22}\text{A}=10\angle -240°\text{A}$$

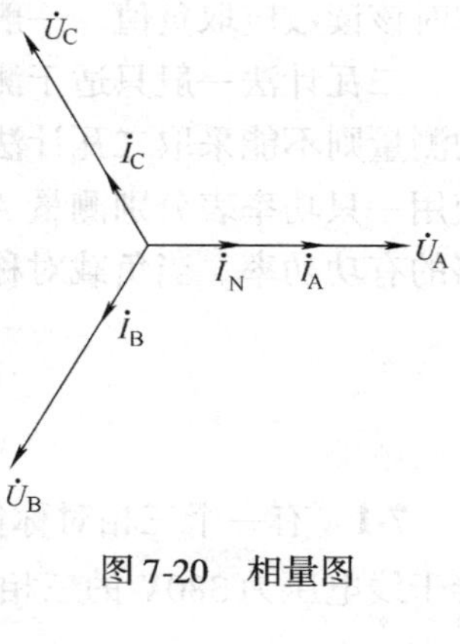

图 7-20　相量图

由 KCL 得

$$\begin{aligned}\dot{I}_N&=\dot{I}_A+\dot{I}_B+\dot{I}_C=(20\angle 0°+10\angle -120°+10\angle -240°)\text{A}\\&=10\text{A}\end{aligned}$$

画出相量图如图 7-20 所示。

(2) 如果没有中性线，如图 7-21 所示，根据节点电压法，有

$$\left(\frac{1}{R_A}+\frac{1}{R_B}+\frac{1}{R_C}\right)\dot{U}_{NN'}=\frac{\dot{U}_A}{R_A}+\frac{\dot{U}_B}{R_B}+\frac{\dot{U}_C}{R_C}$$

$$\dot{U}_{NN'}=\frac{\dfrac{\dot{U}_A}{R_A}+\dfrac{\dot{U}_B}{R_B}+\dfrac{\dot{U}_C}{R_C}}{\dfrac{1}{R_A}+\dfrac{1}{R_B}+\dfrac{1}{R_C}}=\frac{\dfrac{220\angle 0^\circ}{11}+\dfrac{220\angle -120^\circ}{22}+\dfrac{220\angle -240^\circ}{22}}{\dfrac{1}{11}+\dfrac{1}{22}+\dfrac{1}{22}}\text{V}=55\angle 0^\circ\ \text{V}$$

由图 7-21 可得

$$\left.\begin{aligned}\dot{U}_A&=\dot{U}_{aN'}+\dot{U}_{N'N}\\ \dot{U}_B&=\dot{U}_{bN'}+\dot{U}_{N'N}\\ \dot{U}_C&=\dot{U}_{cN'}+\dot{U}_{N'N}\end{aligned}\right\}\Rightarrow\begin{aligned}\dot{U}_{aN'}&=\dot{U}_A-\dot{U}_{N'N}=(220\angle 0^\circ-55\angle 0^\circ)\text{V}=165\angle 0^\circ\ \text{V}\\ \dot{U}_{bN'}&=\dot{U}_B-\dot{U}_{N'N}=(220\angle -120^\circ-55\angle 0^\circ)\text{V}=252\angle -130.89^\circ\ \text{V}\\ \dot{U}_{cN'}&=\dot{U}_C-\dot{U}_{N'N}=(220\angle -240^\circ-55\angle 0^\circ)\text{V}=252\angle 130.89^\circ\ \text{V}\end{aligned}$$

(3) 如无中性线，A 相短路时，即 $R_A=0\Omega$，有

$$\dot{U}_{N'N}=220\angle 0^\circ\ \text{V}$$

$$\dot{I}_B=\frac{\dot{U}_B-\dot{U}_{N'N}}{R_B}=\frac{220\angle -120^\circ-220\angle 0^\circ}{22}\text{A}=10\sqrt{3}\angle -150^\circ\ \text{A}$$

$$\dot{I}_C=\frac{\dot{U}_C-\dot{U}_{N'N}}{R_C}=220\frac{\angle -240^\circ-220\angle 0^\circ}{22}\text{A}=10\sqrt{3}\angle 150^\circ\ \text{A}$$

负载相电压

$$\dot{U}_{aN'}=0$$

$$\dot{U}_{bN'}=\dot{U}_B-\dot{U}_{N'N}=(220\angle -120^\circ-220\angle 0^\circ)\text{V}=220\sqrt{3}\angle -150^\circ\ \text{V}$$

$$\dot{U}_{cN'}=\dot{U}_C-\dot{U}_{N'N}=(220\angle -240^\circ-220\angle 0^\circ)\text{V}=220\sqrt{3}\angle 150^\circ\ \text{V}$$

相量图可根据计算出的数据画出（略）。

(4) 如无中性线且 A 相断路时，其电路如图 7-22 所示，有

$$\dot{I}_A=0$$

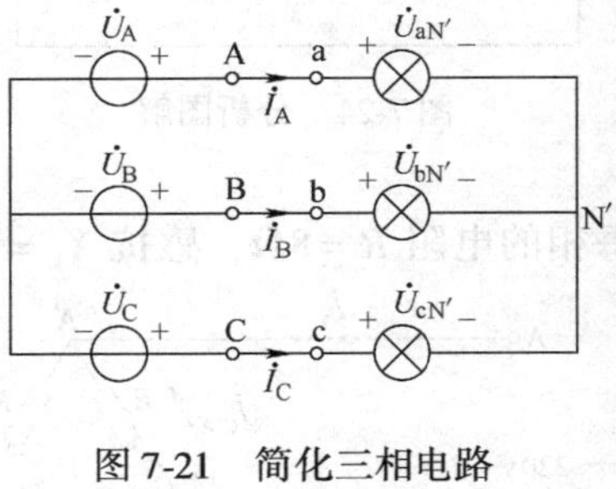

图 7-21　简化三相电路

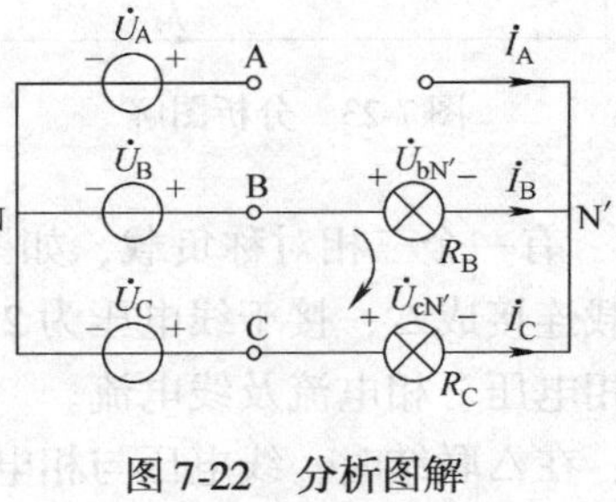

图 7-22　分析图解

由回路得 KVL 方程

$$\begin{cases}R_B\dot{I}_B-R_C\dot{I}_C+\dot{U}_C-\dot{U}_B=0\\ \dot{I}_B+\dot{I}_C=0\end{cases}$$

所以

$$\dot{I}_B=\frac{\dot{U}_B-\dot{U}_C}{R_B+R_C}=\frac{220\angle-120^\circ-220\angle-240^\circ}{22+22}\text{A}=\frac{-\text{j}220\sqrt{3}}{44}\text{A}=-\text{j}5\sqrt{3}\ \text{A}$$

$$\dot{I}_C=-\dot{I}_B=\text{j}5\sqrt{3}\ \text{A}$$

$$\dot{U}_{bN'}=R_B\dot{I}_B=22\times(-\text{j}5\sqrt{3})\text{V}=-\text{j}110\sqrt{3}\ \text{V}$$

$$\dot{U}_{cN'}=R_C\dot{I}_C=22\times(\text{j}5\sqrt{3})\text{V}=\text{j}110\sqrt{3}\ \text{V}$$

(5) 在有中性线时 A 相短路，电路如图 7-23 所示，此时 A 相短路，电流过大而烧断，这时

$$\dot{I}_B=\frac{\dot{U}_B}{R_B}=\frac{220\angle-120^\circ}{22}\text{A}=10\angle-120^\circ\ \text{A}$$

$$\dot{I}_C=\frac{\dot{U}_C}{R_C}=\frac{220\angle-240^\circ}{22}\text{A}=10\angle-240^\circ\ \text{A}$$

此时

$$\dot{I}_N=\dot{I}_B+\dot{I}_C=(10\angle-120^\circ+10\angle-240^\circ)\text{A}=-10\text{A}$$

有中性线时 A 相断路，其电路如图 7-24 所示，此时

$$\dot{I}_A=0$$

$$\dot{I}_B=\frac{\dot{U}_B}{R_B}=\frac{220\angle-120^\circ}{22}\text{A}=10\angle-120^\circ\ \text{A}$$

$$\dot{I}_C=\frac{\dot{U}_C}{R_C}=\frac{220\angle-240^\circ}{22}\text{A}=10\angle-240^\circ\ \text{A}$$

$$\dot{I}_N=\dot{I}_B+\dot{I}_C=(10\angle-120^\circ+10\angle-240^\circ)\text{A}=-10\text{A}$$

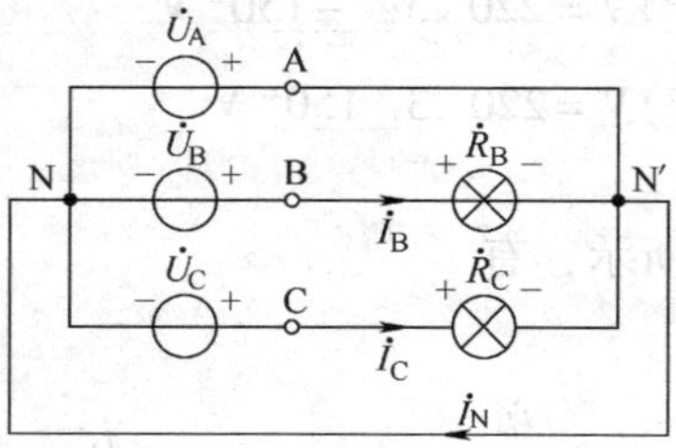

图 7-23 分析图解

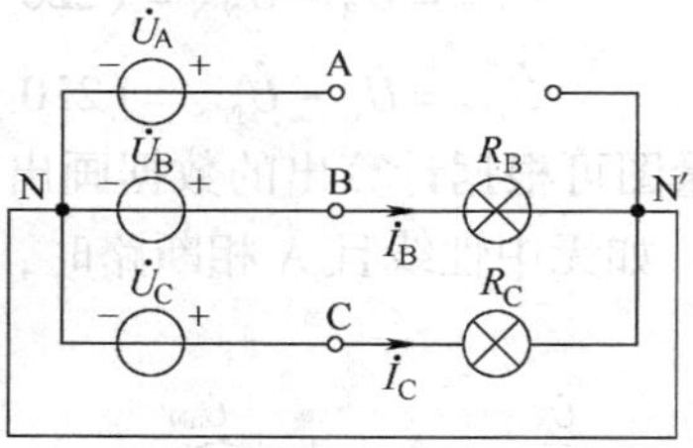

图 7-24 分析图解

7-3 有一个三相对称负载，如图 7-25 所示，其每相的电阻 $R=8\Omega$，感抗 $X_L=6\Omega$。如果将负载连接成△，接于线电压为 220V 的三相电源上，求相电压、相电流及线电流。

解：在△联结时，线电压与相电压相等。所以

$$\dot{U}_{A'B'}=220\angle0^\circ\ \text{V}$$

$$\dot{U}_{B'C'}=220\angle-120^\circ\ \text{V}$$

$$\dot{U}_{C'A'}=220\angle-240^\circ\ \text{V}$$

相电流

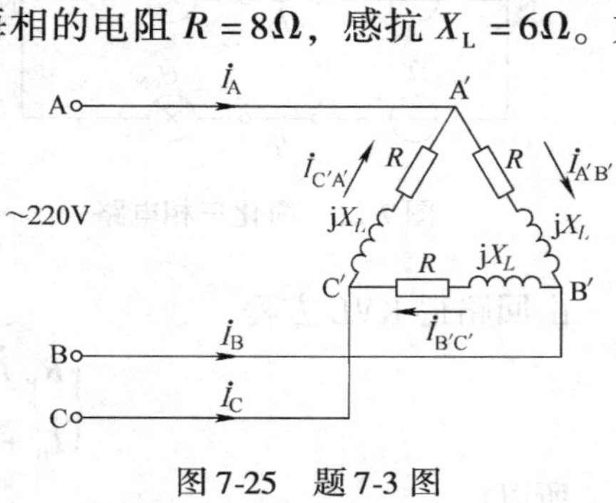

图 7-25 题 7-3 图

$$\dot{I}_{A'B'}=\frac{\dot{U}_{A'B'}}{R+jX_L}=\frac{220\angle 0^\circ}{8+j6}\text{A}=22\angle -36.87^\circ\ \text{A}$$

根据对称性

$$\dot{I}_{B'C'}=22\angle -156.87^\circ\ \text{A}$$
$$\dot{I}_{C'A'}=22\angle 83.13^\circ\ \text{A}$$

根据△联接线电流等相电流$\sqrt{3}$倍，并滞后它对应的电流 30°，则有

$$\dot{I}_A=\sqrt{3}\dot{I}_{A'B'}\angle -30^\circ=\sqrt{3}\times 22\angle -36.87^\circ-30^\circ\ \text{A}=38\angle -66.87^\circ\ \text{A}$$
$$\dot{I}_B\ \sqrt{3}\dot{I}_{B'C'}\angle -30^\circ=\sqrt{3}\times 22\angle -156.87^\circ-30^\circ\ \text{A}=38\angle 173.13^\circ\ \text{A}$$
$$\dot{I}_C=\sqrt{3}\dot{I}_{C'A'}\angle -30^\circ=\sqrt{3}\times 22\angle 83.13^\circ-30^\circ\ \text{A}=38\angle 53.13^\circ\ \text{A}$$

7-4　在线电压为 380V 的三相电源上，接两组电阻性负载，如图 7-26 所示，求线路电流。

解：遇到多负载，并且有 Y 联结也有△联结时，一般是将△联结的负载转换成 Y 联结。其电路如图 7-27 所示。由于是对称三相电路，Y 联结时，中性线相当于用一根导线直接相连。用归一法求解，画出一相计算电路，如图 7-28 所示，设$\dot{U}_{AB}=380\angle 30^\circ$ V，则$\dot{U}_A=220\angle 0^\circ$ V。线电流为

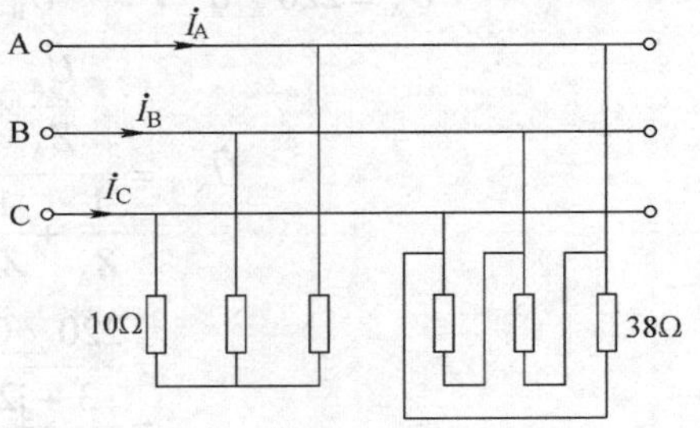

图 7-26　题 7-4 图

$$\dot{I}_A=\frac{\dot{U}_A}{\dfrac{10\times\dfrac{38}{3}}{10+\dfrac{38}{3}}}=\frac{220\angle 0^\circ}{\dfrac{380}{68}}\text{A}=39.26\angle 0^\circ\ \text{A}$$

根据对称性，有

$$\dot{I}_B=39.26\angle -120^\circ\ \text{A}$$
$$\dot{I}_C=39.26\angle -240^\circ\ \text{A}$$

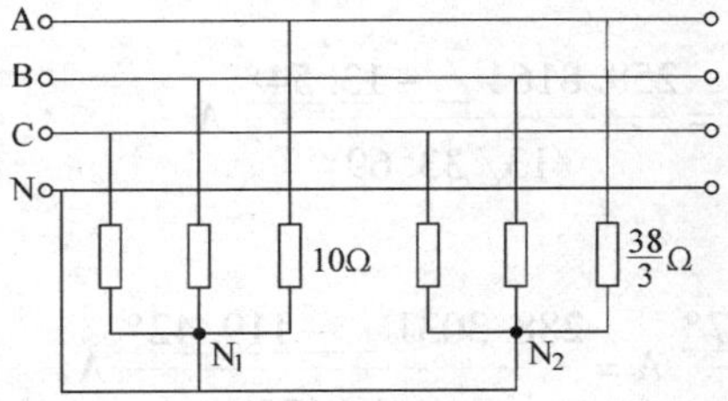

图 7-27　Y—Y 图

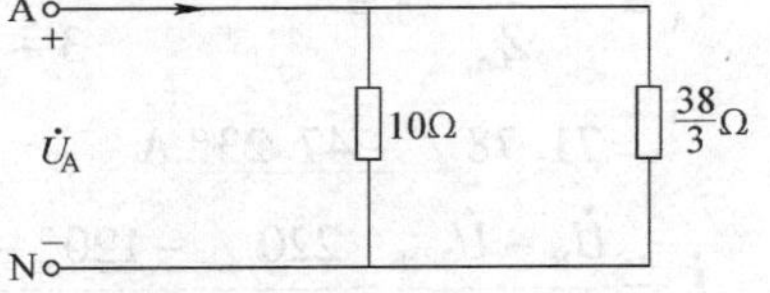

图 7-28　化为单相

7-5　有一台三相异步电动机，其绕组三角形联结，接在线电压为 380V 的电源上，从电源取用的功率 $P_1=11.43$kW，功率因数 $\cos\varphi=0.87$，求电动机的相电流和线电流。

解：根据对称三相电路功率的计算公式

$$P=\sqrt{3}U_1I_1\cos\varphi$$

$$I_1=\frac{P}{\sqrt{3}U_1\cos\varphi}=\frac{11.43\times 1000}{\sqrt{3}\times 380\times 0.87}\text{A}=19.96\text{A}$$

根据三角形联结时线电流等于相电流的$\sqrt{3}$倍，相电流

$$I_p=\frac{I_l}{\sqrt{3}}=\frac{19.96}{\sqrt{3}}\text{A}=11.52\text{A}$$

7-6 已知不对称三相四线制系统中的对称三相电源的线电压 $U_l=380\text{V}$，不对称的星形联结负载分别是 $Z_A=(3+\text{j}2)\Omega$，$Z_B=(4+\text{j}4)\Omega$，$Z_C=(2+\text{j}1)\Omega$。

试求：(1) 当中性线阻抗 $Z_N=(4+\text{j}3)\Omega$ 时的中性点电压、线电流和负载吸收的总功率；

(2) 当 $Z_N=0$ 时，A 相开路时的线电流。如果无中性线又会怎样？

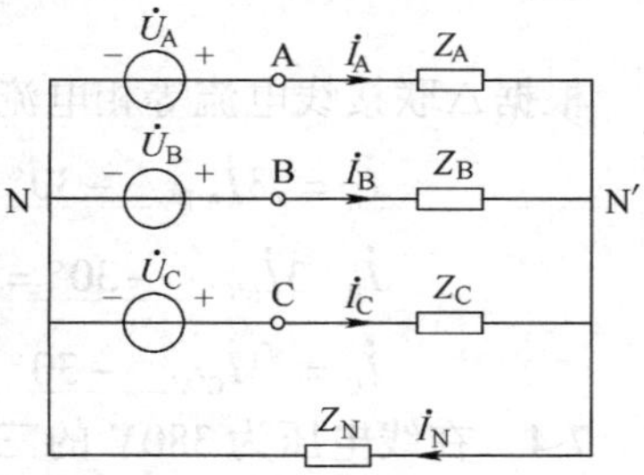

图 7-29 题 7-6 图

解：(1) 画出不对称三相电路如图 7-29 所示。假设 $\dot{U}_{AB}=380\angle 30°\text{ V}$，则

$$\dot{U}_A=220\angle 0°\text{ V}\qquad \dot{U}_B=220\angle -120°\text{ V}\qquad \dot{U}_C=220\angle 120°\text{ V},$$

$$\dot{U}_{N'N}=\frac{\dfrac{\dot{U}_A}{Z_A}+\dfrac{\dot{U}_B}{Z_B}+\dfrac{\dot{U}_C}{Z_C}}{\dfrac{1}{Z_A}+\dfrac{1}{Z_B}+\dfrac{1}{Z_C}+\dfrac{1}{Z_N}}$$

$$=\frac{\dfrac{220\angle 0°}{3+\text{j}2}+\dfrac{220\angle -120°}{4+\text{j}4}+\dfrac{220\angle 120°}{2+\text{j}}}{\dfrac{1}{3+\text{j}2}+\dfrac{1}{4+\text{j}4}+\dfrac{1}{2+\text{j}}+\dfrac{1}{4+\text{j}3}}\text{V}$$

$$=\frac{74.7892\angle 84.39°}{1.0942\angle -33.18°}\text{V}=68.35\angle 117.57°\text{ V}$$

$$=(-31.6346+\text{j}60.5886)\text{V}$$

线电流为

$$\dot{I}_A=\frac{\dot{U}_A-\dot{U}_{N'N}}{Z_A}=\frac{220\angle 0°-68.35\angle 117.57°}{3+\text{j}2}\text{A}=\frac{258.8164\angle -13.54°}{\sqrt{13}\angle 33.69°}\text{A}$$

$$=71.78\angle -47.23°\text{ A}$$

$$\dot{I}_B=\frac{\dot{U}_B-\dot{U}_{N'N}}{Z_B}=\frac{220\angle -120°-68.35\angle 117.57°}{4+\text{j}4}\text{A}=\frac{288.3031\angle -119.42°}{4\sqrt{2}\angle 45°}\text{A}$$

$$=40.36\angle -164.42°\text{A}$$

$$\dot{I}_C=\frac{\dot{U}_C-\dot{U}_{N'N}}{Z_C}=\frac{220\angle 120°-68.25\angle 117.57°}{2+\text{j}1}\text{A}=67.86\angle 121.09°\text{ A}$$

负载吸收的总功率为

$$P=P_A+P_B+P_C=I_A^2R_A+I_B^2R_B+I_C^2R_C$$

$$=(71.78^2\times 3+40.36^2\times 4+67.86^2\times 2)\text{W}$$

$$=31182\text{W}$$

（2）当 $Z_N=0$ 时，A 相开路时的电路如图 7-30 所示，有

$$\dot{I}_B=\frac{\dot{U}_B}{Z_B}=\frac{220\angle-120^\circ}{4+j4}\text{ A}=38.89\angle-165^\circ\text{ A}$$

$$\dot{I}_C=\frac{\dot{U}_C}{Z_C}=\frac{220\angle120^\circ}{2+j1}\text{ A}=98.39\angle93.43^\circ\text{ A}$$

$$\dot{I}_A=0$$

无中性线电路如图 7-31 所示，有

$$\dot{I}_B=-\dot{I}_C=\frac{\dot{U}_B-\dot{U}_C}{Z_B+Z_C}=\frac{220\angle-120^\circ-220\angle120^\circ}{4+j4+2+j1}$$

$$=\frac{220\angle-60^\circ}{\sqrt{61}\angle39.81^\circ}\text{ A}=28.17\angle-99.81^\circ\text{ A}$$

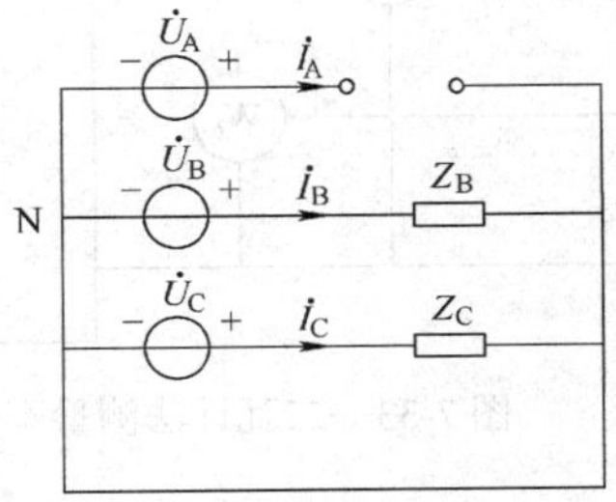

图 7-30　分析图解

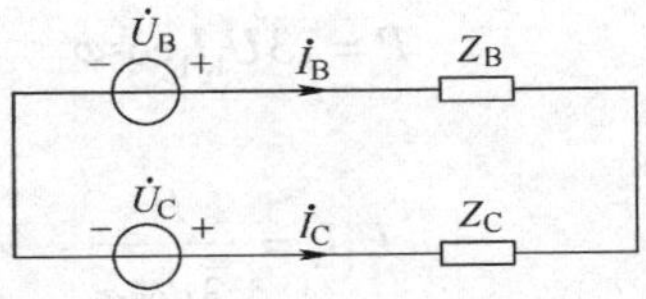

图 7-31　分析图解

7-7　已知对称三相电路的线电流 $\dot{I}_A=5\angle10^\circ$ A，线电压 $\dot{U}_{AB}=380\angle75^\circ$ V。

（1）画出用二瓦计法测量三相功率的接线图，求出两个功率表的读数；

（2）根据功率表的读数能否求出三相无功功率和功率因数（指对称情况）？

解：（1）用二瓦计法测量三相功率的电路如图 7-32 所示，根据对称三相电路线电流和线电压的对称性，有

$$\dot{I}_B=5\angle10^\circ-120^\circ\text{ A}=5\angle-110^\circ\text{ A}$$

$$\dot{I}_C=5\angle10^\circ+120^\circ\text{ A}=5\angle+130^\circ\text{ A}$$

$$\dot{U}_{BC}=380\angle75^\circ-120^\circ\text{ V}=380\angle-45^\circ\text{ V}$$

$$\dot{U}_{CB}=380\angle135^\circ\text{V}$$

$$\dot{U}_{CA}=380\angle75^\circ+120^\circ\text{ V}=380\angle-165^\circ\text{ V}$$

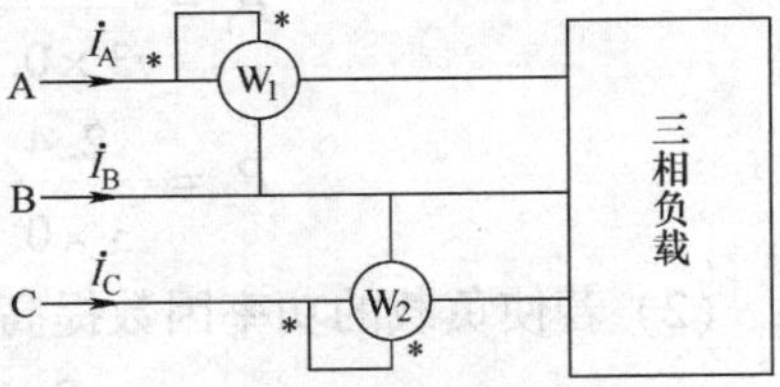

图 7-32　二瓦特计法测量

功率表 W_1 的读数

$$P_1=U_{AB}I_A\cos(75^\circ-10^\circ)=380\times5\cos65^\circ\text{ W}$$
$$=802.97\text{W}$$

功率表 W_2 的读数

$$P_2=U_{CB}I_C\cos(135^\circ-130^\circ)=380\times5\cos5^\circ\text{ W}$$
$$=1892.77\text{W}$$

（2）首先计算功率因数 $\cos\varphi$

$$P_1 + P_2 = \sqrt{3}U_1 I_1 \cos\varphi$$

$$\cos\varphi = \frac{P_1 + P_2}{\sqrt{3}U_1 I_1} = \frac{802.97 + 1892.77}{\sqrt{3} \times 380 \times 5} = 0.82 \Rightarrow \varphi = 34.92°$$

无功功率

$$\begin{aligned} Q &= P\tan\varphi = (P_1 + P_2)\tan\varphi = (802.97 + 1892.77)\tan 34.92° \text{var} \\ &= 1881.97 \text{var} \end{aligned}$$

7-8 已知对称三相电路的负载吸收的功率 $P = 2.4\text{kW}$，功率因数为 0.4（感性）。试求：

（1）两个功率表的读数（用二瓦计法测量三相功率时）；

（2）若使负载的功率因数提高到 0.8 该怎么办？并再求出两个功率表的读数。

解：画出二瓦计法测量线路，如图 7-33 所示，有

$$P_1 = U_{AC} I_A \cos(\varphi - 30°)$$

$$P_2 = U_{BC} I_B \cos(\varphi + 30°)$$

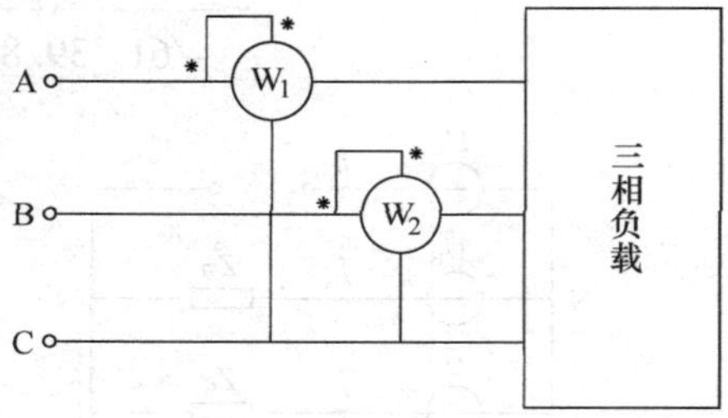

图 7-33 二瓦计法测量

又因为

$$P = \sqrt{3}U_1 I_1 \cos\varphi$$

所以

$$U_1 I_1 = \frac{P}{\sqrt{3}\cos\varphi}$$

可得

$$P_1 = \frac{P}{\sqrt{3}\cos\varphi}\cos(\varphi - 30°)$$

$$P_2 = \frac{P}{\sqrt{3}\cos\varphi}\cos(\varphi + 30°)$$

当 $\cos\varphi = 0.4$ 时，$\varphi = 66.42°$，当 $\cos\varphi' = 0.8$ 时，$\varphi' = 36.87°$。

（1）当功率因数为 0.4 时，两功率表读数分别为

$$P_1 = \frac{2.4}{\sqrt{3} \times 0.4}\cos(66.42° - 30°)\text{kW} = 2.79\text{kW}$$

$$P_2 = \frac{2.4}{\sqrt{3} \times 0.4}\cos(66.42° + 30°)\text{kW} = -0.39\text{kW}$$

（2）若使负载的功率因数提高到 0.8，需在负载上并联电容，这时两个表的读数分别为

$$P_1' = \frac{2.4}{\sqrt{3} \times 0.8}\cos(36.87° - 30°)\text{kW} = 1.72\text{kW}$$

$$P_2' = \frac{2.4}{\sqrt{3} \times 0.8}\cos(36.87° + 30°)\text{kW} = 0.68\text{kW}$$

第 8 章　低阶电路的暂态分析

【本章学习要点】

本章介绍利用经典的微分方程法对一阶和二阶电路进行暂态分析。包括：电路的状态，电路的初始值，电路的换路定则；电路的零输入响应，零状态响应，全响应；三要素法等。其中，三要素法是求解一阶电路暂态解非常有效的方法，因此要重点掌握三要素法。

学习难点：换路定则；零输入响应；零状态响应；三要素法。

8.1　暂态电路的基本概念

在含有电感和电容的电路中，当突然接通电源或突然改变电路结构与参数时，电路会从某一种稳定状态经历一段暂短变化过程才能达到另一种稳定状态。这个变化过程称为暂态过程或过渡过程。

突然接通或切断电源，突然改变电路的结构或参数称为**换路**。一般把换路的那一瞬间规定为 **$t=0$ 时刻**。把 $t=0$ 的这一时刻细分为两个时间点，即 $t=0_-$ 和 $t=0_+$。$t=0_-$ 标志着换路前的一瞬间，$t=0_+$ 标志着换路后的一瞬间。

换路定则：

电感电流不能跃变，$i_L(0_+)=i_L(0_-)$；

电容电压不能跃变，$u_C(0_+)=u_C(0_-)$。

换路定则仅适用于换路的那一瞬间，是确定电路初始值的重要依据。

8.2　*RC* 电路的暂态分析

1. *RC* 电路的零输入响应

RC 电路的零输入响应是指在没有外加激励的情况下，靠电容元件本身的初始储能产生的暂态过程，如图 8-1 所示，实际上是 *RC* 电路的放电过程。

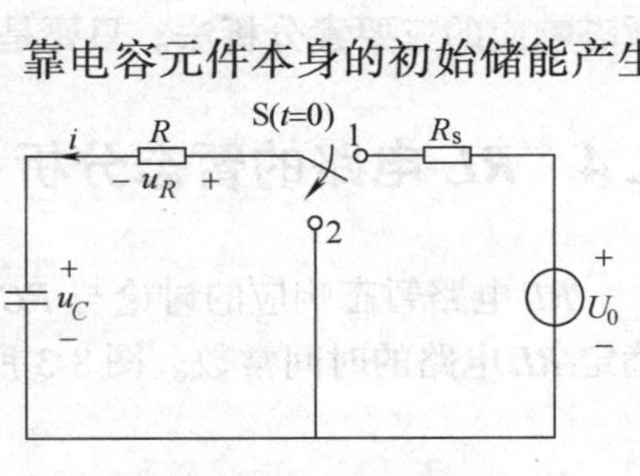

图 8-1　*RC* 放电电路

有以下关系式：

$$u_C=U_0\mathrm{e}^{-\frac{t}{RC}} \tag{8-1}$$

$$i_C=C\frac{\mathrm{d}u_C}{\mathrm{d}t}=-\frac{U_0}{R}\mathrm{e}^{-\frac{t}{RC}} \tag{8-2}$$

$$u_R=Ri_C=-U_0\mathrm{e}^{-\frac{t}{RC}} \tag{8-3}$$

2. *RC* 电路的零状态响应

RC 电路的零状态响应是指电容初始电压为零的情况下，靠外加激励在电路中产生的暂态过程，如图 8-2 所示，实际上就是 *RC* 电路的充电过程。

有以下关系式：

$$u_C = U_s(1-e^{-\frac{t}{\tau}})\text{V} \quad t \geqslant 0 \tag{8-4}$$

$$i_C = C\frac{du_C}{dt} = \frac{U_s}{R}e^{-\frac{t}{\tau}}\text{A} \quad t \geqslant 0 \tag{8-5}$$

$$u_R = Ri_C = U_s e^{-\frac{t}{\tau}}\text{V} \quad t \geqslant 0 \tag{8-6}$$

从理论上来讲，$t=\infty$ 时 RC 电路才能达到稳态。实际上：当 $t=\tau$ 时，$u_{C(\tau)}=0.632U_s$；当 $t=3\tau$ 时，$u_{C(3\tau)}=0.95U_s$；当 $t=5\tau$ 时，$u_{C(5\tau)}=0.993U_s$。因此一般 $t=(3\sim5)\tau$ 时就认为充电结束。

3. *RC* 电路的全响应

RC 电路的全响应是既有外加激励又有初始能量情况下产生的暂态过程。于是得出结论

$$u_C = U_0 e^{-\frac{t}{RC}} + U_s(1-e^{-\frac{t}{RC}}) \tag{8-7}$$

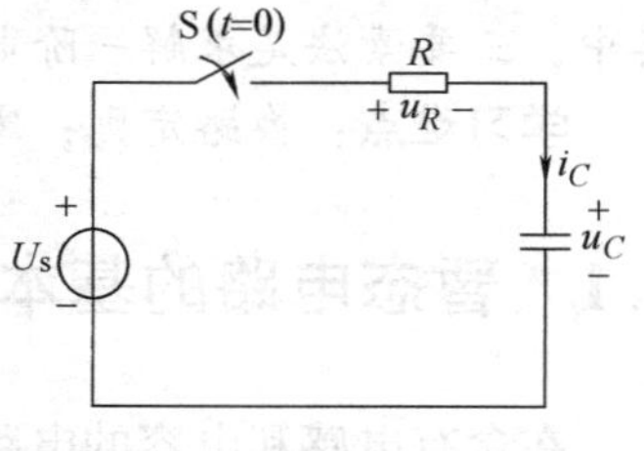

图 8-2 *RC* 充电电路

从式（8-7）不难看出，第一项为式（8-1），就是零输入响应；第二项为式（8-4），就是零状态响应。于是有

全响应 = 零输入响应 + 零状态响应

这也是叠加原理在电路暂态分析中的体现。在求全响应时，可把电容元件的初始值 $u_C(0_+)$ 看做一种电压源。将 $u_C(0_+)$ 和外加电源分别单独作用时所产生的零输入响应和零状态响应叠加，即为全响应。

8.3 一阶电路暂态分析的三要素法

把一阶线性电路的暂态响应写成普遍形式，即

$$f(t) = f(\infty) + [f(0_+) - f(\infty)]e^{-\frac{t}{\tau}} \tag{8-8}$$

在一阶线性电路中，只要求出电压（或电流）的初始值、稳态值和时间常数这三个要素，代入式（8-8）就可以求得它的暂态响应，也就是全响应。这种方法称为一阶线性电路暂态响应的三要素分析法。只要是一阶线性电路，三要素法都适用。

8.4 *RL* 电路的暂态分析

RL 电路暂态响应的讨论与 *RC* 电路的暂态响应一样，也可以用三要素法，这里只需要确定 *RL* 电路的时间常数。图 8-3 所示为 *RL* 电路的暂态响应，根据 KVL 列出微分方程

$$u_R + u_L = U_s$$

将 $u_L = L\text{d}i_L/\text{d}t$，$U_s = Ri_L$ 代入上式，整理得

$$\frac{L}{R}\frac{\text{d}i_L}{\text{d}t} + i_L = \frac{U_s}{R}$$

利用对比的方法，在 *RL* 电路中，时间常数 $\tau = \frac{L}{R}$。

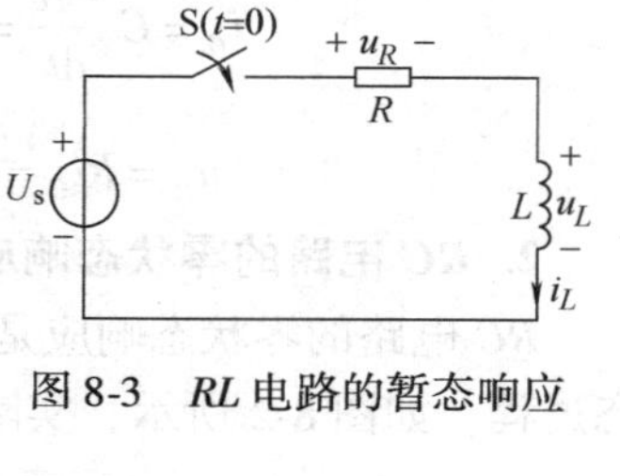

图 8-3 *RL* 电路的暂态响应

所以，*RL* 电路的暂态响应为

$$i_L = i_L(\infty) + [i_L(0_+) - i_L(\infty)]\mathrm{e}^{-\frac{t}{\tau}} \qquad t \geqslant 0 \tag{8-9}$$

8.5　二阶电路的暂态分析

二阶电路的分析比一阶电路要复杂，下面以 *RLC* 串联电路的零输入响应为例加以介绍，如图 8-4 所示。

图 8-4 中，设 $u_C(0_-) = U_{C0} > 0$，$t = 0$ 时开关突然接通。$t > 0$ 时电路的 KVL 方程是

$$\frac{\mathrm{d}^2 u_C}{\mathrm{d}t^2} + \frac{R}{L}\frac{\mathrm{d}u_C}{\mathrm{d}t} + \frac{1}{LC}u_C = 0 \tag{8-10}$$

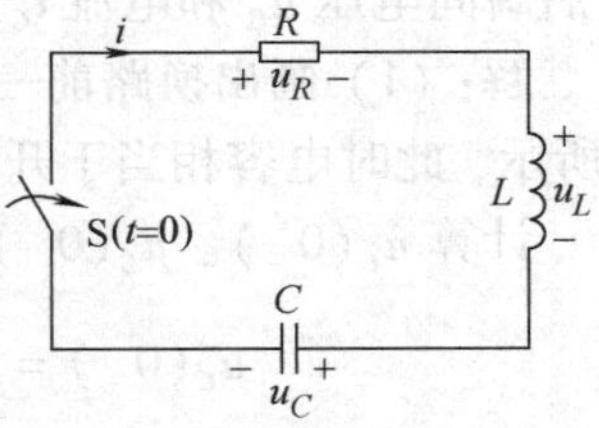

图 8-4　*RLC* 串联电路

该微分方程的解分三种情况，下面分别讨论。

1. $\alpha > \omega_0$，$R > 2\sqrt{L/C}$

特征方程有 p_1、p_2 两个不相等的负实根，有解为

$$u_C = \frac{U_{C0}}{p_2 - p_1}(p_2 \mathrm{e}^{p_1 t} - p_1 \mathrm{e}^{p_2 t}) \qquad t > 0$$

继而又求得

$$i = C\frac{\mathrm{d}u_C}{\mathrm{d}t} = \frac{U_{C0}}{L(p_2 - p_1)}(\mathrm{e}^{p_1 t} - \mathrm{e}^{p_2 t}) \qquad (t > 0)$$

$$u_L = L\frac{\mathrm{d}i}{\mathrm{d}t} = \frac{U_{C0}}{p_2 - p_1}(p_1 \mathrm{e}^{p_1 t} - p_2 \mathrm{e}^{p_2 t}) \qquad (t > 0)$$

2. $\alpha < \omega_0$，$R < 2\sqrt{L/C}$

p_1、p_2 为两个共轭复数。把它们分别写成

$$p_1 = -\alpha + \sqrt{\alpha^2 - \omega_0^2} = -\alpha + \mathrm{j}\omega'$$

$$p_2 = -\alpha - \sqrt{\alpha^2 - \omega_0^2} = -\alpha - \mathrm{j}\omega'$$

式中

$$\omega' = \sqrt{\omega_0^2 - \alpha^2}$$

此时响应 u_C 为

$$u_C = \frac{\omega_0}{\omega'}U_{C0}\mathrm{e}^{-\alpha t}\sin(\omega' t + \theta)$$

3. $\alpha = \omega_0$，$R = 2\sqrt{L/C}$

p_1、p_2 为两个相等实根，即特征方程存在二重根

$$p_1 = p_2 = p = -\alpha$$

此时响应为

$$u_C = (A_1 + A_2 t)\mathrm{e}^{-\alpha t} = U_{C0}(1 + \alpha t)\mathrm{e}^{-\alpha t}$$

进一步又求得

$$i = C\frac{\mathrm{d}u_C}{\mathrm{d}t} = -\alpha^2 C U_{C0} t \mathrm{e}^{-\alpha t} = -\frac{U_{C0}}{L}t\mathrm{e}^{-\alpha t}$$

$$u_L = L\frac{\mathrm{d}i}{\mathrm{d}t} = U_{C0}(\alpha t - 1)\mathrm{e}^{-\alpha t}$$

本章习题及其解答

8-1 在图 8-5 所示的电路中，假定在开关 S 断开前电路已处于稳定状态，试求开关 S 断开后瞬间电压 u_C 和电流 i_C、i_1、i_2 的初始值。

解：(1) 画出换路前一瞬间 $t=0_-$ 时刻的电路，如图 8-6 所示，此时电容相当于开路。

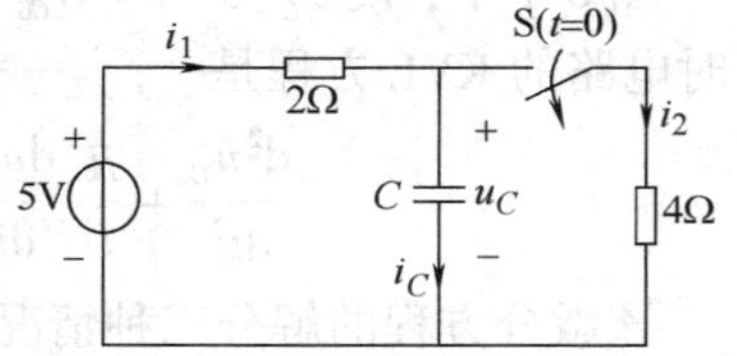

图 8-5 题 8-1 图

计算 $u_C(0_-)$。$u_C(0_-)$是 4Ω 电阻两端的电压，有

$$u_C(0_-) = \frac{4}{2+4}\times 5\text{V} = \frac{10}{3}\text{V}$$

(2) 根据换路定则得

$$u_C(0_+) = u_C(0_-) = \frac{10}{3}\text{V}$$

(3) 画出换路后一瞬间 $t=0_+$ 时刻的电路，如图 8-7 所示，由于电容两端电压不能跃变，因此把电容视为电压源，有

$$i_2(0_+) = 0$$

$$i_1(0_+) = i_C(0_+) = \frac{5-\frac{10}{3}}{2}\text{A} = \frac{5}{6}\text{A}$$

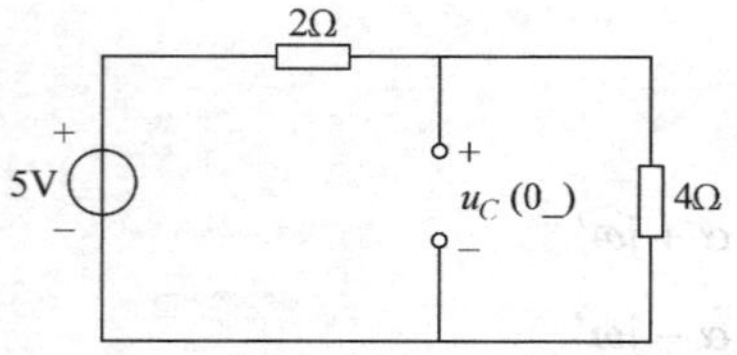

图 8-6 $t=0_-$ 时刻的电路

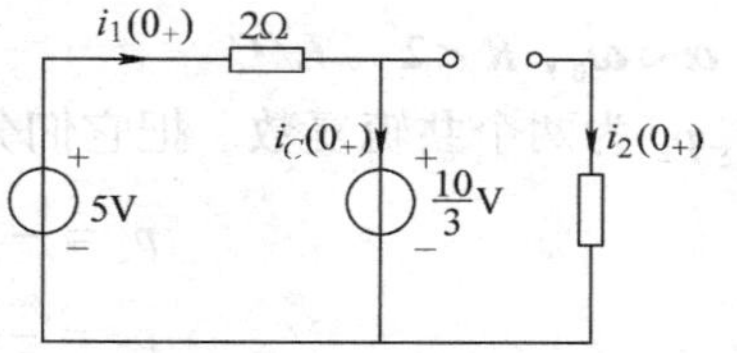

图 8-7 $t=0_+$ 时刻的电路

8-2 如图 8-8 所示，假定电路在开关 S 闭合前电路已达稳态，确定开关 S 闭合瞬间电压 u_C、u_L 和电流 i_C、i_L 的初始值。

解：(1) 画出换路前 $t=0_-$ 时刻的电路，如图 8-9 所示，由于此时电路已达到稳态，又是直流电路，所以电容视为开路，电感视为短路。

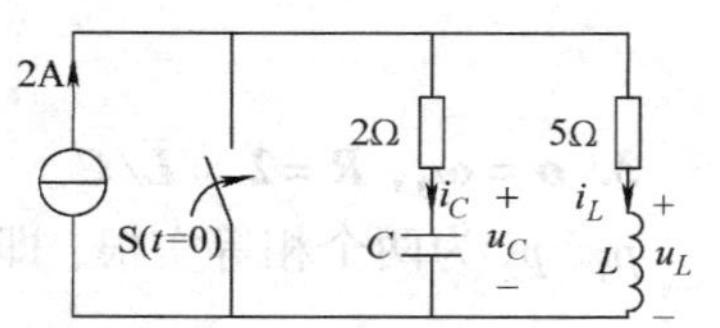

图 8-8 题 8-2 图

计算电容两端的电压和流过电感的电流

$$u_C(0_-) = 2\times 5\text{V} = 10\text{V}$$

$$i_L(0_-) = 2\text{A}$$

(2) 根据换路定则得

$$u_C(0_+) = u_C(0_-) = 10\text{V}$$

$$i_L(0_+) = i_L(0_-) = 2\text{A}$$

（3）画出换路后 $t=0_+$ 时刻的电路，如图 8-10 所示，这时电容视为电压源，电感视为电流源。有

$$i_C(0_+)=\frac{-u_C(0_+)}{2}=\frac{-10}{2}\text{ A}=-5\text{A}$$

$$u_L(0_+)=-5i_L(0_+)$$

解得：$u_L(0_+)=(-5\times2)\text{V}=-10\text{V}$

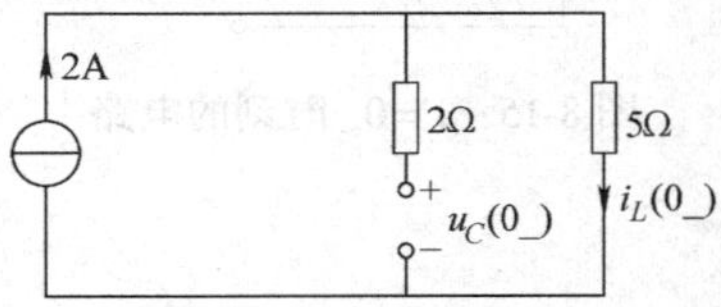

图 8-9 $t=0_-$ 时刻的电路

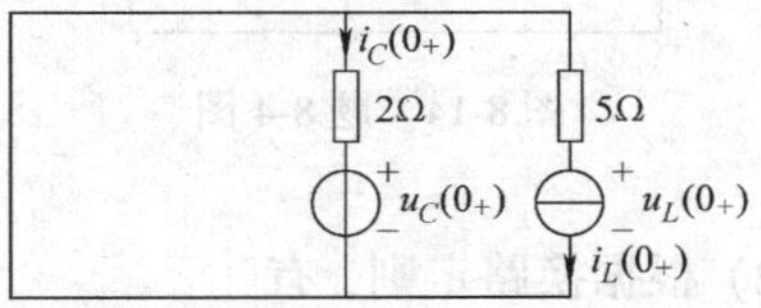

图 8-10 $t=0_+$ 时刻的电路

8-3 图 8-11 所示电路在换路前已处于稳定状态。在 $t=0$ 瞬间开关 S 闭合，且 $u_C(0_-)=20\text{V}$。试确定 $u_C(0_+)$、$i_C(0_+)$ 和 $u_L(0_+)$、$i_L(0_+)$。

解：（1）画出换路前 $t=0_-$ 时刻的电路，如图 8-12 所示，此时电路已处于稳态，电容视为开路，电感视为短路。

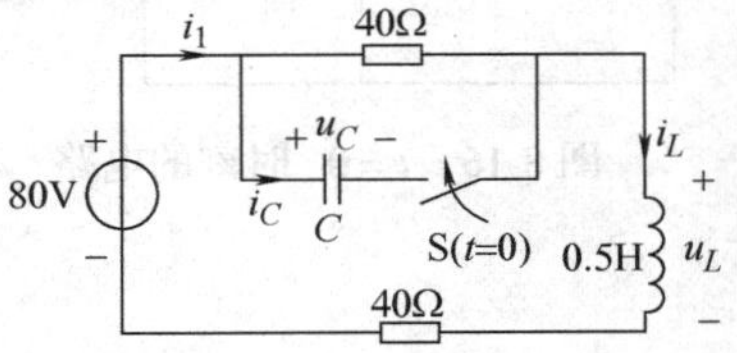

图 8-11 题 8-3 图

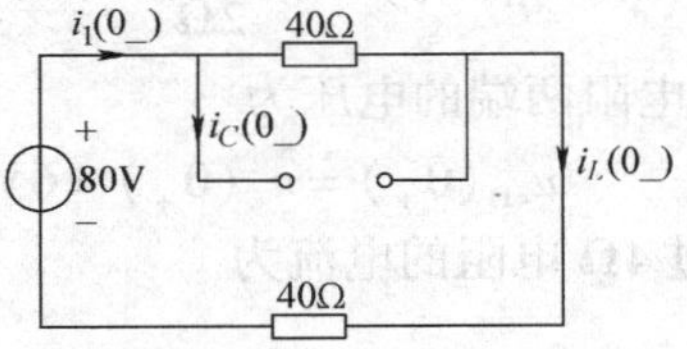

图 8-12 $t=0_-$ 时刻的电路

计算流过电感的电流

$$i_L(0_-)=\frac{80}{40+40}\text{ A}=1\text{A}$$

（2）根据换路定则，有

$$i_L(0_+)=i_L(0_-)=1\text{A}$$

$$u_C(0_+)=u_C(0_-)=20\text{V}$$

（3）画出换路后 $t=0_+$ 时刻的电路，如图 8-13 所示，根据 KVL 定律，有

$$20+u_L(0_+)+40i_L(0_+)-80=0$$

$$u_L(0_+)=(80-20-40\times1)\text{V}=20\text{V}$$

$$i_2(0_+)=\frac{20}{40}\text{ A}=0.5\text{A}$$

对 A 点列 KCL 方程，有

$$i_2(0_+)+i_C(0_+)=i_L(0_+)$$

$$i_C(0_+)=i_L(0_+)-i_2(0_+)=(1-0.5)\text{A}=0.5\text{A}$$

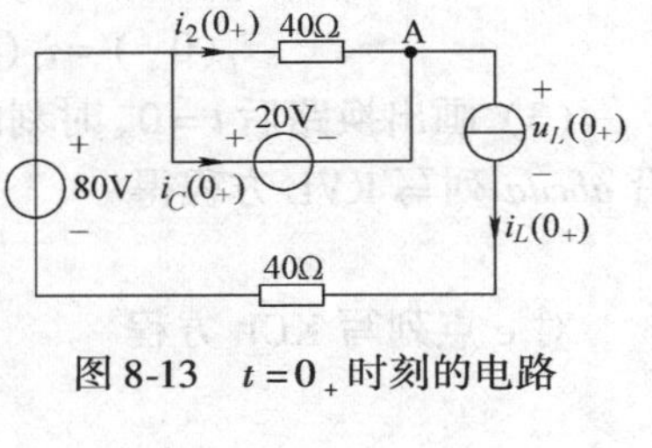

图 8-13 $t=0_+$ 时刻的电路

8-4 如图 8-14 所示，开关 S 闭合前电路已达稳态，$t=0$ 时闭合开关，试求各元件上的电压、电流的初始值。

解：(1) 画出 $t=0_-$ 时刻的电路，如图 8-15 所示，电路已达稳态，电容视为开路，则

$$u_C(0_-)=6\text{V}$$

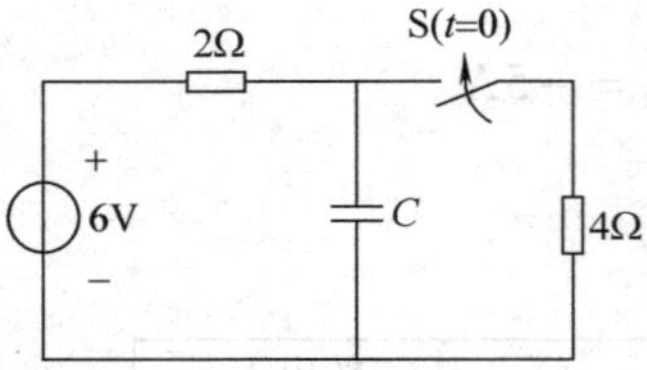

图 8-14　题 8-4 图

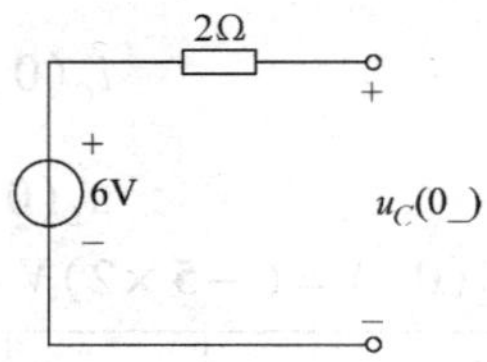

图 8-15　$t=0_-$ 时刻的电路

(2) 根据换路定则，有

$$u_C(0_+)=u_C(0_-)=6\text{V}$$

(3) 画出 $t=0_+$ 时刻的电路(换路后)，电容视为电压源(因为它两端的电压不变)。其电路如图 8-16 所示，则 2Ω 电阻两端的电压为

$$u_{2\Omega}(0_+)=(6-6)\text{V}=0\text{V}$$

流过 2Ω 电阻的电流为

$$i_{2\Omega}(0_+)=\frac{u_{2\Omega}(0_+)}{2\Omega}=0\text{A}$$

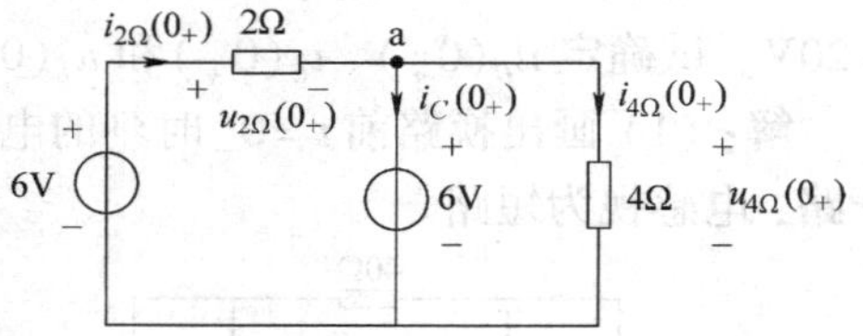

图 8-16　$t=0_+$ 时刻的电路

4Ω 电阻两端的电压为

$$u_{4\Omega}(0_+)=u_C(0_+)=6\text{V}$$

流过 4Ω 电阻的电流为

$$i_{4\Omega}(0_+)=\frac{u_{4\Omega}(0_+)}{4\Omega}=\frac{6}{4}\text{ A}=1.5\text{A}$$

根据 KCL 定律可列出 a 点的方程

$$i_{2\Omega}(0_+)=i_C(0_+)+i_{4\Omega}(0_+)$$

$$i_C(0_+)=i_{2\Omega}(0_+)-i_{4\Omega}(0_+)=(0-1.5)\text{A}=-1.5\text{A}$$

8-5　在图 8-17 所示电路中，开关 S 原闭合已久，在 $t=0$ 时断开，试求开关断开的瞬间($t=0_+$)各支路的电流。

解：(1) 画出 $t=0_-$ 时刻的电路，如图 8-18 所示，有

$$u_C(0_-)=10\text{V}$$

$$i_L(0_-)=\frac{10}{5}\text{ A}=2\text{A}$$

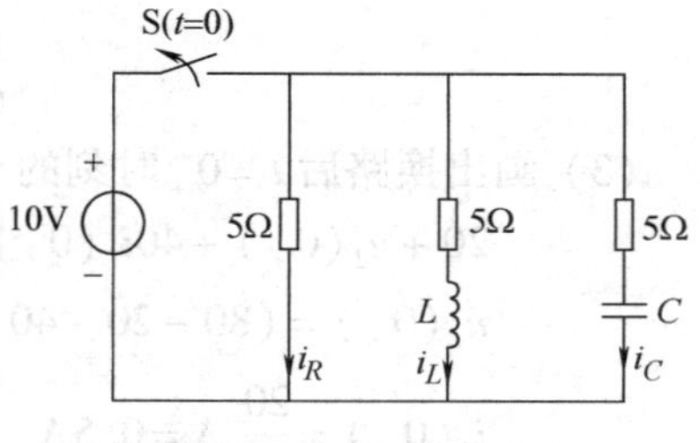

图 8-17　题 8-5 图

(2) 根据换路定则，有

$$u_C(0_+)=u_C(0_-)$$

$$i_L(0_+)=i_L(0_-)$$

(3) 画出换路后 $t=0_+$ 时刻的电路，如图 8-19 所示，沿 *abcda* 列写 KVL 方程得

$$5i_C(0_+)+10-5i_R(0_+)=0 \quad ①$$

对 e 点列写 KCL 方程

$$i_R(0_+)+i_C(0_+)+2=0 \quad ②$$

联立式①、②解得

$$\begin{cases} i_C(0_+) = -2 \\ i_R(0_+) = 0 \end{cases}$$

所以 $t=0_+$ 时各支路电流为

$$\begin{cases} i_L(0_+) = 2\text{A} \\ i_C(0_+) = -2\text{A} \\ i_R(0_+) = 0 \end{cases}$$

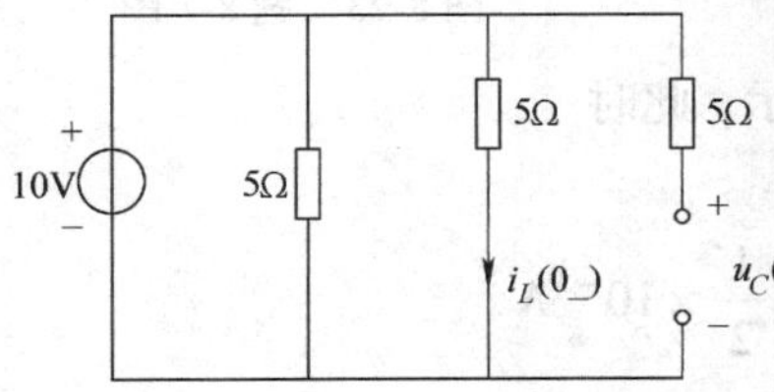

图 8-18 $t=0_-$ 时刻的电路

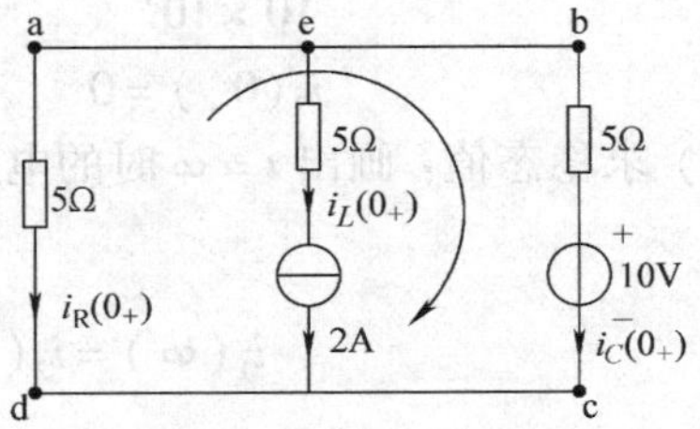

图 8-19 $t=0_+$ 时刻的电路

8-6 如图 8-20 所示在开关 S 闭合前，电路中的电感和电容原均未储能，在 $t=0$ 时将开关闭合。(1) 求 $u_C(0_+)$、$i_C(0_+)$、$u_L(0_+)$ 和 $i_L(0_+)$；(2) 求 $u_C(\infty)$、$i_C(\infty)$、$u_L(\infty)$ 和 $i_L(\infty)$。

解： 由于开关闭合前，电感和电容均未储能，即 $u_C(0_-)=0$，$i_L(0_-)=0$，根据换路定则，有

$$u_C(0_+) = u_C(0_-) = 0 \qquad i_L(0_+) = i_L(0_-) = 0$$

画出换路后瞬间 $t=0_+$ 时刻的电路，如图 8-21 所示，则

$$i_C(0_+) = \frac{10}{5+5}\text{ A} = 1\text{A}$$

$$u_L(0_+) = 5i_C(0_+)$$

解得：$u_L(0_+) = (5\times1)\text{V} = 5\text{V}$

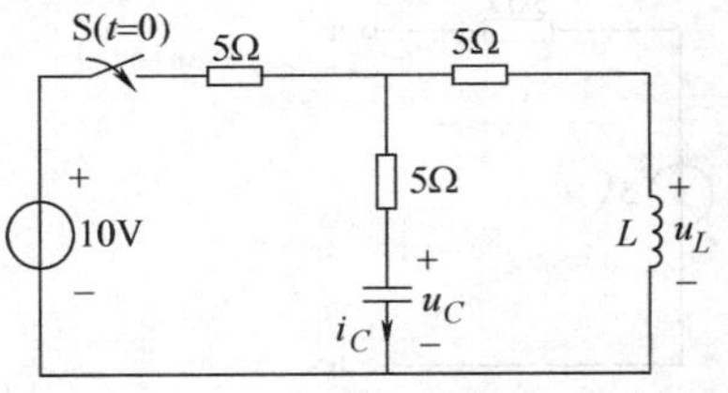

图 8-20 题 8-6 图

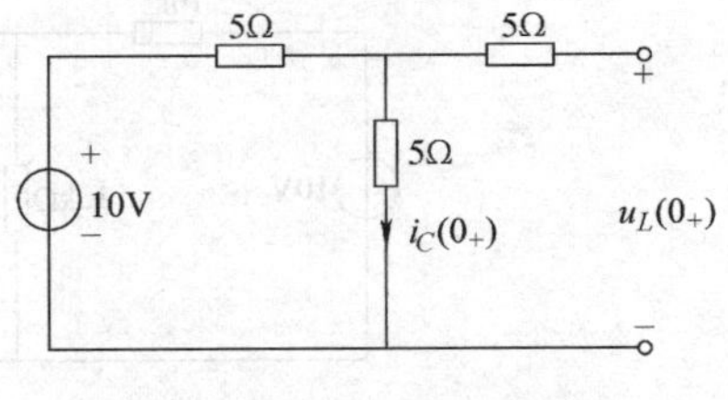

图 8-21 $t=0_+$ 时刻的电路

画出换路后 $t=\infty$ 时的电路，如图 8-22 所示，此时电路达到新的稳态，电容视为开路，电感视为短路。有

$$i_C(\infty) = 0$$

$$u_L(\infty) = 0$$

$$i_L(\infty) = \frac{10}{5+5}\text{ A} = 1\text{A}$$

$$u_C(\infty) = \frac{5}{5+5}\times 10\text{V} = 5\text{V}$$

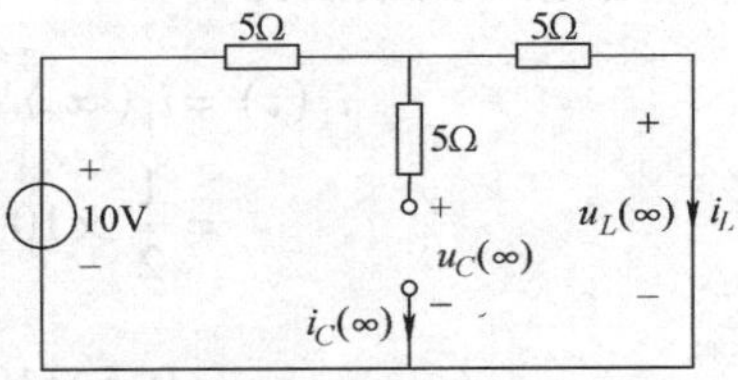

图 8-22 $t=\infty$ 时的电路

8-7 图 8-23 所示电路在开关 S 闭合前已达稳定状态，$t=0$ 时闭合开关。试求 i_1、i_2 和 i_C 的暂态响应。

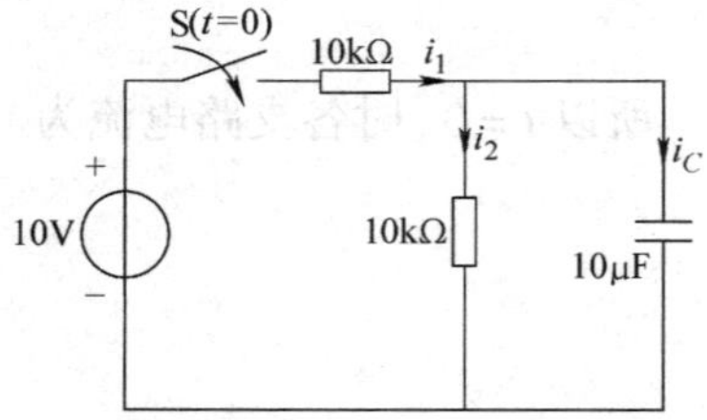

图 8-23 题 8-7 图

解：(1) 求初值：开关闭合前电路已稳定，这时 $u_C(0_-)=0$，根据换路定则，有

$$u_C(0_+)=u_C(0_-)=0$$

画出 $t=0_+$ 时刻的电路，如图 8-24 所示，有

$$i_1(0_+)=i_C(0_+)=\frac{10}{10\times10^3}\text{A}=1\times10^{-3}\text{A}=1\text{mA}$$

$$i_2(0_+)=0$$

(2) 求稳态值：画出 $t=\infty$ 时的电路，如图 8-25 所示，此时

$$i_C(\infty)=0$$

$$i_1(\infty)=i_2(\infty)=\frac{10}{10+10}\text{A}=\frac{1}{2}\times10^{-3}\text{A}$$

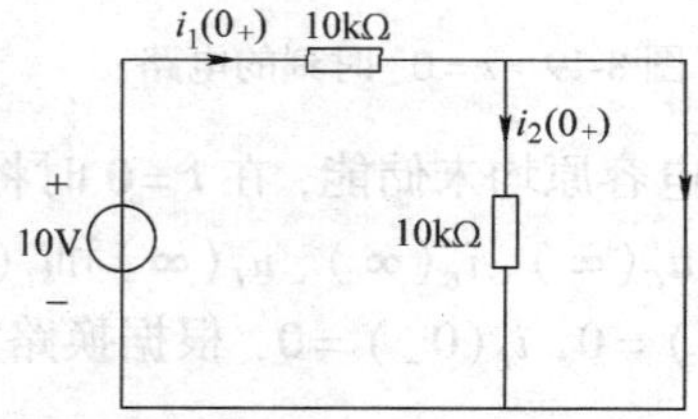

图 8-24 $t=0_+$ 时刻的电路

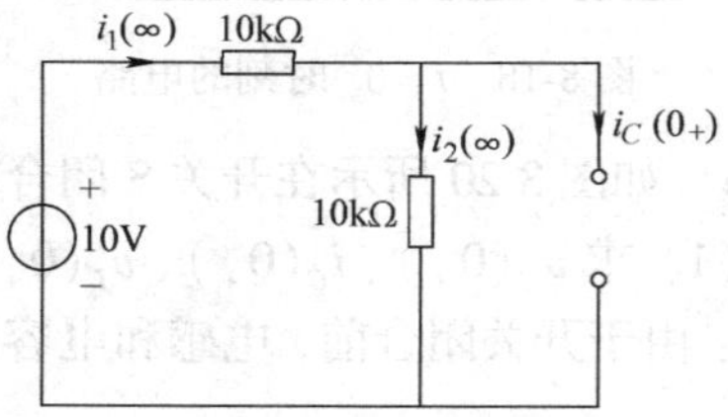

图 8-25 $t=\infty$ 时的电路

(3) 求时间常数 τ：把电容视负载开路，其电路如图 8-26 所示($t>0$)，这时 $R_{eq}=5\text{k}\Omega$，所以

$$\tau=5\times10^3\times10\times10^{-6}\text{s}=5\times10^{-2}\text{s}$$

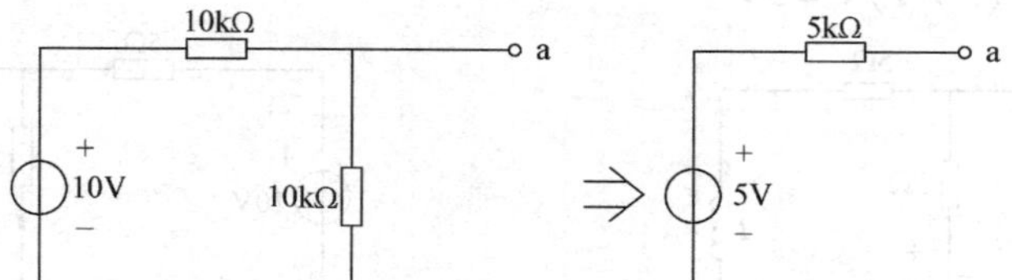

图 8-26 求时间常数 τ

(4) 根据三要素法得

$$\begin{aligned}i_1(t)&=i_1(\infty)+[i_1(0_+)-i_1(\infty)]\text{e}^{-\frac{t}{\tau}}\\&=\frac{1}{2}\times10^{-3}\text{A}+\left(1\times10^{-3}-\frac{1}{2}\times10^{-3}\right)\text{e}^{-\frac{t}{5\times10^{-2}}}\text{A}\\&=0.5\times10^{-3}\text{A}+(0.5\times10^{-3})\text{e}^{-\frac{t}{5\times10^{-2}}}\text{A}\\&=0.5\times10^{-3}\text{A}+0.5\times10^{-3}\text{e}^{-20t}\text{A}\end{aligned}$$

$$i_2(t)=i_2(\infty)+[i_2(0_+)-i_2(\infty)]e^{-\frac{t}{\tau}}$$
$$=\frac{1}{2}\times10^{-3}\text{A}+\left(0-\frac{1}{2}\times10^{-3}\right)e^{-\frac{t}{5\times10^{-2}}}\text{A}$$
$$=0.5\text{mA}-0.5e^{-20t}\text{mA}$$
$$i_C(t)=i_C(\infty)+[i_C(0_+)-i_C(\infty)]e^{-\frac{t}{\tau}}$$
$$=0+(1-0)e^{-\frac{t}{5\times10^{-2}}}\text{A}=e^{-20t}\text{mA}$$

8-8 在图 8-27 所示电路中，设 $u_C(0_-)=0$，$t=0$ 时换路。试求 $t\geqslant0$ 时的 i_1、i_2 和 i_C。

解：(1) 求初始值：根据换路定则 $u_C(0_+)=u_C(0_-)=0$，画出 $t=0_+$ 时刻的电路，如图 8-28 所示，有

$$i_1(0_+)=\frac{100}{100+100//100}\text{A}=\frac{2}{3}\text{A}$$
$$i_C(0_+)=i_2(0_+)=\frac{1}{2}i_1(0_+)=\frac{1}{3}\text{A}$$

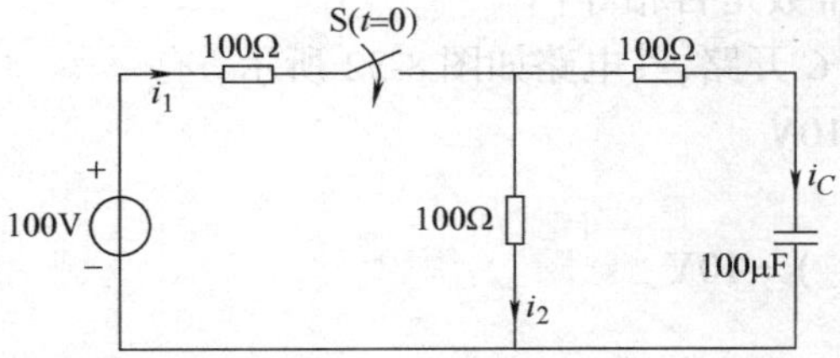

图 8-27 题 8-8 图

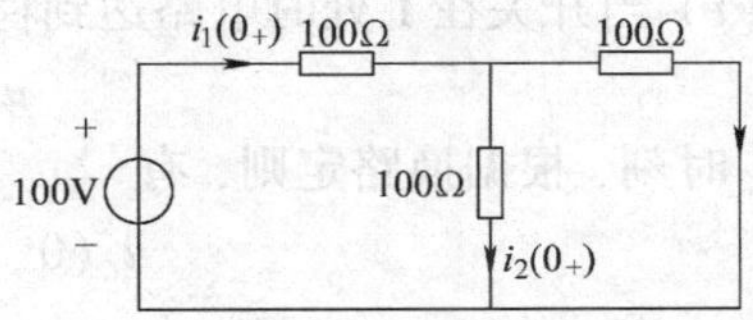

图 8-28 $t=0_+$ 时刻的电路

(2) 求稳态值：画出 $t=\infty$ 时的电路，如图 8-29 所示，这时电路达到稳态，电容视为开路。此时

$$i_C(\infty)=0$$
$$i_1(\infty)=i_2(\infty)=\frac{100}{100+100}\text{A}=0.5\text{A}$$

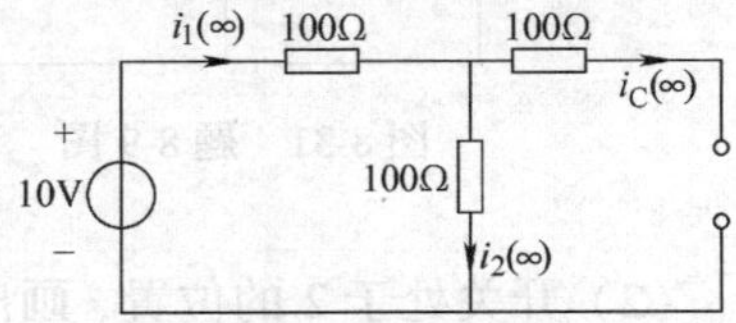

图 8-29 $t=\infty$ 时的电路

(3) 求时间常数 τ：把电容视为开路，画出 $t>0$ 时的电路，如图 8-30 所示，有

$$R_{eq}=150\Omega$$
$$\tau=R_{eq}C=150\times100\times10^{-6}\text{s}=15\times10^{-3}\text{s}$$

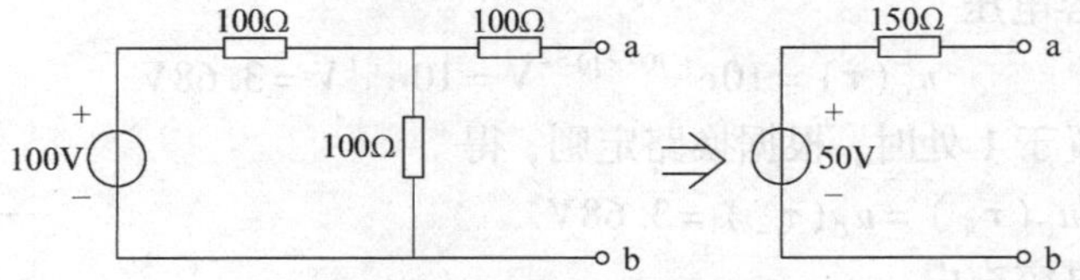

图 8-30 $t>0$ 时的电路

(4) 根据三要素法得

$$i_1(t)=i_1(\infty)+[i_1(0_+)-i_1(\infty)]e^{-\frac{t}{\tau}}=0.5A+\left(\frac{2}{3}-0.5\right)e^{-\frac{t}{15\times10^{-3}}}A$$

$$=0.5A+\frac{1}{6}e^{-\frac{200}{3}t}A$$

$$i_2(t)=i_2(\infty)+[i_2(0_+)-i_2(\infty)]e^{-\frac{t}{\tau}}=0.5A+\left(\frac{1}{3}-0.5\right)e^{-\frac{t}{15\times10^{-3}}}A$$

$$=0.5A-\frac{1}{6}e^{-\frac{200}{3}t}A$$

$$i_C(t)=i_C(\infty)+[i_C(0_+)-i_C(\infty)]e^{-\frac{t}{\tau}}=0+\left(\frac{1}{3}-0\right)e^{-\frac{t}{15\times10^{-3}}}A$$

$$=\frac{1}{3}e^{-\frac{200}{3}t}A$$

8-9 在图8-31所示电路中，开关S先在1处已久，$t=0$时将开关S换至2位置，试求$t=\tau$时u_C的值。在$t=\tau$时，又将开关合到位置1，试求$t=2\times10^{-2}$s时u_C的值。此时开关再合到2，作出u_C的变化曲线。充电和放电电路时间常数是否相等？

解：(1) 当开关在1处时电路达到稳态，电容C开路，其电路如图8-32所示，有

$$u_C(0_-)=10V$$

$t=0_+$时刻，根据换路定则，有

$$u_C(0_+)=u_C(0_-)=10V$$

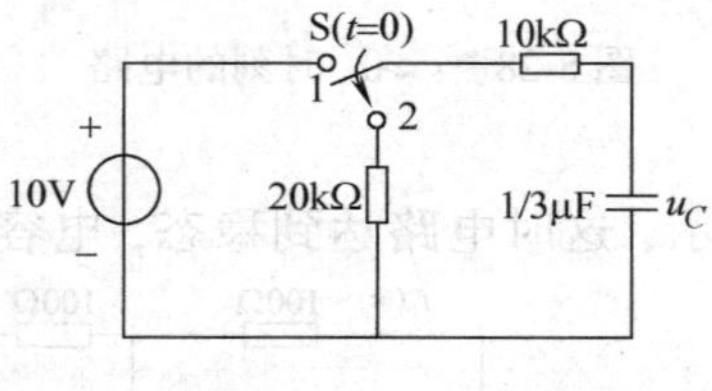

图8-31 题8-9图

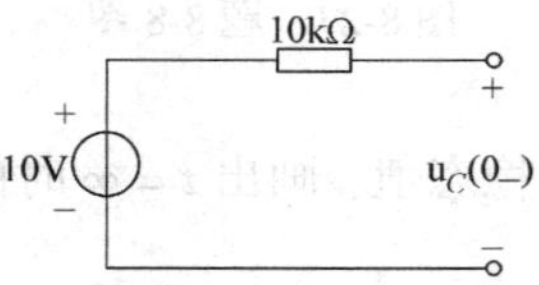

图8-32 $t=0_-$时刻的电路

(2) 开关处于2的位置，画出$t>0$时的电路，如图8-33所示，时间常数

$$\tau=(10+20)\times10^3\times\frac{1}{3}\times10^{-6}s=10^{-2}s$$

电容电压

$$u_C(t)=u_C(0_+)e^{-\frac{t}{\tau}}=10e^{-\frac{t}{10^{-2}}}V=10e^{-100t}V$$

当$t=\tau$时，电容电压

$$u_C(\tau)=10e^{-100\times10^{-2}}V=10e^{-1}V=3.68V$$

(3) 当开关再置于1处时，根据换路定则，得

$$u_C(\tau_+)=u_C(\tau_-)=3.68V$$

此时电路是给电容充电

$$u_C(\infty)=10V$$

时间常数

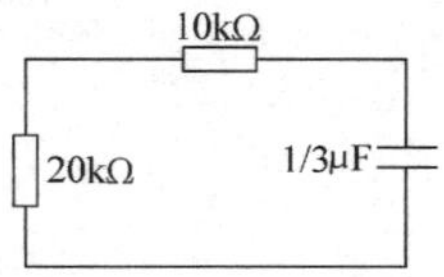

图8-33 $t>0$时的电路

$$\tau' = 10\times10^3\times\frac{1}{3}\times10^{-6}\mathrm{s} = \frac{1}{3}\times10^{-2}\mathrm{s}$$

电容电压

$$u_C(t-\tau) = u_C(\infty) + [u_C(\tau_+) - u_C(\infty)]\mathrm{e}^{-\frac{t-\tau}{\tau}}$$

$$u_C(t-10^{-2}\mathrm{s}) = 10\mathrm{V} + (3.68-10)\mathrm{e}^{-\frac{t-10^{-2}}{\frac{1}{3}\times10^{-2}}}\mathrm{V} = 10\mathrm{V} - 6.32\mathrm{e}^{-300(t-10^{-2})}$$

当 $t=2\times10^{-2}$s 时，电容电压

$$u_C(2\times10^{-2}\mathrm{s}) = 10\mathrm{V} - 6.32\mathrm{e}^{-300(2\times10^{-2}-10^{-2})}\mathrm{V} = 10 - 6.32\mathrm{e}^{-3}\mathrm{V} = 9.69\mathrm{V}$$

（4）开关再合到 2，电容电压

$$u_C(t-2\times10^{-2}\mathrm{s}) = 9.69\mathrm{e}^{-\frac{(t-2\times10^{-2})}{10^{-2}}}\mathrm{V} = 9.69\mathrm{e}^{-100(t-2\times10^{-2})}\mathrm{V}$$

u_C 的变化曲线如图 8-34 所示。

充电和放电电路的时间常数不同，充电时间常数为 $\tau' = \frac{1}{3}\times10^{-2}$s，而放电时间常数 $\tau = 10^{-2}$s。

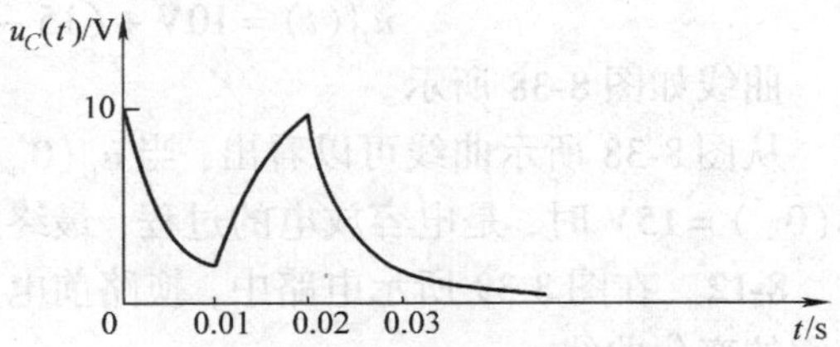

图 8-34　u_C 变化曲线

8-10　电路如图 8-35 所示，开关 S 在 1 位置时电路已处于稳态。在 $t=0$ 时刻，将开关 S 合到 2 位置，试求电感元件的电流和电压。

解：（1）求 $i_L(0_-)$ 时的值，画出 $t=0_-$ 时刻的电路，如图 8-36 所示，此时电路已达到稳态，可视为短路，有

$$i_L(0_-) = \frac{2}{1+2}\mathrm{A} = \frac{2}{3}\mathrm{A}$$

根据换路定则，有

$$i_L(0_+) = i_L(0_-) = \frac{2}{3}\mathrm{A}$$

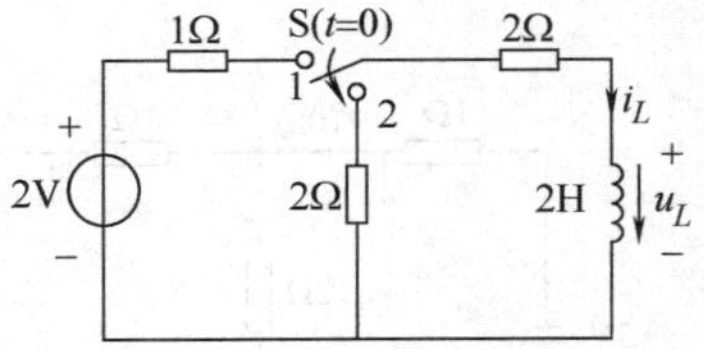

图 8-35　题 8-10 图

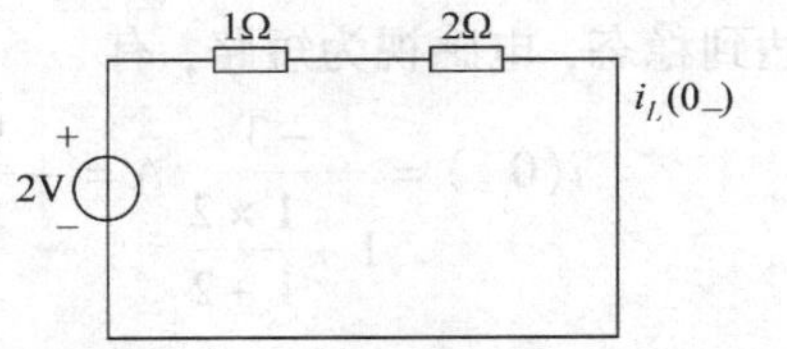

图 8-36　$t=0_-$ 时刻的电路

（2）确定 $u_L(0_+)$，画出 $t=0_+$ 时刻的电路，如图 8-37 所示，电感此时视为电流源，有

$$u_L(0_+) = -(2+2)\times\frac{2}{3}\mathrm{V} = \frac{-8}{3}\mathrm{V}$$

（3）计算时间常数 τ

$$\tau = \frac{L}{R_{eq}} = \frac{2}{2+2}\mathrm{s} = \frac{1}{2}\mathrm{s} = 0.5\mathrm{s}$$

（4）电感这时为放电，所以

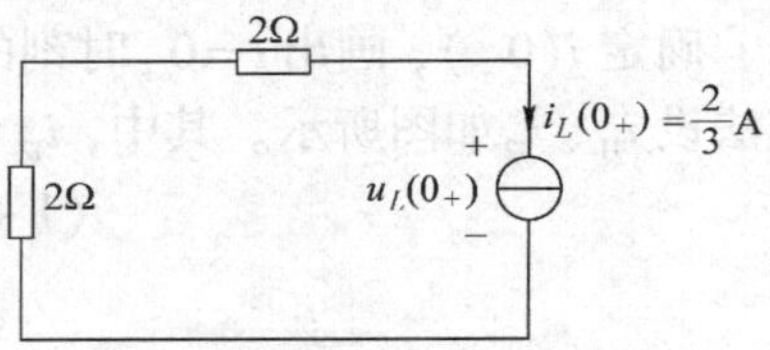

图 8-37　$t=0_+$ 时刻的电路

$$i_L(t)=i_L(0_+)\mathrm{e}^{-\frac{t}{\tau}}=\frac{2}{3}\mathrm{e}^{-2t}\mathrm{A}$$

$$u_L(t)=u_L(0_+)\mathrm{e}^{-\frac{t}{\tau}}=-\frac{8}{3}\mathrm{e}^{-2t}\mathrm{V}$$

8-11 在某一电路中，已知全响应 $u_C=10\mathrm{V}+[u_C(0_+)-10]\mathrm{e}^{-\frac{t}{10}}\mathrm{V}$。试画出 $u_C(0_+)=5\mathrm{V}$ 和 $u_C(0_+)=15\mathrm{V}$ 时的两条曲线，比较其不同之处，并说明其含义。

解：当 $u_C(0_+)=5\mathrm{V}$ 时，其全响应为

$$u_C(t)=10\mathrm{V}+(5-10)\mathrm{e}^{-\frac{t}{10}}\mathrm{V}=10\mathrm{V}-5\mathrm{e}^{-\frac{t}{10}}\mathrm{V}$$

当 $u_C(0_+)=15\mathrm{V}$ 时，其全响应为

$$u_C'(t)=10\mathrm{V}+(15-10)\mathrm{e}^{-\frac{t}{10}}\mathrm{V}=10\mathrm{V}+5\mathrm{e}^{-\frac{t}{10}}\mathrm{V}$$

曲线如图 8-38 所示。

从图 8-38 所示曲线可以看出，当 $u_C(0_+)=5\mathrm{V}$ 时，是对电容充电的过程，最终为 10V；当 $u_C(0_+)=15\mathrm{V}$ 时，是电容放电的过程，最终达到 10V。

8-12 在图 8-39 所示电路中，换路前电路已处于稳定状态。求换路后的 i_L 和 i，并作出它们的变化曲线。

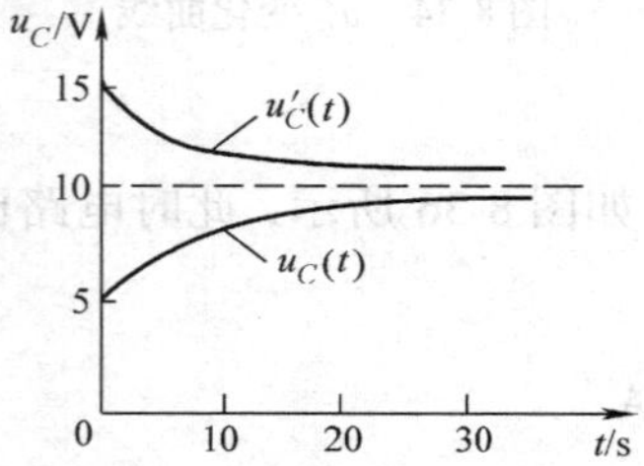

图 8-38 分析对比

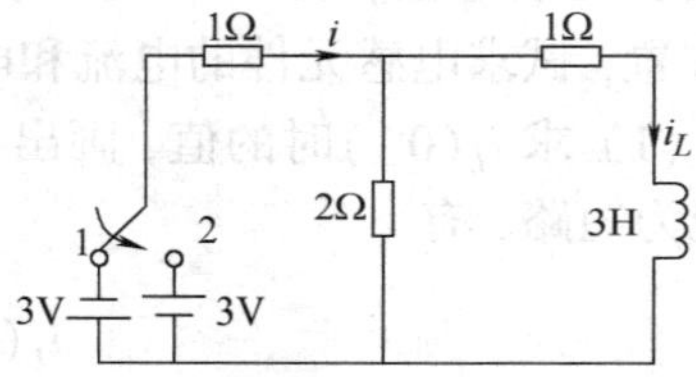

图 8-39 题 8-12 图

解：利用三要素求解，首先求 $i_L(0_-)$，画出 $t=0_-$ 时刻的电路，如图 8-40 所示，由于电路已达到稳态，电感视为短路，有

$$i(0_-)=\frac{-3}{1+\dfrac{1\times2}{1+2}}\mathrm{A}=-\frac{9}{5}\mathrm{A}$$

$$i_L(0_-)=\frac{2}{1+2}i(0_-)=\frac{2}{3}\times\left(-\frac{9}{5}\right)\mathrm{A}=-1.2\mathrm{A}$$

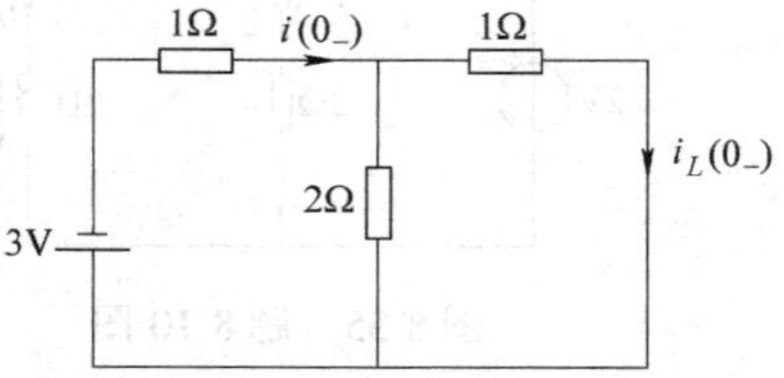

图 8-40 $t=0_-$ 时刻的电路

根据换路定则，有

$$i_L(0_+)=i_L(0_-)=-1.2\mathrm{A}$$

确定 $i(0_+)$，画出 $t=0_+$ 时刻的电路，如图 8-41 所示，此时电感可视电流源，根据回路电流法设 i_{l1}、i_{l2} 如图所示。其中，$i_{l2}=i_L(0_+)=-1.2\mathrm{A}$，则有

$$(1+2)i_{l1}-2i_{l2}=3 \qquad i_{l1}=0.2\mathrm{A}$$

即

$$i(0_+)=i_{l1}=0.2\mathrm{A}$$

确定时间常数 τ，一般把电感（或电容）当负载开路，画出换路后去源后的电路如图 8-42

所示，有

$$R_{eq}=\left(\frac{1\times2}{1+2}+1\right)\Omega=\frac{5}{3}\ \Omega$$

$$\tau=\frac{L}{R_{eq}}=\frac{3}{\frac{5}{3}}\ \mathrm{s}=\frac{9}{5}\ \mathrm{s}=1.8\mathrm{s}$$

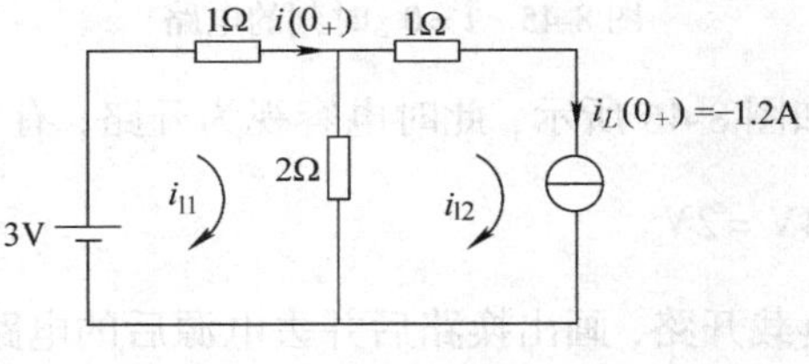

图 8-41　$t=0_+$ 时刻的电路

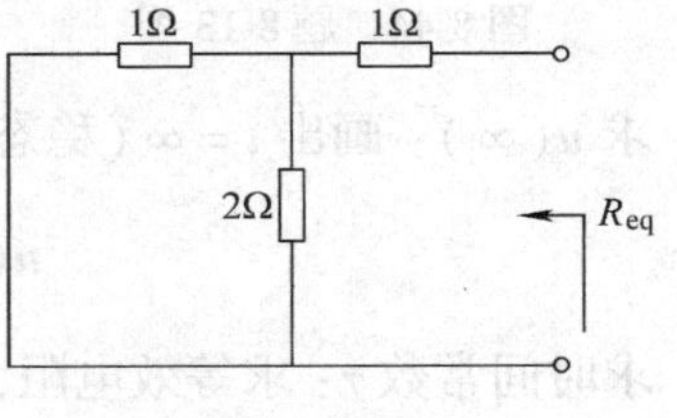

图　8-42

确定稳态时值，一般把电容视为开路，电感视为短路，画出 $t=\infty$ 时的电路，如图 8-43 所示，有

$$i(\infty)=\frac{3}{1+\frac{1\times2}{1+2}}\ \mathrm{A}=\frac{3}{\frac{5}{3}}\ \mathrm{A}=1.8\mathrm{A}$$

$$i_L(\infty)=\frac{2}{1+2}i(\infty)=\frac{2}{1+2}\times1.8\mathrm{A}=1.2\mathrm{A}$$

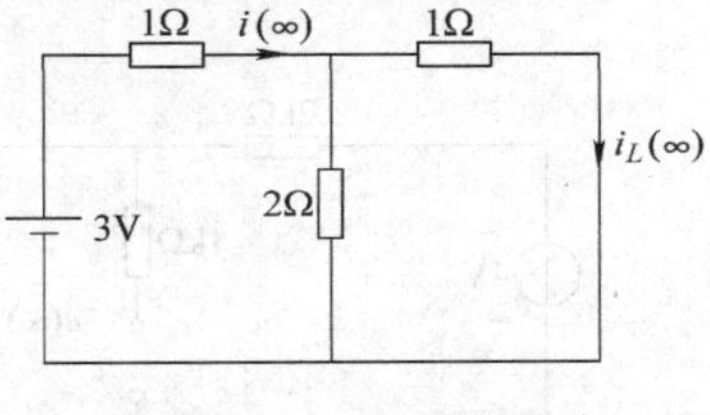

图 8-43　$t=\infty$ 时的电路

根据三要素法，有

$$f(t)=f(\infty)+[f(0_+)-f(\infty)]\mathrm{e}^{-\frac{t}{2}}$$

$$\begin{aligned}i_L(t)&=i_L(\infty)+[i_L(0_+)-i_L(\infty)]\mathrm{e}^{-\frac{t}{2}}\\&=1.2\mathrm{A}+(-1.2-1.2)\mathrm{e}^{-\frac{5}{9}t}\mathrm{A}=1.2\mathrm{A}-2.4\mathrm{e}^{-\frac{5}{9}t}\mathrm{A}\end{aligned}$$

$$\begin{aligned}i(t)&=i(\infty)+[i(0_+)-i(\infty)]\mathrm{e}^{-\frac{t}{2}}\\&=1.8\mathrm{A}+(-1.8-1.8)\mathrm{e}^{-\frac{5}{9}t}\mathrm{A}=1.8\mathrm{A}-3.6\mathrm{e}^{-\frac{5}{9}t}\mathrm{A}\end{aligned}$$

8-13　在图 8-44 所示电路中，设 $u_C(0_-)=1\mathrm{V}$，在 $t=0$ 时刻将开关 S 闭合。试求开关闭合后的电压 u。

解：应用三要素法求解本题。根据换路定则，有 $u_C(0_+)=u_C(0_-)=1\mathrm{V}$。

(1) 求 $u(0_+)$：画出 $t=0_+$ 时刻(换路后瞬间)的电路，如图 8-45 所示，此时电容两端的电压不能跃变，故把电容视为电压源。采用节点电压法，有

$$\left(\frac{1}{2}+1+\frac{1}{2}\right)u_{n1}(0_+)=\frac{4}{2}+\frac{1}{1}$$

解得

$$u_{n1}(0_+)=1.5\mathrm{V}$$

所以

$$u(0_+)=u_{n1}(0_+)=1.5\mathrm{V}$$

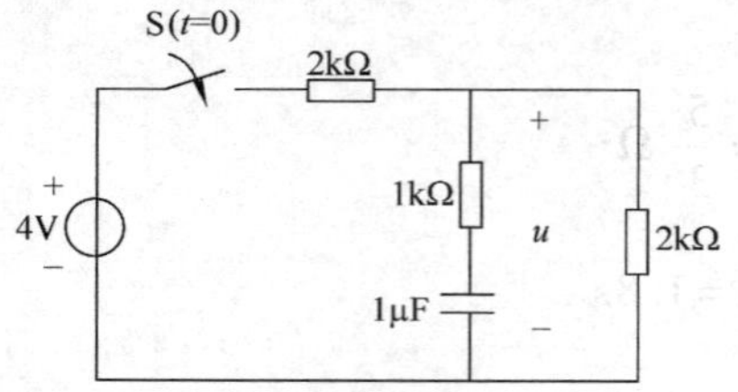

图 8-44　题 8-13 图

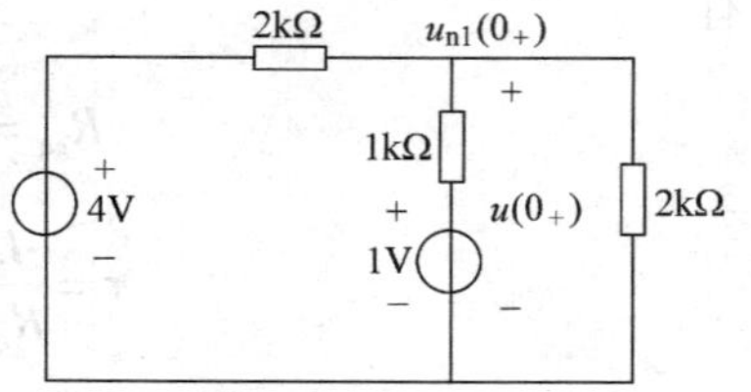

图 8-45　$t=0_+$ 时刻的电路

（2）求 $u(\infty)$：画出 $t=\infty$（稳态时）的电路，如图 8-46 所示，此时电容视为开路，有

$$u(\infty)=\frac{2}{2+2}\times4\text{V}=2\text{V}$$

（3）求时间常数 τ：求等效电阻，把电容视为负载开路，画出换路后并去电源后的电路如图 8-47 所示，有

$$R_{\text{eq}}=(1+2/\!/2)\text{k}\Omega=2\text{k}\Omega$$

$$\tau=R_{\text{eq}}C=2\times10^{3}\times10^{-6}\text{s}=2\times10^{-3}\text{s}$$

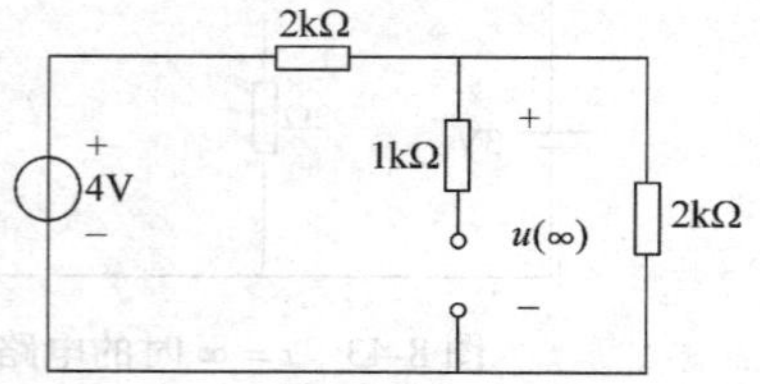

图 8-46　$t=\infty$ 时的电路

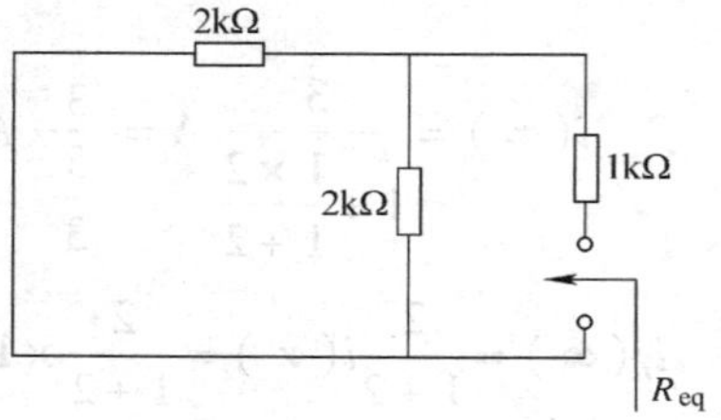

图　8-47

根据三要素法解得

$$\begin{aligned}u(t)&=u(\infty)+[u(0_+)-u(\infty)]\text{e}^{-\frac{t}{2}}\\&=2\text{V}+(1.5-2)\text{e}^{-\frac{t}{2\times10^{-3}}}\text{V}\\&=2\text{V}-0.5\text{e}^{-500t}\text{V}\end{aligned}$$

8-14　在图 8-48a 所示的电路中，其输入电压为一脉冲波形，如图 8-48b 所示。求 u_C 和 i_C，并作出它们的波形[$u_C(0_-)=0$]。

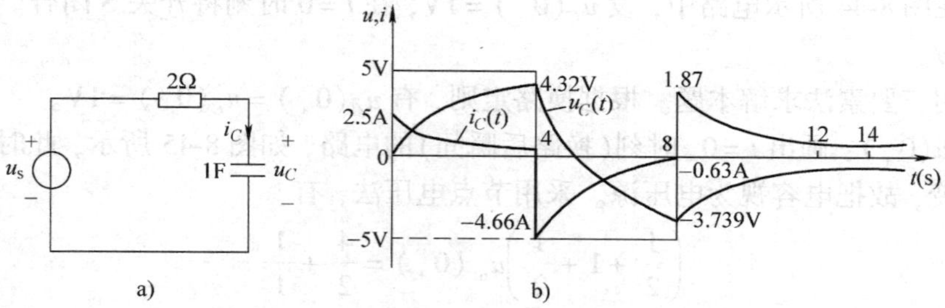

图 8-48　题 8-14 图

解：当 $0\leqslant t\leqslant4$ 时，电路为零状态响应，有

$$u_C(t)=u_{\text{s}}(1-\text{e}^{-\frac{t}{2}})=5(1-\text{e}^{-\frac{t}{2}})\text{V}=5(1-\text{e}^{-0.5}t)\text{V}$$

当 $t=4\text{s}$ 时，有

$$u_C(4)=5(1-e^{-0.5\times4})\text{V}=5(1-e^{-2})\text{V}=4.32\text{V}$$

当 $t>4\text{s}$ 时，电路为全响应，有

$$u_C(\infty)=-5\text{V}\qquad u_C(4_+)=u_C(4)=4.32\text{V}\qquad \tau\text{与前一样}$$

$$u_C(t)=-5\text{V}+[4.32-(-5)]e^{-0.5t}=-5\text{V}+9.32e^{-0.5t}\text{V}$$

所以

$$u_C(t)=\begin{cases}5(1-e^{-0.5t})\text{V} & 0\leqslant t\leqslant 4\text{s}\\ -5\text{V}+9.32e^{-0.5(t-4)}\text{V} & 4\text{s}<t\leqslant 8\text{s}\end{cases}$$

$$i_C(t)=\begin{cases}C\dfrac{du_C(t)}{dt}=1\times\dfrac{d[5(1-e^{-0.5t})]}{dt}\text{A}=2.5e^{-0.5t}\text{A} & 0\leqslant t\leqslant 4\text{s}\\ C\dfrac{du_C(t)}{dt}=1\times\dfrac{d(-5+9.32e^{-0.5t})}{dt}\text{A}=-4.66e^{-0.5(t-4)}\text{A} & 4\text{s}<t\leqslant 8\text{s}\end{cases}$$

$t>8\text{s}$ 时，电容为零输入放电，有

$$u_C(8_+)=u_C(8_-)=-5\text{V}+9.32e^{-0.5(8-4)}\text{V}=-3.739\text{V}$$

$$\begin{cases}u_C(t-8)=-3.739e^{-0.5(t-8)}\text{V}\\ i_C(t-8)=C\dfrac{du_C(t-8)}{d(t-8)}=-3.739\times(-0.5)e^{-0.5(t-8)}=1.87e^{-0.5(t-8)}\ \text{A}\end{cases}$$

作出波形如图6-48b所示。

8-15　在图8-49a所示的电路中，$i_L(0_-)=0$，电流源为三个矩形脉冲，如图8-49b所示，求 i_L 的表达式并作出其波形。

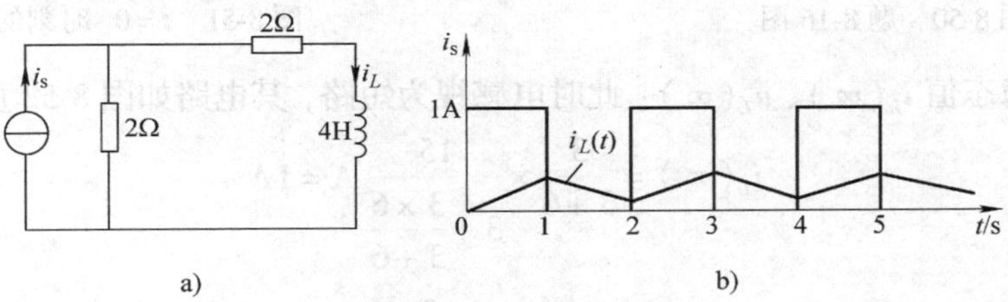

图8-49　题8-15图

解：(1) $0\leqslant t\leqslant 1\text{s}$ 时，电感充电，有

$$i_L(\infty)=\frac{1}{2}\times1\text{A}=0.5\text{A}$$

$$\tau=\frac{L}{R_{eq}}=\frac{4}{2+2}\text{s}=1\text{s}$$

$$i_L(t)=0.5(1-e^{-t})\text{A}$$

$$i_L(1)=0.5(1-e^{-1})\text{A}=0.316\text{A}$$

(2) $1\text{s}<t\leqslant 2\text{s}$ 时，电感以初始值为0.316A放电，有

$$i_L(t)=0.316e^{-(t-1)}\text{A}$$

$$i_L(2)=0.316e^{-(2-1)}\text{A}=0.116\text{A}$$

(3) $2\text{s}<t\leqslant 3\text{s}$ 时，电感从初始值为0.116A开始充电，有

$$i_L(t)=0.5\text{A}+(0.116-0.5)e^{-(t-2)}\text{A}=0.5\text{A}-0.384e^{-(t-2)}\text{A}$$

$t=3\text{s}$ 时，有

$$i_L(3)=0.5\text{A}-0.384\text{e}^{-(3-2)}\text{A}=0.3587\text{A}$$

(4) $3\text{s}<t\leqslant 4\text{s}$ 时，电感从初始值为 0.3587A 开始放电，有

$$i_L(t)=0.3587\text{e}^{-(t-3)}\text{A}$$

$$i_L(4)=0.3587\text{e}^{-(4-3)}\text{A}=0.132\text{A}$$

(5) $4\text{s}<t\leqslant 5\text{s}$ 时，电感从初始值为 0.132A 开始充电，有

$$i(t)=0.5\text{A}+(0.132-0.5)\text{e}^{-(t-4)}\text{A}=0.5\text{A}-0.368\text{e}^{-(t-4)}\text{A}$$

$$i_L(5)=0.5\text{A}-0.368\text{e}^{-(5-4)}\text{A}=0.365\text{A}$$

(6) $t>5\text{s}$ 时，电感从初始值为 0.365A 开始放电，有

$$i_L(t)=0.365\text{e}^{-(t-5)}\text{A}$$

8-16 电路如图 8-50 所示，设 $i_L(0_-)=0$，求开关 S 闭合后的 u_L 和 i_L。

解：因为 $i_L(0_-)=0$，根据换路定则，$i_L(0_+)=i_C(0_-)=0$。

(1) 确定初始值 $u_L(0_+)$：画出 $t=0_+$ 时刻的电路，如图 8-51 所示，有 $i_L(0_+)=0$，所以电感视为开路，得

$$u_L(0_+)=\frac{3}{3+3}\times 15\text{V}=7.5\text{V}$$

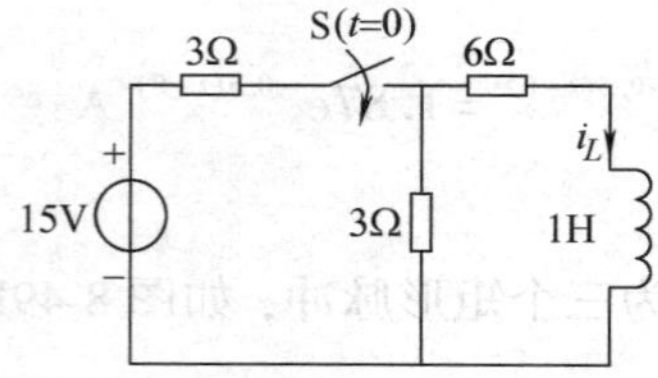

图 8-50 题 8-16 图

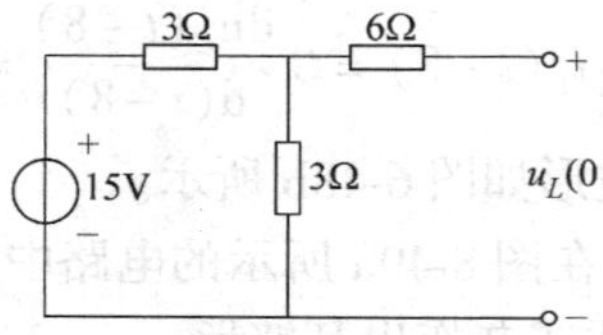

图 8-51 $t=0_+$ 时刻的电路

(2) 确定稳态值 $i_L(\infty)$、$u_L(\infty)$：此时电感视为短路，其电路如图 8-52 所示，有

$$i_L(\infty)=\frac{3}{3+6}\times\frac{15}{3+\frac{3\times 6}{3+6}}\text{A}=1\text{A}$$

$$u_L(\infty)=0$$

(3) 确定时间常数 τ：把电感 L 视为负载开路，如图 8-53 所示，让电源不作用（电压源短路），求得等效电阻 R_{eq} 为

$$R_{\text{eq}}=\left(\frac{3\times 3}{3+3}+6\right)\Omega=7.5\Omega$$

$$\tau=\frac{L}{R_{\text{eq}}}=\frac{1}{7.5}\text{s}=\frac{2}{15}\text{s}$$

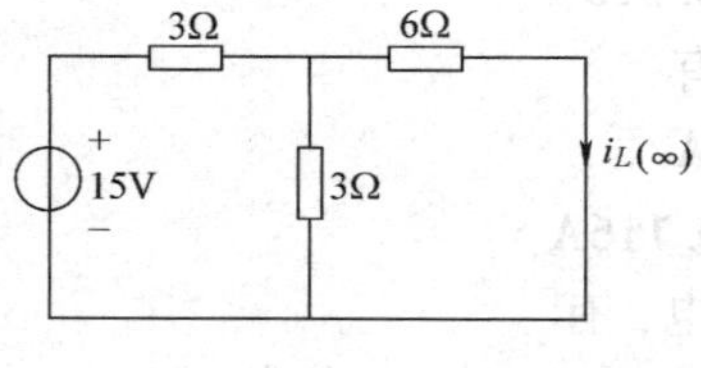

图 8-52 $t=\infty$ 时的电路

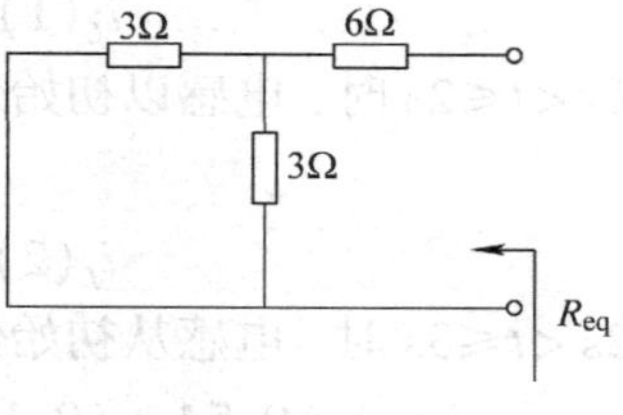

图 8-53

根据三要素法得

$$
\begin{aligned}
i_L(t) &= i_L(\infty) + [i_L(0_+) - i_L(\infty)]e^{-\frac{t}{2}} \\
&= 1\mathrm{A} + (0-1)e^{-\frac{t}{2/15}}\mathrm{A} = 1\mathrm{A} - e^{-\frac{15}{2}t}\mathrm{A} \\
&= 1\mathrm{A} - e^{-7.5t}\mathrm{A}
\end{aligned}
$$

$$
\begin{aligned}
u_L(t) &= u_L(\infty) + [u_L(0_+) - u_L(\infty)]e^{-\frac{t}{2}} \\
&= 0 + 7.5e^{-7.5t}\mathrm{V} \\
&= 7.5e^{-7.5t}\mathrm{V}
\end{aligned}
$$

第9章　一般线性电路的暂态分析——拉普拉斯变换法

【本章学习要点】

本章介绍拉普拉斯变换的定义及与电路分析有关的一些基本性质。本章的目的是使同学们掌握用拉普拉斯变换法分析和研究一般线性暂态电路的方法和步骤。

学习难点：运算电路；拉普拉斯变换与反变换。

9.1　一般线性电路的暂态分析

对于电路激励为任意函数和含有多个暂态元件的多阶电路，用经典的微分方程法来求解相对困难，原因主要如下：

1）各阶导数在 $t=0_+$ 时刻的值难以确定，可能存在所谓“跃变”现象。

2）高阶微分方程难求解。

在高等数学中，为了把复杂的计算转化为较简单的计算，往往采用变换的方法，拉普拉斯变换（简称拉氏变换）就是其中的一种。而拉普拉斯变换法是一种数学上的积分变换方法，可将**时域的高阶微分方程变换为频域的代数方程来求解**。

运用拉普拉斯变换法分析暂态电路的流程如图9-1所示。

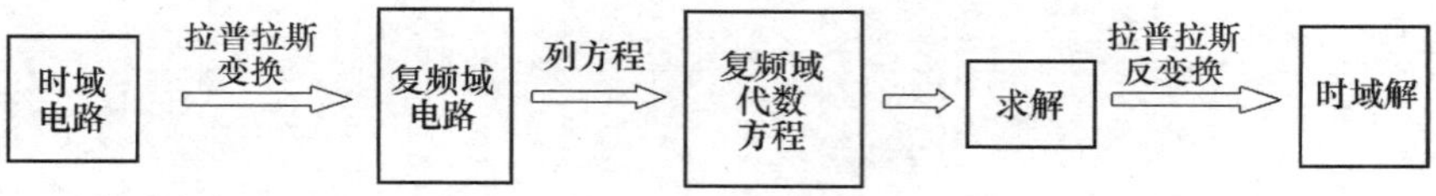

图9-1　拉普拉斯变换法分析暂态电路的流程

9.2　拉普拉斯变换及其意义

1. 拉普拉斯变换的定义

拉普拉斯变换可将时域函数 $f(t)$ 变换为频域函数 $F(s)$。

定义：**一个定义在[0，∞)区间的函数 $f(t)$，它的拉普拉斯变换式 $F(s)$ 定义为**

$$F(s) = \int_0^\infty f(t)\mathrm{e}^{-st}\mathrm{d}t \tag{9-1}$$

式(9-1)是拉普拉斯变换的定义式。此式表明，如果时域函数 $f(t)$ 已知，通过拉普拉斯变换，可得到它的象函数 $F(s)$。其中，$s=\delta+\mathrm{j}\omega$ 是一个复数形式的频率，**称为复频率**，其实部恒为正，虚部既可为正、为负，也可为零。式(9-1)左边的 $F(s)$ 称为复频域函数，是时域函数 $f(t)$ 的拉普拉斯变换，$F(s)$ 也叫做 $f(t)$ 的象函数。记作

$$F(s)=L[f(t)]$$

2. 拉普拉斯反变换的定义

定义：**如果复频域函数 $F(s)$ 已知，要求出与它对应的时域函数 $f(t)$，就要用到拉普拉斯反变换，其定义为**

$$f(t) = \frac{1}{2\pi j}\int_{\sigma-j\infty}^{\sigma+j\infty} F(s)e^{st}dt \tag{9-2}$$

式中，σ 为正的有限常数。

式(9-2)左边的 $f(t)$ 称为时域函数，是复频域函数 $F(s)$ 的拉普拉斯反变换，它也叫做 $F(s)$ 的原函数。记作

$$f(t) = L^{-1}[F(s)]$$

在拉普拉斯变换中，一个时域函数 $f(t)$ 唯一地对应一个复频域函数 $F(s)$；反过来，一个复频域函数 $F(s)$ 唯一地对应一个时域函数 $f(t)$，即不同的原函数和不同的象函数之间有着一一对应的关系，称为**拉普拉斯变换的唯一性**。

9.3 拉普拉斯变换的基本性质

1. 线性性质

设函数 $f_1(t)$ 和 $f_2(t)$ 的象函数分别为 $F_1(s)$ 和 $F_2(s)$，A 和 B 为任意常数(实数或复数)，则函数 $f(t) = Af_1(t) \pm Bf_2(t)$ 的象函数为

$$F(s) = L[Af_1(t) \pm Bf_2(t)] = AL[f_1(t)] \pm BL[f_2(t)] = AF_1(s) \pm BF_2(s) \tag{9-3}$$

2. 微分性质

如果 $L[f(t)] = F(s)$，则 $f(t)$ 的导数 $f'(t) = \frac{df(t)}{dt}$ 的拉普拉斯变换为

$$L[f'(t)] = L\left[\frac{df(t)}{dt}\right] = sF(s) - f(0_-) \tag{9-4}$$

3. 积分性质

$f(t)$ 的象函数与其积分 $\int_{0_-}^{t} f(\xi)d\xi$ 的象函数之间有如下关系：

若

$$L[f(t)] = F(s)$$

则

$$L\left[\int_{0_-}^{t} f(\xi)d\xi\right] = \frac{F(s)}{s} \tag{9-5}$$

4. 延迟性质

函数 $f(t)$ 的象函数与其延迟函数 $f(t-t_0)$ 的象函数之间有如下关系：

若

$$L[f(t)] = F(s)$$

则

$$L[f(t-t_0)] = e^{-st_0}F(s) \tag{9-6}$$

5. 位移性质

函数 $f(t)$ 的象函数与其位移函数 $e^{at}f(t)$ 的象函数之间有如下关系：若

$$L[f(t)]=F(s)$$

则

$$L[f(t)e^{at}]=F(s-a) \tag{9-7}$$

根据拉普拉斯变换的基本性质可以推导出常用函数的拉普拉斯变换，如表9-1所示。

表9-1 常用函数的拉普拉斯变换

原函数 $f(t)$	象函数 $F(s)$	原函数 $f(t)$	象函数 $F(s)$
$A\delta(t)$	A	$e^{-at}\sin(\omega t)$	$\dfrac{\omega}{(s+a)^2+\omega^2}$
$A\varepsilon(t)$	A/s	$\cos(\omega t)$	$\dfrac{s}{s^2+\omega^2}$
Ae^{-at}	$\dfrac{A}{s+a}$	$e^{-at}\cos(\omega t)$	$\dfrac{s+a}{(s+a)^2+\omega^2}$
$1-e^{-at}$	$\dfrac{a}{s(s+a)}$	t	$\dfrac{1}{s^2}$
$\sin(\omega t)$	$\dfrac{\omega}{s^2+\omega^2}$	te^{-at}	$\dfrac{1}{(s+a)^2}$

9.4 拉普拉斯反变换

分解定理：利用拉普拉斯变换表，将象函数 $F(s)$ 展开为简单分式之和，再逐项求出其拉普拉斯反变换的方法。

电路理论中的象函数 $F(s)$ 一般表达式为

$$F(s)=\frac{F_1(s)}{F_2(s)}=\frac{a_0s^m+a_1s^{m-1}+\cdots+a_{m-1}s+a_m}{b_0s^n+b_1s^{n-1}+\cdots+b_{n-1}s+b_n} \tag{9-8}$$

式中，m 和 n 为正整数，且 $n\geqslant m$。

把 $F(s)$ 分解成若干简单项之和，需要对分母多项式作因式分解，求出 $F_2(s)$ 的根。$F_2(s)$ 的根可以是单根、共轭复根和重根三种情况，下面逐一讨论。

1. $F_2(s)=0$ 有 n 个单根

设 n 个单根分别为 p_1、p_2、…、p_n，于是 $F_2(s)$ 可以展开为

$$F(s)=\frac{k_1}{s-p_1}+\frac{k_2}{s-p_2}+\cdots+\frac{k_n}{s-p_n} \tag{9-9}$$

式中，k_1、k_2、…、k_n 为待定系数。

待定系数 k_i 为

$$k_i=[(s-p_i)F(s)]_{s=p_i} \qquad i=1,2,3,\cdots,n \tag{9-10}$$

另一求解 k_i 的公式为

$$k_i=\left.\frac{F_1(s)}{F_2'(s)}\right|_{s=p_i} \qquad i=1,2,3,\cdots,n \tag{9-11}$$

待定系数确定之后，对应的原函数求解公式为

$$f(t)=L^{-1}[F(s)]=k_1e^{p_1t}+k_2e^{p_2t}+\cdots+k_ne^{p_nt} \tag{9-12}$$

2. $F_2(s)=0$ 有共轭复根

设共轭复根为 $p_1=\alpha+\mathrm{j}\omega$ 和 $p_2=\alpha-\mathrm{j}\omega$，则

$$k_1=\frac{F_1(s)}{F_2'(s)}\bigg|_{s=\alpha+\mathrm{j}\omega}\qquad k_2=\frac{F_1(s)}{F_2'(s)}\bigg|_{s=\alpha-\mathrm{j}\omega}$$

显然 k_1、k_2 也为共轭复数，设 $k_1=|k_1|\mathrm{e}^{\mathrm{j}\theta_1}, k_2=|k_1|\mathrm{e}^{-\mathrm{j}\theta_1}$，则

$$\begin{aligned}f(t)&=k_1\mathrm{e}^{(\alpha+\mathrm{j}\omega)t}+k_2\mathrm{e}^{(\alpha-\mathrm{j}\omega)t}=|k_1|\mathrm{e}^{\mathrm{j}\theta_1}\mathrm{e}^{(\alpha+\mathrm{j}\omega)t}+|k_1|\mathrm{e}^{-\mathrm{j}\theta_1}\mathrm{e}^{(\alpha-\mathrm{j}\omega)t}\\&=|k_1|\mathrm{e}^{\alpha t}[\mathrm{e}^{\mathrm{j}(\omega t+\theta_1)}+\mathrm{e}^{-\mathrm{j}(\omega t+\theta_1)}]=2|k_1|\mathrm{e}^{\alpha t}\cos(\omega t+\theta_1)\end{aligned}\tag{9-13}$$

3. $F_2(s)=0$ 具有重根

如果 $F_2(s)=0$ 具有 m 多重根时，利用上述方法可以得到 m 个系数，系数计算公式为

$$k_{1q}=\frac{1}{(q-1)!}\frac{\mathrm{d}^{q-1}}{\mathrm{d}s^{q-1}}[(s-p_1)^qF(s)]\bigg|_{s=p_1}\tag{9-14}$$

9.5 拉普拉斯变换电路图

1. 电路定律的拉普拉斯变换形式

基尔霍夫电流定律，对任意一节点，电流方程为

$$\sum I(s)=0\tag{9-15}$$

基尔霍夫电压定律，对任意一回路，电压方程为

$$\sum U(s)=0\tag{9-16}$$

2. 元件的拉普拉斯变换电路

1）电阻元件。如图 9-2 所示，在时域内，电阻元件的伏安关系式为

$$u_R(t)=Ri_R(t)\tag{9-17}$$

对式(9-17)两边求拉式变换得电阻在复频域的形式为

$$U(s)=RI_R(s)\tag{9-18}$$

显然欧姆定律在复频域中同样成立。对应的拉普拉斯变换电路如图 9-3 所示。

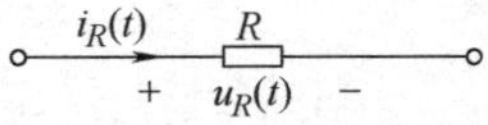

图 9-2　时域的电阻电路

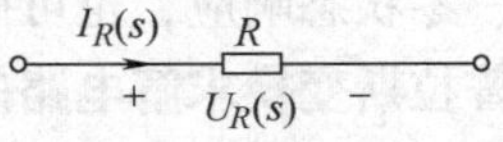

图 9-3　复频域的电阻电路

2）电感元件。如图 9-4 所示，在时域内，电感元件的伏安关系式为

$$u_L(t)=L\frac{\mathrm{d}i_L}{\mathrm{d}t}\tag{9-19}$$

$$i_L=\frac{1}{L}\int_{0_-}^{t}u_L(\xi)+i_L(0_-)\tag{9-20}$$

对式(9-20)两边求拉式变换得电感在复频域的形式为

$$U_L(s)=sLI_L(s)-Li_L(0_-)\tag{9-21}$$

电感对应的拉式变换电路如图 9-5 所示，图中 sL 为电感的运算阻抗，$i(0_-)$表示电感中的初始电流，$Li(0_-)$表示附加电压源的电压，它反映了电感中初始电流的作用。

注意：**附加电压源的方向和 $i_L(0_-)$的方向相反，也与 $U_L(s)$方向相反；电感两端电压的位置。**

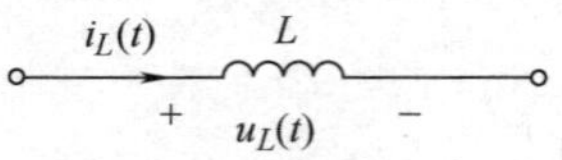

图 9-4　时域的电感电路

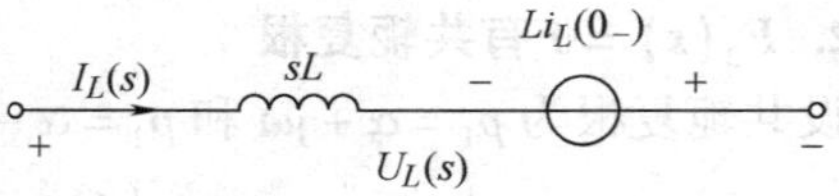

图 9-5　复频域的电感电路

3）电容元件。如图 9-6 所示，在时域内，电容元件的伏安关系式为

$$i_C(t) = C\frac{\mathrm{d}u_C}{\mathrm{d}t} \tag{9-22}$$

$$u_C = \frac{1}{C}\int_{0_-}^{t} i_C(\xi) + u_C(0_-) \tag{9-23}$$

电容在复频域的关系式为

$$U_C(s) = \frac{1}{sC}I_C(s) + \frac{u_C(0_-)}{s} \tag{9-24}$$

电容对应的拉普拉斯变换电路如图 9-7 所示，图中 $1/(sC)$ 为电容的运算阻抗，$u(0_-)$ 表示电容两端的初始电压，$u(0_-)/s$ 表示附加电压源的电压，它反映了电容两端初始电压的作用。

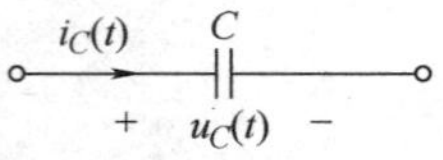

图 9-6　时域的电容电路

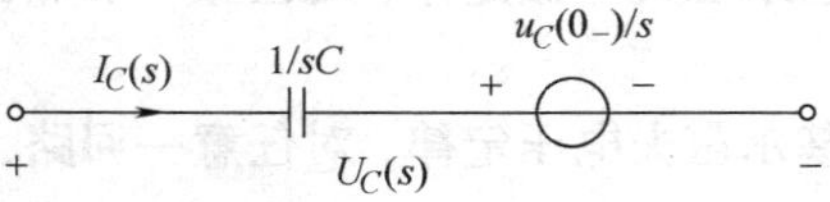

图 9-7　复频域的电容电路

9.6　应用拉普拉斯变换进行线性电路的暂态分析

拉普拉斯变换分析法是分析线性连续系统的有力工具，它将描述系统的时域微积分方程变换为复频域的代数方程，更加方便于运算和求解；变换自动包含初始状态，既可分别求得零输入响应、零状态响应，也可同时求得系统的全响应。

应用拉普拉斯变换求解电路的一般步骤如下：

1）确定和计算各储能元件的初始值：$u_C(0_-)$ 或 $i_L(0_-)$ 以及外加激励的象函数。

2）将 $t \geqslant 0$ 时的时域电路变换为相应的拉普拉斯模型电路图。

注意：①电感和电容的附加电压源；②各元件的参数：电阻参数不变，电感参数为 sL，电容参数为 $1/sC$；③对原电路中的电源进行拉普拉斯变换。

3）利用各种电阻电路分析方法分析运算电路，列方程并求响应的象函数。

4）对响应的象函数进行拉普拉斯反变换，即可确定时域中的待求响应。

本章习题及其解答

9-1　试求下列函数的拉普拉斯象函数：

（1）$f(t) = t\cos(at)$

（2）$f(t) = 2\delta(t-1) - 3\mathrm{e}^{-at}\varepsilon(t)$

(3) $f(t)=\mathrm{e}^{-1}\varepsilon(t)+2\varepsilon(t-1)\mathrm{e}^{-(t-1)}+3\delta(t-2)$

(4) $f(t)=t[\varepsilon(t-1)-\varepsilon(t-2)]$

解: (1) 因为

$$\cos(at)=\frac{\mathrm{e}^{\mathrm{j}at}+\mathrm{e}^{-\mathrm{j}at}}{2}$$

所以

$$L[t\cos(at)]=L\left[t\frac{\mathrm{e}^{\mathrm{j}at}+\mathrm{e}^{-\mathrm{j}at}}{2}\right]=\frac{1}{2}L[t\mathrm{e}^{\mathrm{j}at}+t\mathrm{e}^{-\mathrm{j}at}]$$
$$=\frac{1}{2}\{L[t\mathrm{e}^{\mathrm{j}at}]+L[t\mathrm{e}^{-\mathrm{j}at}]\}$$
$$=\frac{1}{2}\times\left[\frac{1}{(s-\mathrm{j}a)^2}+\frac{1}{(s+\mathrm{j}a)^2}\right]=\frac{s^2-a^2}{(s^2+a^2)^2}$$

(2)

$$L[f(t)]=L[2\delta(t-1)-3\mathrm{e}^{-at}\varepsilon(t)]=2L[\delta(t-1)]-3L[\mathrm{e}^{-at}\varepsilon(t)]$$

因为

$$L[\delta(t)]=1$$

所以，由延迟性质，有

$$L[\delta(t-1)]=\mathrm{e}^{-s}$$

因为

$$L[\varepsilon(t)]=\frac{1}{s}$$

所以

$$L[\mathrm{e}^{-at}\varepsilon(t)]=\frac{1}{s+a}$$
$$L[f(t)]=2\mathrm{e}^{-s}-\frac{3}{s+a}$$

(3)

$$L[f(t)]=L[\mathrm{e}^{-t}\varepsilon(t)+2\varepsilon(t-1)\mathrm{e}^{-(t-1)}+3\delta(t-2)]$$
$$=L[\mathrm{e}^{-t}\varepsilon(t)]+2L[\varepsilon(t-1)\mathrm{e}^{-(t-1)}]+3L[\delta(t-2)]$$
$$=\frac{1}{s+1}+2\mathrm{e}^{-s}\frac{1}{s+1}+3\mathrm{e}^{-2s}$$
$$=\frac{1+2\mathrm{e}^{-s}}{s+1}+3\mathrm{e}^{-2s}$$

(4)

$$L[f(t)]=L\{t[\varepsilon(t-1)-\varepsilon(t-2)]\}=L[t\varepsilon(t-1)-t\varepsilon(t-2)]$$
$$=L[(t-1)\varepsilon(t-1)+\varepsilon(t-1)-(t-2)\varepsilon(t-2)-2\varepsilon(t-2)]$$
$$=L[(t-1)\varepsilon(t-1)]+L[\varepsilon(t-1)]-L[(t-2)\varepsilon(t-2)]-2L[\varepsilon(t-2)]$$
$$=\mathrm{e}^{-s}\frac{1}{s^2}+\frac{\mathrm{e}^{-s}}{s}-\frac{\mathrm{e}^{-2s}}{s^2}-2\frac{\mathrm{e}^{-2s}}{s}=\frac{1}{s}(\mathrm{e}^{-s}-2\mathrm{e}^{-2s})+\frac{1}{s^2}(\mathrm{e}^{-s}-\mathrm{e}^{-2s})$$

9-2 写出图 9-8 所示函数的拉普拉斯象函数。

解: 由图 9-8 所示 $f(t)$ 的图形可得知 $f(t)$ 的导数为 $f'(t)=\varepsilon(t-1)-\varepsilon(t-2)$，图形如图 9-9 所示。有

$$\begin{aligned}L[f'(t)]&=L[\varepsilon(t-1)-\varepsilon(t-2)]\\&=L[\varepsilon(t-1)]-L[\varepsilon(t-2)]\\&=\frac{e^{-s}}{s}-\frac{e^{-2s}}{s}\end{aligned}$$

又因为 $L[f'(t)]=sF(s)-f(0)$，由图 9-8 所示知 $f(0)=1$，所以

$$sF(s)=\frac{e^{-s}}{s}-\frac{e^{-2s}}{s}+1$$

$$F(s)=\frac{1}{s}+\frac{1}{s^2}(e^{-s}-e^{-2s})$$

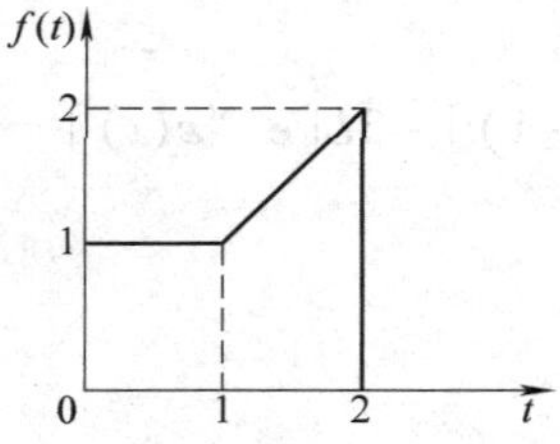

图 9-8 题 9-2 图

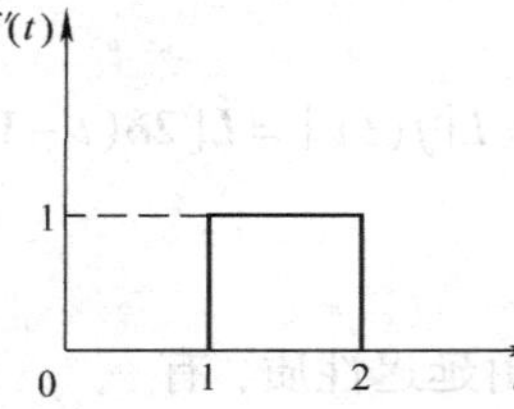

图 9-9 $f(t)$ 导数

9-3 试求下列各拉普拉斯象函数的原函数：

(1) $F(s)=\dfrac{se^{-as}}{s+b}$

(2) $F(s)=\dfrac{2s^2+16}{(s^2+5s+6)(s+12)}$

(3) $F(s)=\dfrac{s^2+4s+1}{s(s+1)^2}$

(4) $F(s)=\dfrac{s+1}{s^3+2s^2+2s}$

解: (1) $F(s)=\dfrac{se^{as}}{s+b}=e^{-as}\dfrac{s}{s+b}=e^{-as}\left(1-\dfrac{b}{s+b}\right)=e^{-as}-be^{-as}\dfrac{1}{s+b}$

$$\begin{aligned}L^{-1}[F(s)]&=L^{-1}\left[e^{-as}-be^{-as}\frac{1}{s+b}\right]\\&=L^{-1}[e^{-as}]-bL^{-1}\left[e^{-as}\frac{1}{s+b}\right]\\&=\delta(t-a)-be^{-b(t-a)}\end{aligned}$$

(2) $F(s)=\dfrac{2s^2+16}{(s^2+5s+6)(s+12)}=\dfrac{2s^2+16}{(s+2)(s+3)(s+12)}=\dfrac{k_1}{s+2}+\dfrac{k_2}{s+3}+\dfrac{k_3}{s+12}$

式中

$$k_1=F(s)(s+2)\big|_{s=-2}=\frac{2s^2+16}{(s+3)(s+12)}\bigg|_{s=-2}=\frac{2\times(-2)^2+16}{(-2+3)(-2+12)}=2.4$$

$$k_2=F(s)(s+3)\Big|_{s=-3}=\frac{2s^2+16}{(s+2)(s+12)}\Big|_{s=-3}=\frac{2\times(-3)^2+16}{(-3+2)(-3+12)}=-\frac{34}{9}$$

$$k_3=F(s)(s+12)\Big|_{s=-12}=\frac{2s^2+16}{(s+2)(s+3)}\Big|_{s=-12}=\frac{2\times(-12)^2+16}{(-12+2)(-12+3)}=\frac{152}{45}$$

所以

$$F(s)=\frac{2.4}{s+2}-\frac{34}{9}\frac{1}{s+3}+\frac{152}{45(s+12)}$$

$$L^{-1}[F(s)]=L^{-1}\left[\frac{2.4}{s+2}\right]-\frac{34}{9}L^{-1}\left[\frac{1}{s+3}\right]+\frac{152}{45}L^{-1}\left[\frac{1}{s+12}\right]$$

$$=2.4e^{-2t}-\frac{34}{9}e^{-3t}+\frac{152}{45}e^{-12t}$$

(3) $F(s)=\dfrac{s^2+4s+1}{s(s+1)^2}=\dfrac{k_{12}}{s+1}+\dfrac{k_{11}}{(s+1)^2}+\dfrac{k_2}{s}$

式中

$$k_{12}=\frac{d}{ds}[(s+1)^2F(s)]\Big|_{s=-1}=\frac{d}{ds}\left[\frac{s^2+4s+1}{s}\right]\Big|_{s=-1}$$

$$=\frac{d}{ds}\left[s+4+\frac{1}{s}\right]\Big|_{s=-1}=\left[1-\frac{1}{s^2}\right]\Big|_{s=-1}=1-1=0$$

$$k_{11}=(s+1)^2F(s)\Big|_{s=-1}=\frac{s^2+4s+1}{s}\Big|_{s=-1}=\left[s+4+\frac{1}{s}\right]\Big|_{s=-1}=2$$

$$k_2=sF(s)\Big|_{s=0}=\frac{s^2+4s+1}{(s+1)^2}\Big|_{s=0}=1$$

所以

$$F(s)=\frac{2}{(s+1)^2}+\frac{1}{s}$$

$$L^{-1}[F(s)]=L^{-1}\left[\frac{2}{(s+1)^2}\right]+L^{-1}\left[\frac{1}{s}\right]=2te^{-t}+\varepsilon(t)$$

(4) $F(s)=\dfrac{F_1(s)}{F_2(s)}=\dfrac{s+1}{s^3+2s^2+2s}=\dfrac{s+1}{s(s^2+2s+2)}=\dfrac{s+1}{s(s+1+j)(s+1-j)}=\dfrac{k_1}{s}+\dfrac{k_2}{s+1-j}+\dfrac{k_3}{s+1+j}$

因为

$$F_1(s)=s+1 \qquad F_2(s)=s^3+2s^2+2s \qquad F_2'(s)=3s^2+4s+2$$

所以，对于实根 $s_1=0$，有

$$k_1=\frac{F_1(s)}{F_2'(s)}\Big|_{s=0}=\frac{s+1}{3s^2+4s+2}\Big|_{s=0}=\frac{0+1}{3\times0^2+4\times0+2}=\frac{1}{2}$$

因为 $s_2=-1+j$，$s_3=-1-j$ 为共轭复根，所以两根对应的系数 k_2 和 k_3 也为共轭复数。如果

$$k_2=|k_2|e^{j\theta_2}$$

那么

$$k_3=|k_2|e^{-j\theta_2}$$

式中

$$k_2=\frac{F_1(s)}{F_2'(s)}\bigg|_{s=-1+j}=\frac{s+1}{3s^2+4s+2}\bigg|_{s=-1+j}=\frac{-1+j+1}{3\times(-1+j)^2+4\times(-1+j)+2}=\frac{\sqrt{2}}{4}e^{j135°}$$

所以

$$k_3=|k_2|e^{-j\theta_2}=\frac{\sqrt{2}}{4}e^{-j135°}$$

式中相关的共轭复根 $s_2=\alpha+j\omega=-1+j$，$s_3=\alpha-j\omega=-1-j$，其中 $\alpha=-1$，$\omega=1$，$\theta_2=135°$，所以

$$L^{-1}[F(s)]=\frac{1}{2}\varepsilon(t)+2(k_2)e^{\alpha t}\cos(\omega t+\theta_2)$$

$$=0.5\varepsilon(t)+\frac{\sqrt{2}}{2}e^{-t}\cos(t+135°)$$

9-4 图9-10所示电路在开关S置“1”时处于稳定状态，试画出S置“2”后的复频域电路模型。

解：当开关S置“1”时电路达到稳态，即电容开路，电感短路，其电路如图9-11所示。由图9-11可得

$$i_L(0_-)=\frac{30}{20+10+30}\times 2A=1A$$

$$u_C(0_-)=i_L(0_-)\times 20\Omega=20V$$

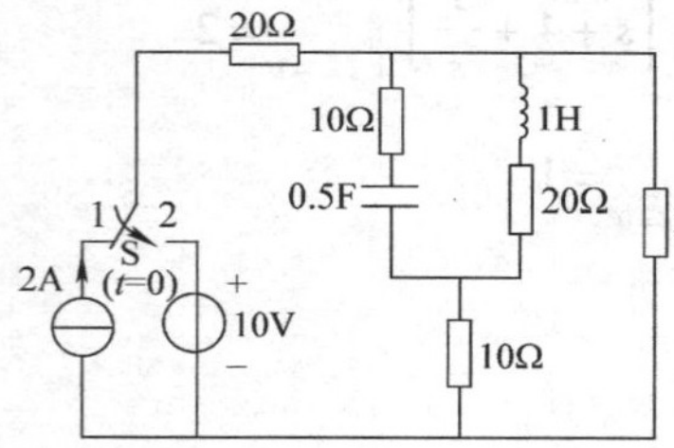

图9-10 题9-4图

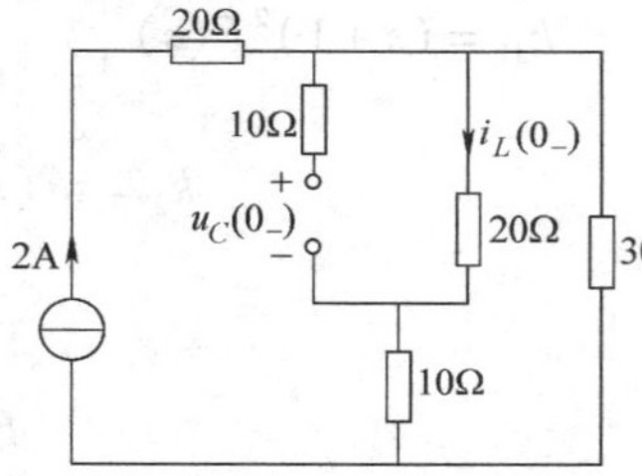

图9-11 $t=0_-$时的电路

通过查表，得电源的象函数为

$$U_s(s)=\frac{10}{s}$$

所以，$t\geqslant 0$时的复频域的运算电路如图9-12所示。

9-5 图9-13所示电路在开关S断开前处于稳定状态，试用复频域分析法求S断开后的电流 $i(t)$。

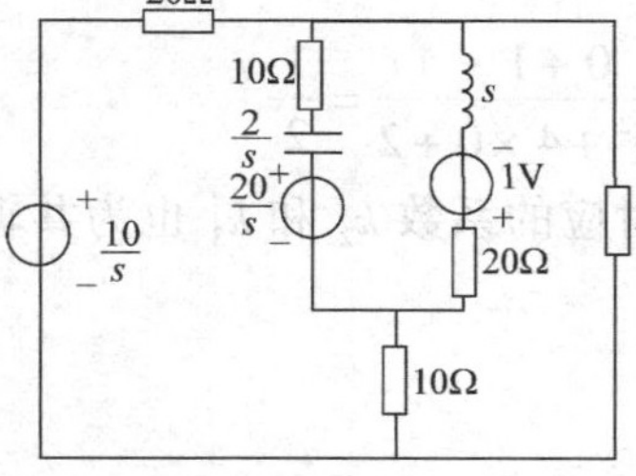

图9-12 运算电路

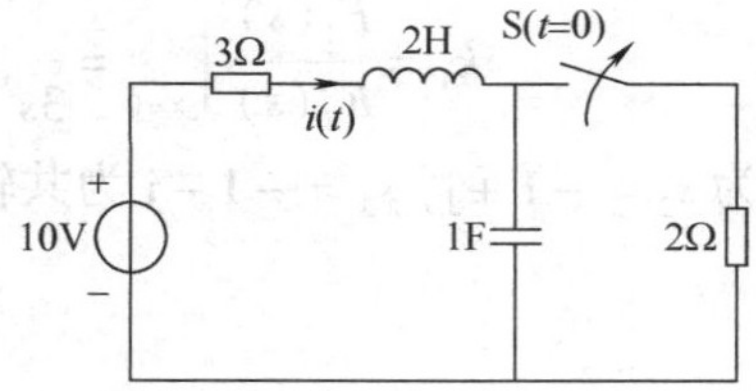

图9-13 题9-5图

解：（1）确定和计算各储能元件的初始值 $i_L(0_-)$、$u_C(0_-)$。$t=0_-$ 时刻的电路如图 9-14 所示（电感视为短路，电容视为开路），有 $u_C(0_-)=4\text{V}$，$i_L(0_-)=2\text{A}$，通过查表得电源的象函数为

$$U_s(s)=\frac{10}{s}$$

（2）将 $t\geqslant0$ 时的时域电路变换为相应的复频域的运算电路。

该电路的复频域的运算电路如图 9-15 所示。假设电路的绕行方向如图所示，列写出 KVL 方程如下：

$$\left(3+2s+\frac{1}{s}\right)I(s)=\frac{10}{s}+4-\frac{4}{s}$$

$$(2s^2+3s+1)I(s)=4s+6$$

$$I(s)=\frac{4s+6}{2s^2+3s+1}=\frac{4s+6}{(2s+1)(s+1)}=\frac{k_1}{2s+1}+\frac{k_1}{s+1}$$

$$k_1=(2s+1)I(s)\Big|_{s=-\frac{1}{2}}=\frac{4s+6}{s+1}\Big|_{s=-\frac{1}{2}}=8$$

$$k_2=(s+1)I(s)\Big|_{s=-1}=\frac{4s+6}{2s+1}\Big|_{s=-1}=-2$$

所以

$$I(s)=\frac{8}{2s+1}-\frac{2}{s+1}$$

$$i(t)=L^{-1}[I(s)]=L^{-1}\left[\frac{8}{2s+1}-\frac{2}{s+1}\right]=L^{-1}\left[\frac{4}{s+\frac{1}{2}}\right]-L^{-1}\left[\frac{2}{s+1}\right]$$

$$=(4\mathrm{e}^{-\frac{1}{2}t}-2\mathrm{e}^{-t})\text{A}$$

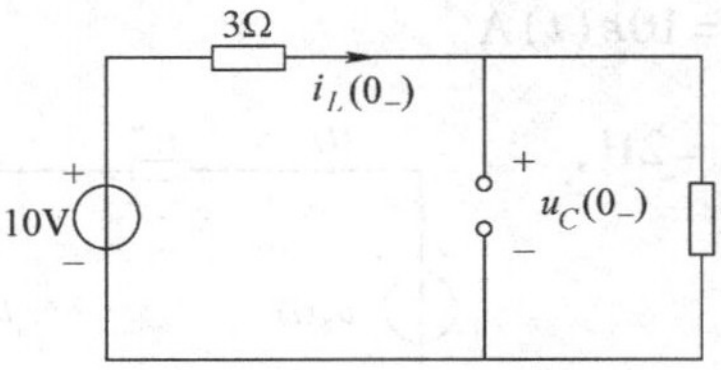

图 9-14　$t=0_-$ 时刻的电路

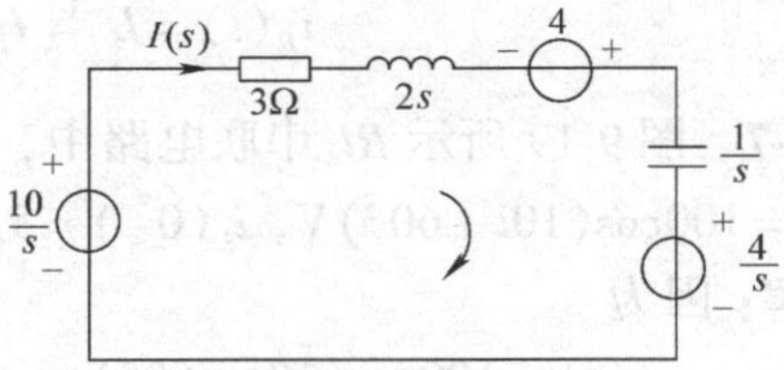

图 9-15　运算电路

9-6　已知图 9-16 所示电路在开关 S 闭合以前电路已达稳态，求在 $t\geqslant0$ 时各支路上的电流响应。

解：（1）确定和计算各储能元件的初始值。

画出 $t=0_-$ 时刻的稳态电路，如图 9-17 所示，求出

$$i_L(0_-)=\frac{10}{1+1}\text{A}=5\text{A}$$

$$u_C(0_-)=1\times5\text{V}=5\text{V}$$

电源的象函数为$\frac{10}{s}$。

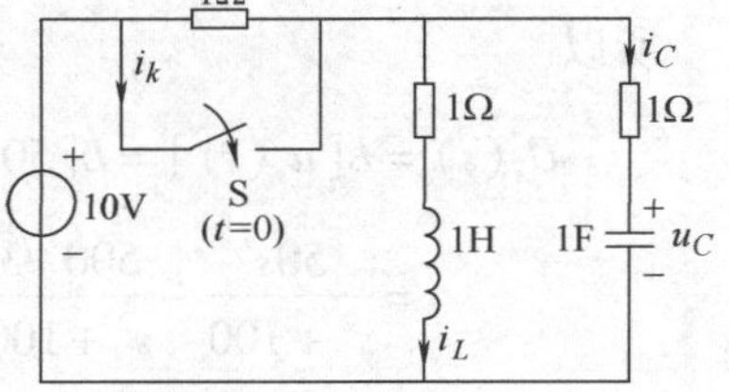

图 9-16　题 9-6 图

(2) 将 $t \geqslant 0$ 时的时域电路变换为相应的复频域的运算电路。

该电路的复频域的运算电路如图 9-18 所示，有

$$I_L(s)=\frac{\frac{10}{s}+5}{1+s}=\frac{5s+10}{s^2+s}=\frac{5s+10}{s(s+1)}=\frac{10}{s}-\frac{5}{s+1}$$

$$I_C(s)=\frac{\frac{10}{s}-\frac{5}{s}}{1+\frac{1}{s}}=\frac{5}{s+1}$$

$$I_R(s)=I_L(s)+I_C(s)=\frac{10}{s}-\frac{5}{s+1}+\frac{5}{s+1}=\frac{10}{s}$$

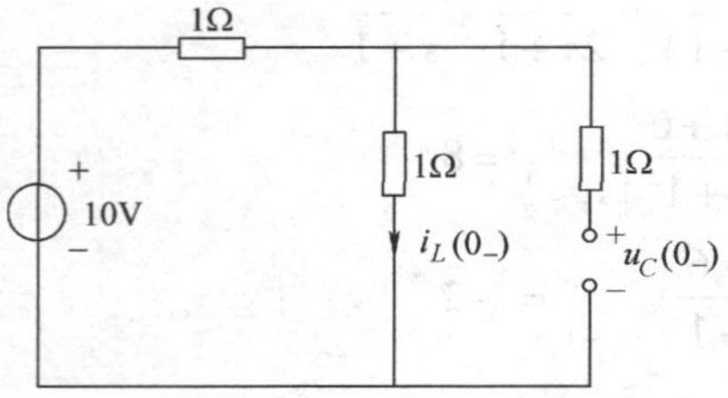

图 9-17　$t=0_-$ 时刻的电路

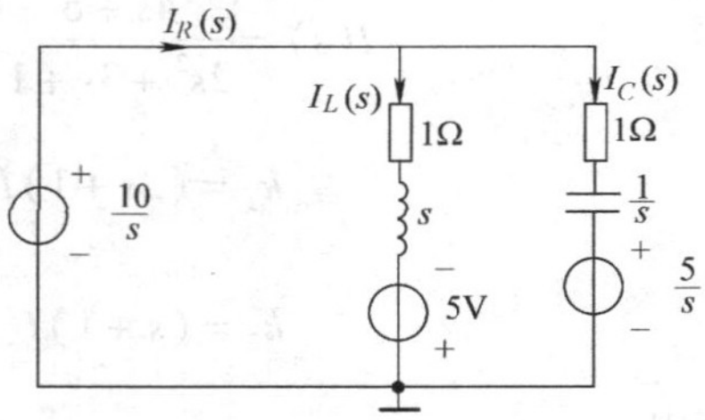

图 9-18　运算电路

(3) 求 $I_L(s)$、$I_C(s)$ 和 $I_R(s)$ 的原函数 $i_L(t)$、$i_C(t)$ 和 $i_R(t)$。有

$$i_L(t)=L^{-1}[I_L(s)]=L^{-1}\left[\frac{10}{s}-\frac{5}{s+1}\right]=[10\varepsilon(t)-5\mathrm{e}^{-t}]\mathrm{A}$$

$$i_C(t)=L^{-1}[I_C(s)]=L^{-1}\left[\frac{5}{s+1}\right]=5\mathrm{e}^{-t}\mathrm{A}$$

$$i_R(t)=L^{-1}[I_R(s)]=L^{-1}\left[\frac{10}{s}\right]=10\varepsilon(t)\mathrm{A}$$

9-7　图 9-19 所示 RL 串联电路中，已知 $R=20\Omega$，$L=2\mathrm{H}$，$u_s(t)=100\cos(10t+60°)\mathrm{V}$，$i_L(0_-)=5\mathrm{A}$，求 $i(t)$。

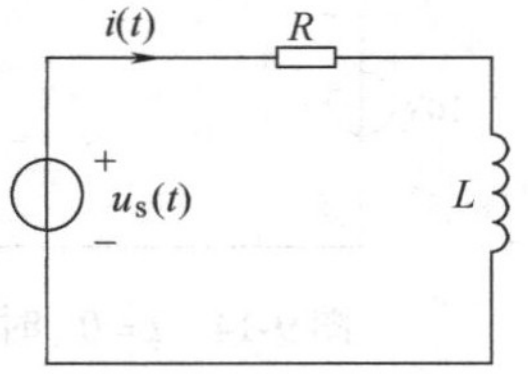

图 9-19　题 9-7 图

解： 因为

$$\begin{aligned}u_s(t)&=100\cos(10t+60°)\\&=100(\cos10t\cos60°-\sin10t\sin60°)\\&=50\cos10t-50\sqrt{3}\sin10t\end{aligned}$$

所以

$$\begin{aligned}U_s(s)&=L[u_s(t)]=L[50\cos10t-50\sqrt{3}\sin10t]\\&=\frac{50s}{s^2+100}-\frac{500\sqrt{3}}{s^2+100}=\frac{50s-500\sqrt{3}}{s^2+100}\end{aligned}$$

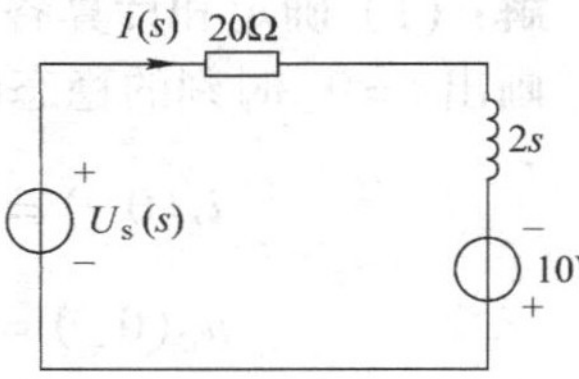

图 9-20　运算电路

该电路的复频域的运算电路如图 9-20 所示，有

$$I(s)=\frac{U_s(s)+10}{20+2s}=\frac{\frac{50s-500\sqrt{3}}{s^2+100}+10}{20+2s}$$

$$=\frac{\frac{25s-250\sqrt{3}}{s^2+100}+5}{s+10}$$

$$=\frac{25s-250\sqrt{3}+5(s^2+100)}{(s^2+100)(s+10)}$$

$$=\frac{5s^2+25s+(500-250\sqrt{3})}{s^3+10s^2+100s+1000}=\frac{F_1(s)}{F_2(s)}$$

因为

$$F_1(s)=5s^2+25s+(500-250\sqrt{3})$$

$$F_2(s)=s^3+10s^2+100s+1000 \qquad F_2'(s)=3s^2+20s+100$$

$$I(s)=\frac{k_1}{s+\mathrm{j}10}+\frac{k_2}{s-\mathrm{j}10}+\frac{k_3}{s+10}$$

式中

$$k_3=\frac{F_1(s)}{F_2'(s)}\bigg|_{s=-10}=\frac{5\times(-10)^2+25\times(-10)+(500-250\sqrt{3})}{3\times(-10)^2+20\times(-10)+100}=\frac{15-5\sqrt{3}}{4}$$

$$k_1=\frac{F_1(s)}{F_2'(s)}\bigg|_{s=\mathrm{j}10}=\frac{5\times(\mathrm{j}10)^2+25\times(\mathrm{j}10)+500-250\sqrt{3}}{3\times(\mathrm{j}10)^2+20\times(\mathrm{j}10)+100}=\frac{5\sqrt{2}}{4}\angle 15^\circ=\frac{5\sqrt{2}}{4}\mathrm{e}^{\mathrm{j}15^\circ}$$

$$k_2=|k_1|\mathrm{e}^{-\mathrm{j}\theta_1}=\frac{5\sqrt{2}}{4}\mathrm{e}^{-\mathrm{j}15^\circ}$$

所以

$$i(t)=L[I(s)]=\frac{15-5\sqrt{3}}{4}\mathrm{e}^{-10t}\mathrm{A}+2|k_1|\cos(10t+\theta_1)\mathrm{A}$$

$$=\frac{15-5\sqrt{3}}{4}\mathrm{e}^{-10t}\mathrm{A}+\frac{5\sqrt{2}}{2}\cos(10t+15^\circ)\mathrm{A}$$

$$=1.58\mathrm{e}^{-10t}\mathrm{A}+3.54\cos(10t+15^\circ)\mathrm{A}$$

9-8　已知图 9-21 所示电路的原始状态如下：$u(0_-)=2\mathrm{V}$，$i_L(0_-)=1\mathrm{A}$，$u_s(t)=\mathrm{e}^{3t}\varepsilon(t)\mathrm{V}$。试求电路的全响应 $u(t)$。

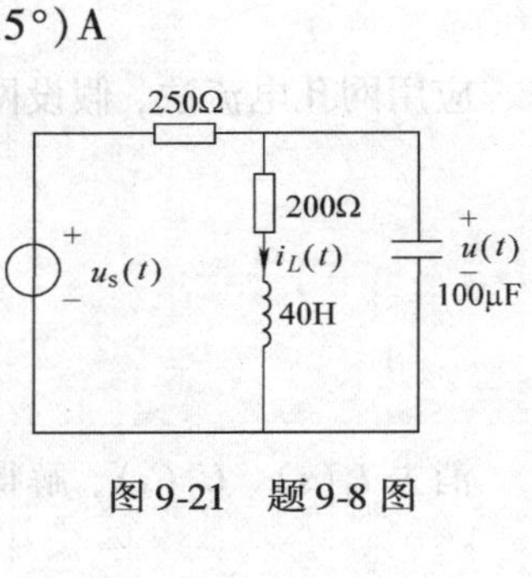

图 9-21　题 9-8 图

解：

$$L[u_s(t)]=L[\mathrm{e}^{-3t}\varepsilon(t)]=\frac{1}{s+3}$$

该电路对应的复频域的运算电路如图 9-22 所示，用节点电压法，有

$$U(s)=\frac{\frac{1}{250}\times\frac{1}{s+3}-\frac{40}{200+40s}+\frac{\frac{2}{s}}{\frac{10^4}{s}}}{\frac{1}{250}+\frac{1}{200+40s}+\frac{1}{\frac{10^4}{s}}}$$

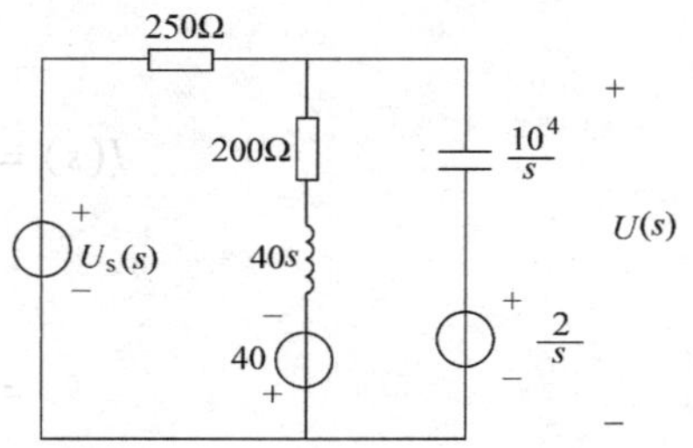

图 9-22 运算电路

$$=\frac{2(s^2-4972s-14885)}{(s+3)(s+15)(s+30)}$$

$$=\frac{k_1}{s+3}+\frac{k_2}{s+15}+\frac{k_3}{s+30}$$

$$k_1=(s+3)U(s)\Big|_{s=-3}=\frac{2(s^2-4972s-14885)}{(s+15)(s+30)}\Big|_{s=-3}=0.25$$

$$k_2=(s+15)U(s)\Big|_{s=-15}=\frac{2(s^2-4972s-14885)}{(s+3)(s+30)}\Big|_{s=-15}=-665.78$$

$$k_3=(s+30)U(s)\Big|_{s=-30}=\frac{2(s^2-4972s-14885)}{(s+3)(s+15)}\Big|_{s=-30}=667.53$$

所以

$$u(t)=L^{-1}[U(s)]=(0.25e^{-3t}-665.78e^{-15t}+667.53e^{-30t})\text{V}$$

9-9 图 9-23 所示电路中，已知 $R_1=6\Omega$，$R_2=3\Omega$，$L=1\text{H}$，$\mu=1$，$u_s(t)=6t\text{V}$，求电路零状态响应 $i_L(t)$。

解：由拉普拉斯变换，有

$$L[u_s(t)]=L[6t]=\frac{6}{s^2}$$

零状态时 $i_L(10_-)=0$，那么，该电路的复频域的运算电路如图 9-24 所示。

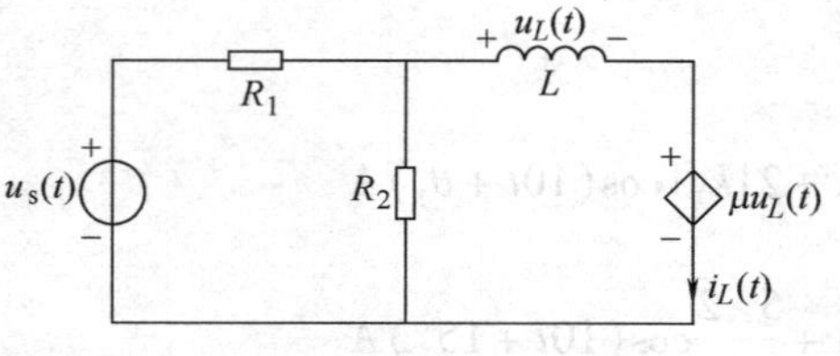

图 9-23 题 9-9 图

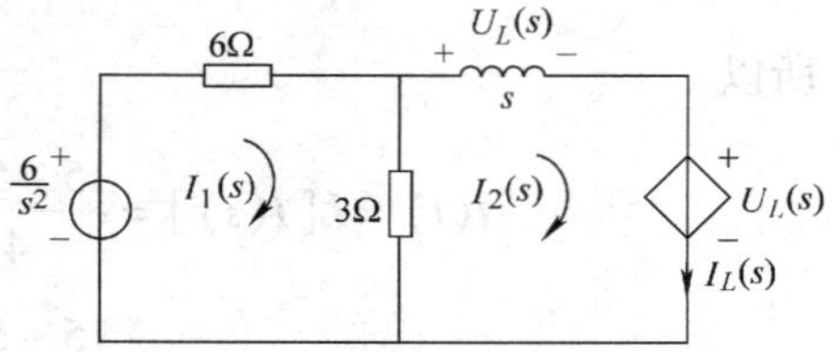

图 9-24 运算电路

应用网孔电流法，假设网孔电流如图 9-24 所示，列写网孔电流方程

$$\begin{cases}(6+3)I_1(s)-3I_2(s)=\frac{6}{s^2}\\-3I_1(s)+(3+s)I_2(s)=-U_L(s)\\U_L(s)=sI_2(s)\end{cases}$$

消去 $I_1(s)$、$U_L(s)$，解得 $I_2(s)=\frac{1}{s^2(s+1)}=\frac{k_{12}}{s}+\frac{k_{11}}{s^2}+\frac{k_2}{s+1}$

式中

$$k_{11}=s^2\frac{1}{s^2(s+1)}\bigg|_{s=0}=1$$

$$k_{12}=\frac{\mathrm{d}}{\mathrm{d}s}\left[s^2\frac{1}{s^2(s+1)}\right]\bigg|_{s=0}=-\frac{1}{(s+1)^2}\bigg|_{s=0}=-1$$

$$k_2=(s+1)\frac{1}{s^2(s+1)}\bigg|_{s=-1}=\frac{1}{s^2}\bigg|_{s=-1}=1$$

所以

$$I_2(s)=\frac{-1}{s}+\frac{1}{s^2}+\frac{1}{s+1}$$

$$I_L(s)=I_2(s)$$

由拉普拉斯反变换，解得：

$$i_L(t)=L^{-1}[I_2(s)]=L^{-1}\left[-\frac{1}{s}\right]+L^{-1}\left[\frac{1}{s^2}\right]+L^{-1}\left[\frac{1}{s+1}\right]\mathrm{A}$$

$$=(-\varepsilon(t)+t+\mathrm{e}^{-t})\mathrm{A}$$

9-10　求图9-25所示电路的零状态响应 $i(t)$。

解：因为是求电路的零状态响应，所以 $i_L(0_-)=0$，$u_C(0_-)=0$，其电路的复频域的运算电路如图9-26所示。

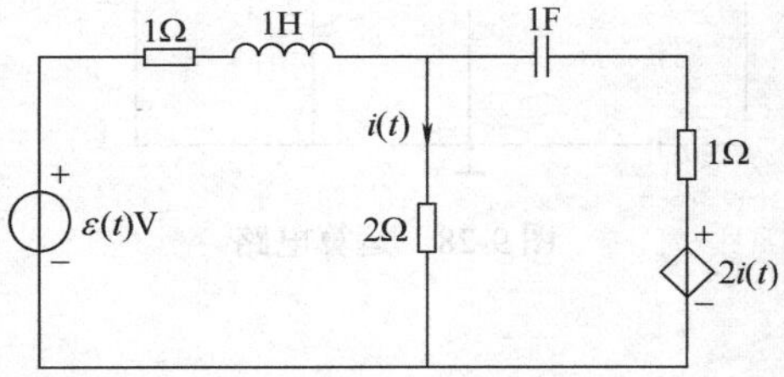

图9-25　题9-10图

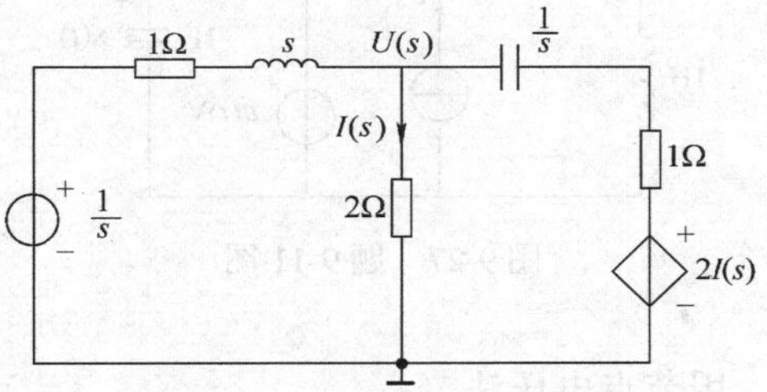

图9-26　运算电路

用节点电压法

$$U(s)=\frac{\dfrac{\frac{1}{s}}{s+1}+\dfrac{2I(s)}{1+\frac{1}{s}}}{\dfrac{1}{s+1}+\dfrac{1}{2}+\dfrac{1}{1+\frac{1}{s}}} \qquad ①$$

式中

$$I(s)=\frac{U(s)}{2} \qquad ②$$

将式②代入式①得

$$U(s)=\frac{F_1(s)}{F_2(s)}=\frac{2}{s(s+3)}=\frac{k_1}{s}+\frac{k_2}{s+3}$$

式中

$$F_1(s)=2 \qquad F_2(s)=s^2+3s \qquad F_2'(s)=2s+3$$

所以

$$k_1=\frac{F_1(s)}{F_2'(s)}\bigg|_{s=0}=\frac{2}{2s+3}\bigg|_{s=0}=\frac{2}{3}$$

$$k_2=\frac{F_1(s)}{F_2'(s)}\bigg|_{s=-3}=\frac{2}{2s+3}\bigg|_{s=-3}=\frac{2}{2\times(-3)+3}=\frac{-2}{3}$$

$$U(s)=\frac{2}{3s}-\frac{2}{3(s+3)} \qquad I(s)=\frac{1}{3s}-\frac{1}{3(s+3)}$$

解得：

$$i(t)=L^{-1}[I(s)]=\frac{1}{3}L^{-1}\left[\frac{1}{s}\right]-\frac{1}{3}L^{-1}\left[\frac{1}{s+3}\right]=\left(\frac{1}{3}\varepsilon(t)-\frac{1}{3}e^{-3t}\right)\mathrm{A}$$

9-11 求图 9-27 所示电路的零状态响应 $u(t)$。

解：由于电路是零状态，所以 $i_L(0_-)=0$，$u_C(0_-)=0$，其复频域的运算电路如图 9-28 所示。

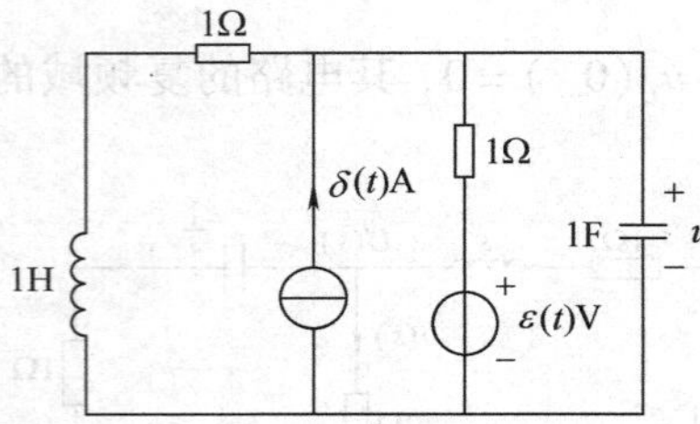

图 9-27 题 9-11 图

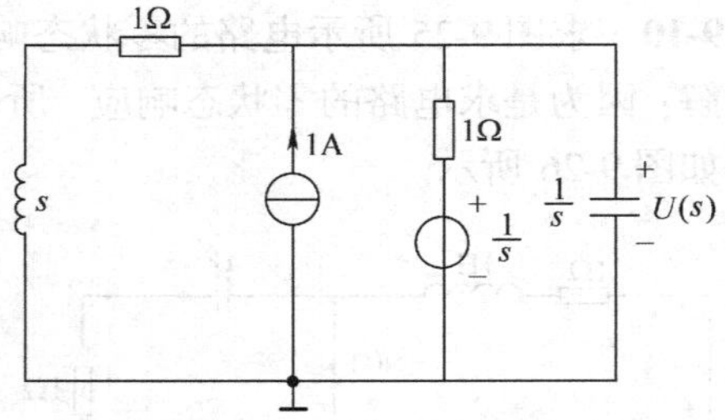

图 9-28 运算电路

用节点电压法

$$\left(\frac{1}{s+1}+1+s\right)U(s)=1+\frac{1}{s}$$

$$U(s)=\frac{F_1(s)}{F_2(s)}=\frac{s^2+2s+1}{s(s^2+2s+2)}=\frac{s^2+2s+1}{s(s+1+\mathrm{j})(s+1-\mathrm{j})}=\frac{k_1}{s+1-\mathrm{j}}+\frac{k_2}{s+1+\mathrm{j}}+\frac{k_3}{s}$$

式中

$$F_1(s)=s^2+2s+1$$

$$F_2(s)=s^3+2s^2+2s \qquad F_2'(s)=3s^2+4s+2$$

所以

$$k_3=\frac{F_1(s)}{F_2'(s)}\bigg|_{s=0}=\frac{s^2+2s+1}{3s^2+4s+2}\bigg|_{s=0}=\frac{0^2+2\times0+1}{3\times0^2+4\times0+2}=\frac{1}{2}$$

$$k_1=\frac{F_1(s)}{F_2'(s)}\bigg|_{s=-1+\mathrm{j}}=\frac{s^2+2s+1}{3s^2+4s+2}\bigg|_{s=-1+\mathrm{j}}=\frac{(-1+\mathrm{j})^2+2\times(-1+\mathrm{j})+1}{3\times(-1+\mathrm{j})^2+4\times(-1+\mathrm{j})+2}=\frac{\sqrt{2}}{4}e^{-\mathrm{j}45^\circ}$$

$$k_2=|k_1|e^{-\mathrm{j}\theta_1}=\frac{\sqrt{2}}{4}e^{\mathrm{j}45^\circ}$$

解得：

$$u(t)=L^{-1}[U(s)]=L^{-1}\left[\frac{0.5}{s}+\frac{\sqrt{2}}{4}\left(\frac{e^{-j45°}}{s+1+j}+\frac{e^{j45°}}{s+1-j}\right)\right]V$$

$$=\left[0.5\varepsilon(t)+\frac{\sqrt{2}}{2}e^{-t}\cos(t-45°)\right]V$$

注：应多复习关于拉普拉斯反变换，特别是关于 $F_2(s)=0$ 有共轭复根的情况，相关内容见原书《电路分析基础教程》的 214 页。

9-12 图 9-29 所示电路中的储能元件均为零初始值，$u_s(t)=5\varepsilon(t)$ V，$\gamma=-3$，求 $u_L(t)$。

解：图 9-29 所示电路的复频域运算电路如图 9-30 所示。

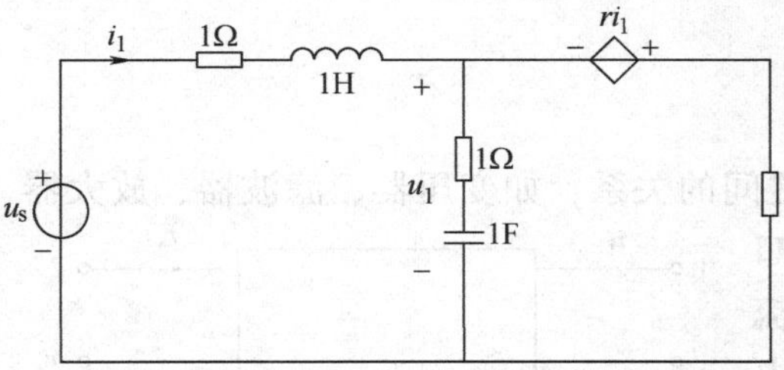

图 9-29 题 9-12 图

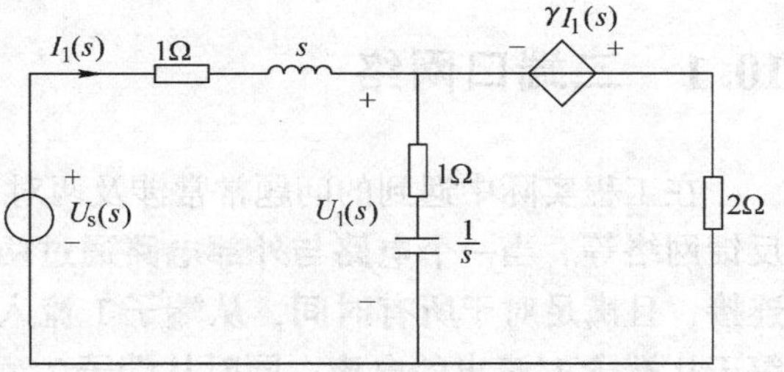

图 9-30 运算电路

利用节点电压法得

$$\left(\frac{1}{s+1}+\frac{1}{1+\frac{1}{s}}+\frac{1}{2}\right)U_1(s)=\frac{U_s(s)}{s+1}-\frac{\gamma I_1(s)}{2} \quad ①$$

式中

$$I_1(s)=\frac{U_s(s)-U_1(s)}{s+1} \quad ②$$

$$U_s(s)=L[u_s(t)]=L[5\varepsilon(t)]=\frac{5}{s}$$

联立式①、式②解得

$$U_1(s)=\frac{12.5}{3}\left(\frac{1}{s}-\frac{1}{s+2}\right)$$

所以

$$u_1(t)=L^{-1}[U_1(s)]=\frac{12.5}{3}L^{-1}\left[\frac{1}{s}-\frac{1}{s+2}\right]V$$

$$=\left[\frac{12.5}{3}\varepsilon(t)-\frac{12.5}{3}e^{-2t}\right]V=\frac{25}{6}[\varepsilon(t)-e^{-2t}]V$$

第 10 章　二端口网络分析

【本章学习要点】

本章论述二端口网络及其方程，讲解 Y、Z、T、H 等参数及其参数矩阵，介绍这些参数之间的相互关系，分析二端口网络的等效电路以及二端口网络的连接。

学习难点：二端口网络特性分析；二端口网络的连接。

10.1　二端口网络

在工程实际中遇到的问题常常涉及两对端口之间的关系，如变压器、滤波器、放大器、反馈网络等。**当一个电路与外部电路通过两个端口连接，且满足对于所有时间，从端子 1 流入的电流等于从端子 1′流出的电流；同时从端子 2 流入的电流等于从端子 2′流出的电流，称此电路为二端口（TWO-Port）网络，如图 10-1 所示。**

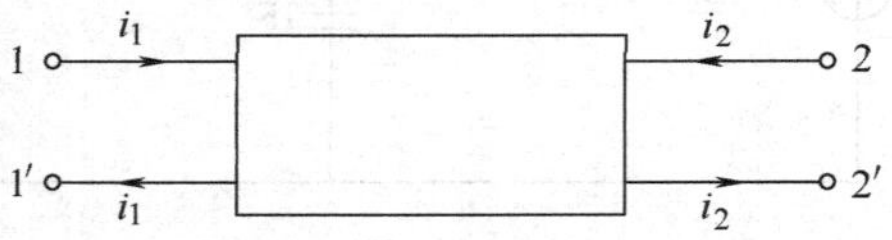

图 10-1　二端口网络

10.2　二端口网络的参数和方程

如图 10-2 所示，二端口网络端口的物理量有 4 个：i_1、i_2、u_1、u_2，一般用 4 种不同的方程来表示，即可用 4 套参数描述二端口网络。

1. Y 参数和方程

线性二端口网络如图 10-3 所示，有

$$\begin{cases}\dot{I}_1 = Y_{11}\dot{U}_1 + Y_{12}\dot{U}_2 \\ \dot{I}_2 = Y_{21}\dot{U}_1 + Y_{22}\dot{U}_2\end{cases}$$

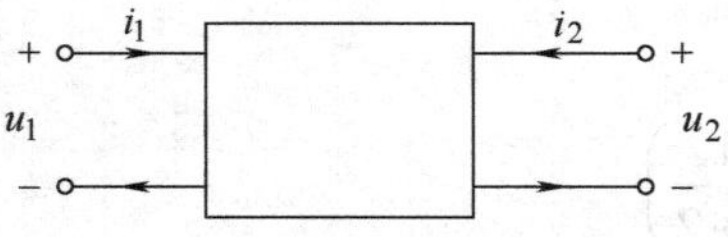

图 10-2　网络端口的物理量

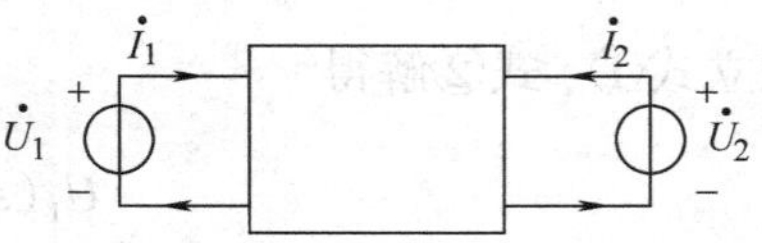

图 10-3　线性二端口网络

其矩阵形式为

$$\begin{pmatrix}\dot{I}_1 \\ \dot{I}_2\end{pmatrix} = \begin{pmatrix}Y_{11} & Y_{12} \\ Y_{21} & Y_{22}\end{pmatrix}\begin{pmatrix}\dot{U}_1 \\ \dot{U}_2\end{pmatrix}$$

令

$$\boldsymbol{Y} = \begin{pmatrix}Y_{11} & Y_{12} \\ Y_{21} & Y_{22}\end{pmatrix}$$

称为二端口的**$\boldsymbol{Y}$ 参数矩阵**。

Y 参数属于导纳性质,可以按下述方法计算或实验测量求得，如图 10-4 所示。

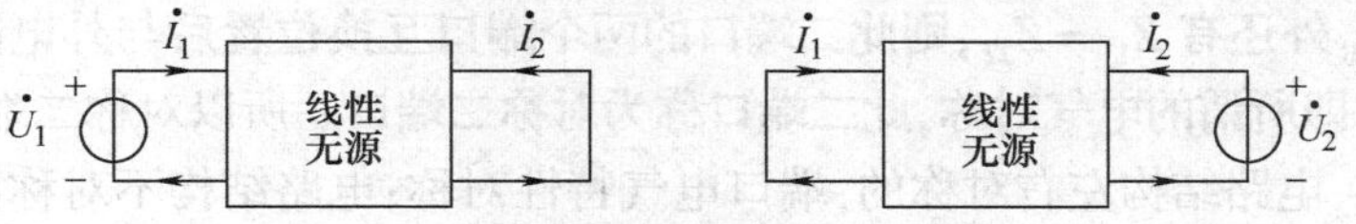

图 10-4　Y 参数计算或实验测量

自导纳为

$$Y_{11}=\frac{\dot{I}_1}{\dot{U}_1}\bigg|_{\dot{U}_2=0}$$

转移导纳为

$$Y_{21}=\frac{\dot{I}_2}{\dot{U}_1}\bigg|_{\dot{U}_2=0}$$

转移导纳为

$$Y_{12}=\frac{\dot{I}_1}{\dot{U}_2}\bigg|_{\dot{U}_1=0}$$

自导纳为

$$Y_{22}=\frac{\dot{I}_2}{\dot{U}_2}\bigg|_{\dot{U}_1=0}$$

对于由线性元件构成的任何无源二端口,$Y_{12}=Y_{21}$ 总是成立的。所以**对任何一个线性二端口,4 个参数中只有三个是独立的。**

2. Z 参数和方程

二端口网络如图 10-5 所示，可列出 Z 参数方程

$$\begin{cases}\dot{U}_1=Z_{11}\dot{I}_1+Z_{12}\dot{I}_2\\ \dot{U}_2=Z_{21}\dot{I}_1+Z_{22}\dot{I}_2\end{cases}$$

图 10-5　二端口网络

其矩阵形式为

$$\begin{pmatrix}\dot{U}_1\\ \dot{U}_2\end{pmatrix}=\begin{pmatrix}Z_{11} & Z_{12}\\ Z_{21} & Z_{22}\end{pmatrix}\begin{pmatrix}\dot{I}_1\\ \dot{I}_2\end{pmatrix}$$

这里的

$$\boldsymbol{Z}=\begin{pmatrix}Z_{11} & Z_{12}\\ Z_{21} & Z_{22}\end{pmatrix}$$

称为二端口的 **Z 参数矩阵**。

Z 参数的实验测定

$$Z_{11}=\frac{\dot{U}_1}{\dot{I}_1}\bigg|_{\dot{I}_2=0}\qquad Z_{12}=\frac{\dot{U}_1}{\dot{I}_2}\bigg|_{\dot{I}_1=0}$$

$$Z_{21}=\frac{\dot{U}_2}{\dot{I}_1}\bigg|_{\dot{I}_2=0}\qquad Z_{22}=\frac{\dot{U}_2}{\dot{I}_2}\bigg|_{\dot{I}_1=0}$$

Z 参数又称开路阻抗参数。

互易二端口

$$Z_{12}=Z_{21}$$

若除 $Z_{12}=Z_{21}$ 外还有 $Z_{11}=Z_{22}$，则此二端口的两个端口互换位置后与外电路连接，其外特性不会有任何变化，即所谓的电气对称，此二端口称为对称二端口。所以对称二端口是指两个端口电气特性上对称。电路结构左右对称的，端口电气特性对称；电路结构不对称的二端口，其电气特性也可能是对称的，这样的二端口也是对称二端口。**对称二端口只有两个参数是独立的。**

3. *T* 参数（传输参数）和方程

二端口网络如图 10-6 所示，可列出如下 T 参数方程：

$$\begin{cases}\dot{U}_1=T_{11}\dot{U}_2+T_{12}(-\dot{I}_2)\\ \dot{I}_1=T_{21}\dot{U}_2+T_{22}(-\dot{I}_2)\end{cases}$$

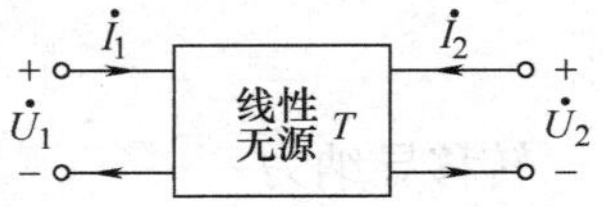

图 10-6　二端口网络

其矩阵形式为

$$\begin{pmatrix}\dot{U}_1\\ \dot{I}_1\end{pmatrix}=\begin{pmatrix}T_{11} & T_{12}\\ T_{21} & T_{22}\end{pmatrix}\begin{pmatrix}\dot{U}_2\\ -\dot{I}_2\end{pmatrix}$$

式中

$$\boldsymbol{T}=\begin{pmatrix}T_{11} & T_{12}\\ T_{21} & T_{22}\end{pmatrix}$$

称为二端口的**T 参数矩阵**。

互易二端口有

$$T_{11}T_{22}-T_{12}T_{21}=\frac{Y_{11}Y_{22}}{Y_{21}^2}+\frac{Y_{12}Y_{21}}{Y_{21}^2}-\frac{Y_{11}Y_{22}}{Y_{21}^2}=1$$

对称二端口则

$$T_{11}=T_{22}$$

T 参数的实验测定

开路参数为

$$\begin{cases}T_{11}=\left.\dfrac{\dot{U}_1}{\dot{U}_2}\right|_{\dot{I}_2=0}\\[2ex] T_{21}=\left.\dfrac{\dot{I}_1}{\dot{U}_2}\right|_{\dot{I}_2=0}\end{cases}$$

短路参数为

$$\begin{cases}T_{12}=\left.\dfrac{\dot{U}_1}{-\dot{I}_2}\right|_{\dot{U}_2=0}\\[2ex] T_{22}=\left.\dfrac{\dot{U}_1}{-\dot{I}_2}\right|_{\dot{U}_2=0}\end{cases}$$

4. *H* 参数和方程

H 参数也称为混合参数，常用于晶体管等效电路的分析。二端口网络如图 10-7 所示。

图 10-7 所示二端口网络的 H 参数方程为

$$\begin{cases}\dot{U}_1=H_{11}\dot{I}_1+H_{12}\dot{U}_2\\ \dot{I}_2=H_{21}\dot{I}_1+H_{22}\dot{U}_2\end{cases}$$

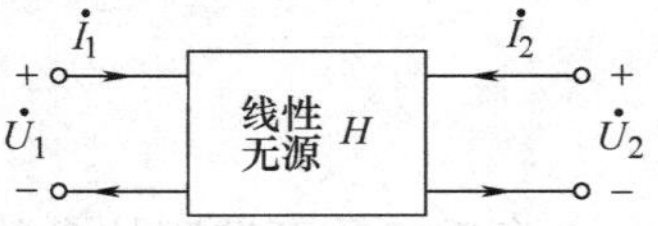

图 10-7　二端口网络

其矩阵形式为

$$\begin{pmatrix}\dot{U}_1\\ \dot{I}_2\end{pmatrix}=\begin{pmatrix}H_{11} & H_{12}\\ H_{21} & H_{22}\end{pmatrix}\begin{pmatrix}\dot{I}_1\\ \dot{U}_2\end{pmatrix}$$

H 参数的实验测定

短路参数为

$$\begin{cases}H_{11}=\dfrac{\dot{U}_1}{\dot{I}_1}\Bigg|_{\dot{U}_2=0}\\ H_{21}=\dfrac{\dot{I}_2}{\dot{I}_1}\Bigg|_{\dot{U}_2=0}\end{cases}$$

开路参数为

$$\begin{cases}H_{12}=\dfrac{\dot{U}_1}{\dot{U}_2}\Bigg|_{\dot{I}_1=0}\\ H_{22}=\dfrac{\dot{I}_2}{\dot{U}_2}\Bigg|_{\dot{I}_1=0}\end{cases}$$

互易二端口

$$H_{12}=-H_{21}$$

对称二端口

$$H_{11}H_{22}-H_{12}H_{21}=1$$

10.3 二端口网络的等效电路

1. *Z* 参数方程等效电路

根据图 10-8 所示二端口网络可列出如下方程：

$$\begin{cases}\dot{U}_1=Z_{11}\dot{I}_1+Z_{12}\dot{I}_2\\ \dot{U}_2=Z_{21}\dot{I}_1+Z_{22}\dot{I}_2\end{cases}$$

改写为

$$\begin{cases}\dot{U}_1=Z_{11}\dot{I}_1+Z_{12}\dot{I}_2+Z_{12}\dot{I}_1-Z_{12}\dot{I}_1\\ \dot{U}_2=Z_{21}\dot{I}_1+Z_{22}\dot{I}_2+Z_{12}\dot{I}_1-Z_{12}\dot{I}_1+Z_{12}\dot{I}_2-Z_{12}\dot{I}_2\end{cases}$$

上述参数方程的等效电路如图 10-9 所示。**等效电路不唯一。**

对互易网络有

$$Z_{12}=Z_{21}$$

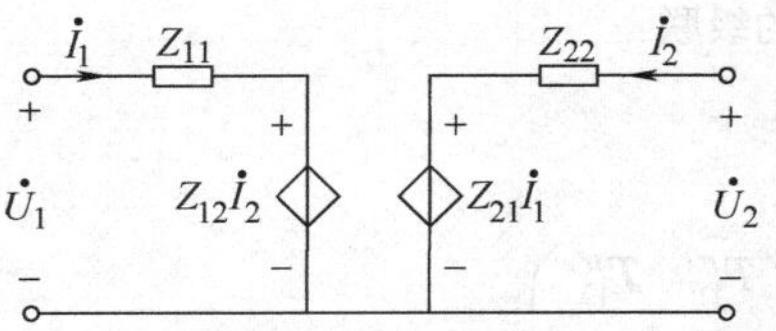

图 10-8 二端口网络

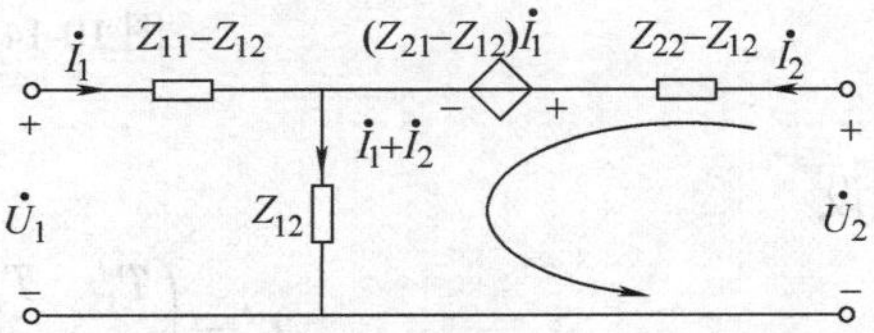

图 10-9 等效电路

等效电路如图 10-10 所示。

可见，**网络对称($Z_{11}=Z_{22}$)则等效电路也对称。**

2. Y 参数方程等效电路

将图 10-8 变换为图 10-11 所示二端口网络，可列出如下方程：

$$\begin{cases}\dot{I}_1 = Y_{11}\dot{U}_1 + Y_{12}\dot{U}_2 \\ \dot{I}_2 = Y_{21}\dot{U}_1 + Y_{22}\dot{U}_2\end{cases}$$

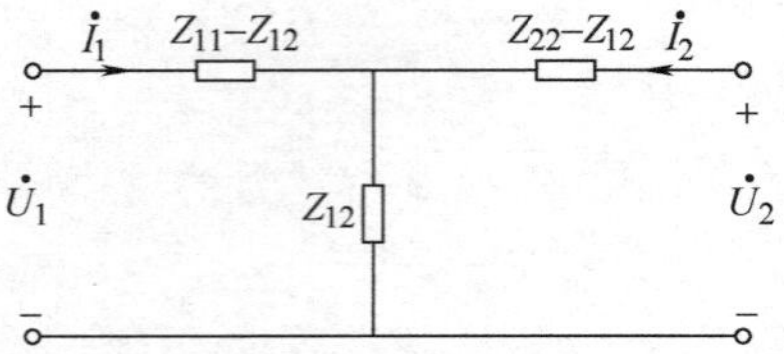

图 10-10　互易网络的等效电路

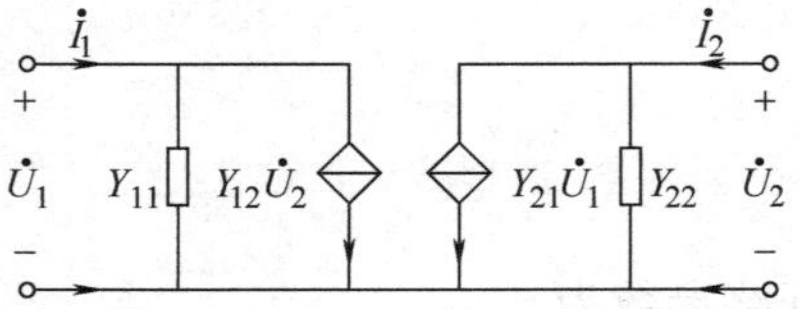

图 10-11　二端口网络

另一种形式的等效电路如图 10-12 所示。

对互易网络有

$$Y_{12}=Y_{21}$$

可见，**网络对称($Y_{11}=Y_{22}$)则等效电路也对称**，如图 10-13 所示。

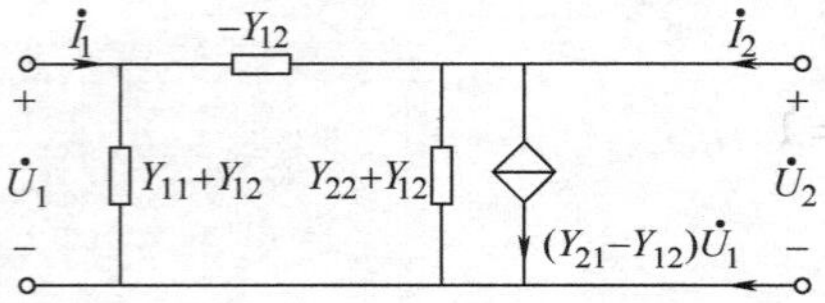

图 10-12　图 10-11 的另一种形式

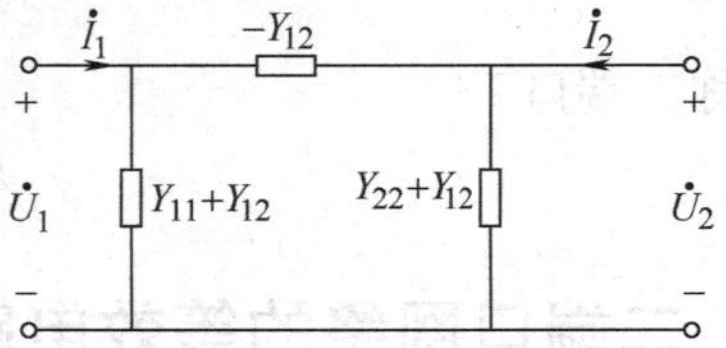

图 10-13　互易网络的等效电路

10.4　二端口网络的连接

二端口网络可按多种不同方式相互连接，主要有**级联(链联)**、**串联**和**并联**等。

1. 级联

图 10-14 所示为两个二端口的级联(链联)。

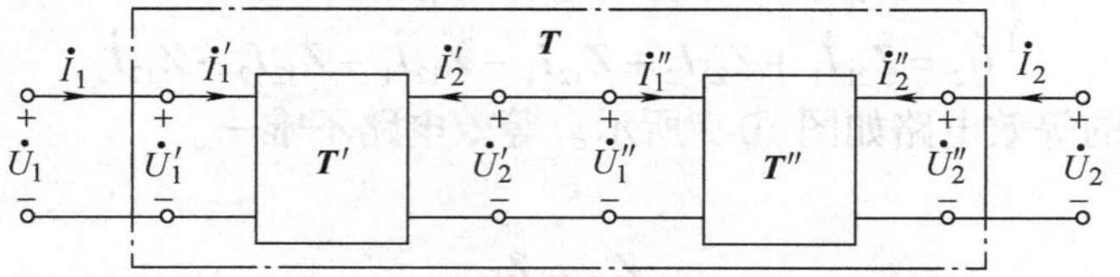

图 10-14　两个二端口的级联

设

$$\boldsymbol{T}' = \begin{pmatrix} T'_{11} & T'_{12} \\ T'_{21} & T'_{22} \end{pmatrix} \qquad \boldsymbol{T}'' = \begin{pmatrix} T''_{11} & T''_{12} \\ T''_{21} & T''_{22} \end{pmatrix}$$

则

$$\boldsymbol{T} = \boldsymbol{T}'\boldsymbol{T}''$$

级联后所得复合二端口 *T* 参数矩阵 *T* 等于级联的二端口 *T* 参数矩阵 *T*′和 *T*″相乘。上述结论可推广到 n 个二端口级联的关系。

2. 并联

图 10-15 所示为两个二端口的并联。连接方式为输入端口并联，输出端口也并联。

由

$$\begin{pmatrix}\dot{I}_1'\\ \dot{I}_2'\end{pmatrix}=\begin{pmatrix}Y_{11}' & Y_{12}'\\ Y_{21}' & Y_{22}'\end{pmatrix}\begin{pmatrix}\dot{U}_1'\\ \dot{U}_2'\end{pmatrix}\qquad \begin{pmatrix}\dot{I}_1''\\ \dot{I}_2''\end{pmatrix}=\begin{pmatrix}Y_{11}'' & Y_{12}''\\ Y_{21}'' & Y_{22}''\end{pmatrix}\begin{pmatrix}\dot{U}_1''\\ \dot{U}_2''\end{pmatrix}$$

并联后为

$$\boldsymbol{Y}=\boldsymbol{Y}'+\boldsymbol{Y}''$$

二端口并联所得复合二端口的 *Y* 参数矩阵 *Y* 等于两个二端口 *Y* 参数矩阵 *Y*′和 *Y*″相加。

有两点说明：

1）两个二端口并联时，其端口条件可能被破坏，此时 $\boldsymbol{Y}\neq\boldsymbol{Y}'+\boldsymbol{Y}''$。

2）具有公共端的二端口，将公共端并在一起将不会破坏端口条件。

3. 串联

图 10-16 所示为两个二端口串联连接，输入端口串联，输出端口也串联。

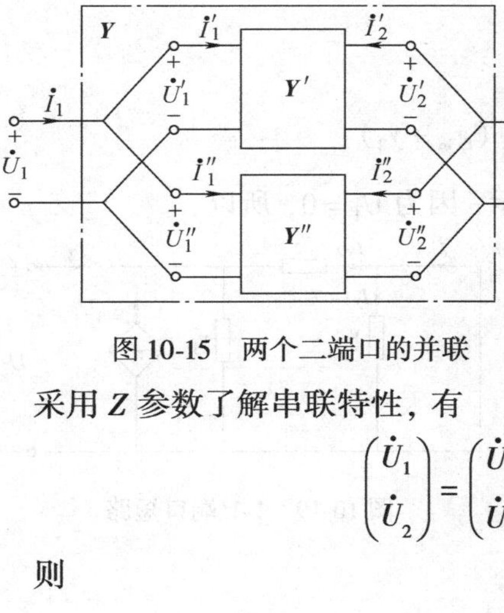

图 10-15　两个二端口的并联

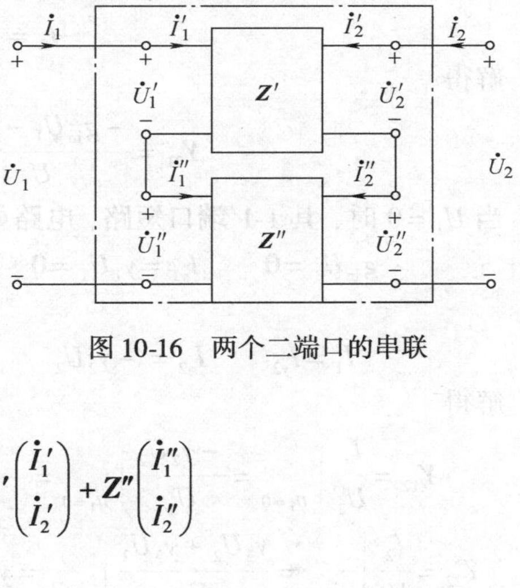

图 10-16　两个二端口的串联

采用 *Z* 参数了解串联特性，有

$$\begin{pmatrix}\dot{U}_1\\ \dot{U}_2\end{pmatrix}=\begin{pmatrix}\dot{U}_1'\\ \dot{U}_2'\end{pmatrix}+\begin{pmatrix}\dot{U}_1''\\ \dot{U}_2''\end{pmatrix}=\boldsymbol{Z}'\begin{pmatrix}\dot{I}_1'\\ \dot{I}_2'\end{pmatrix}+\boldsymbol{Z}''\begin{pmatrix}\dot{I}_1''\\ \dot{I}_2''\end{pmatrix}$$

则

$$\boldsymbol{Z}=\boldsymbol{Z}'+\boldsymbol{Z}''$$

串联后复合二端口 *Z* 参数矩阵 *Z* 等于原二端口 *Z* 参数矩阵 *Z*′和 *Z*″相加。

两个二端口并联时，其端口条件可能被破坏，此时 $\boldsymbol{Z}=\boldsymbol{Z}'+\boldsymbol{Z}''$不成立。

本章习题及其解答

10-1　求图 10-17 所示二端口网络的 *Y* 参数。

解：方法一：利用 *Y* 参数定义求解。

当 $U_2=0$ 时，其 2-2′端口短路，电路如图 10-18 所示，有

$$Y_{11}=\frac{I_1}{U_1}\bigg|_{U_2=0}=\frac{y_1U_1+y_2U_1}{U_1}=y_1+y_2$$

$$Y_{21}=\frac{I_2}{U_1}\bigg|_{U_2=0}$$

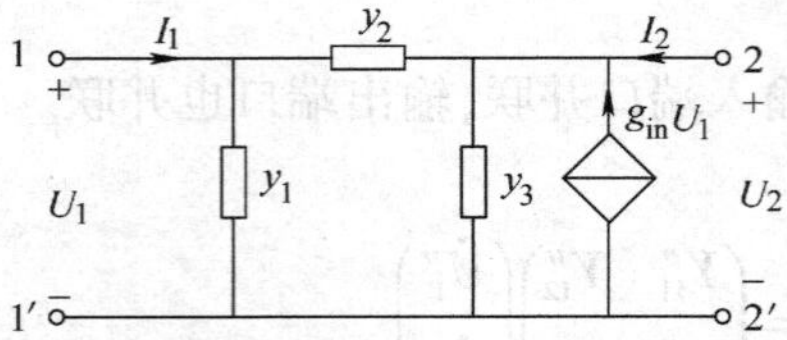

图 10-17　题 10-1 图

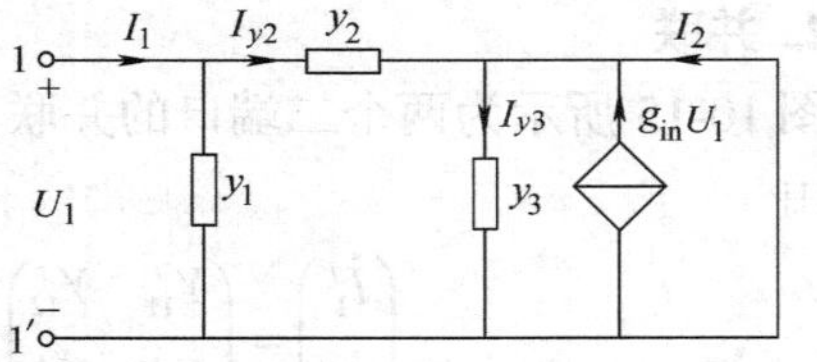

图 10-18　2-2′端口短路

根据 KCL 得

$$I_{y2}+g_{in}U_1+I_2=I_{y3}$$

所以

$$I_2=I_{y3}-g_{in}U_1-I_{y2}$$

因为 $U_2=0$，所以

$$I_{y3}=0 \qquad I_{y2}=y_2U_1$$

即

$$I_2=-g_{in}U_1-y_2U_1$$

解得

$$Y_{21}=\frac{-g_{in}U_1-y_2U_1}{U_1}\bigg|_{U_2=0}=-(g_{in}+y_2)$$

当 $U_1=0$ 时，其 1-1′端口短路，电路如图 10-19 所示，因为 $U_1=0$，所以

$$g_{in}U_1=0 \qquad I_{y1}=y_1U_1=0$$

故

$$I_1=I_{y2} \qquad I_{y2}=-y_2U_2$$

解得

$$Y_{12}=\frac{I_1}{U_2}\bigg|_{U_1=0}=\frac{-y_2U_2}{U_2}\bigg|_{U_1=0}=-y_2$$

$$Y_{22}=\frac{I_2}{U_2}\bigg|_{U_1=0}=\frac{y_2U_2+y_3U_2}{U_2}\bigg|_{U_1=0}=y_2+y_3$$

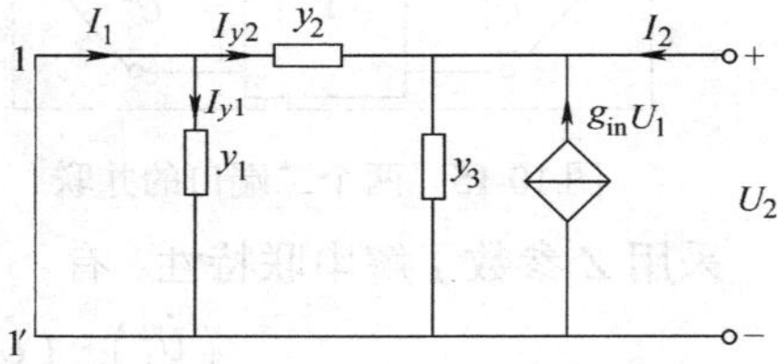

图 10-19　1-1′端口短路

所以 Y 参数为

$$\boldsymbol{Y}=\begin{pmatrix} y_1+y_2 & -y_2 \\ -(g_{in}+y_2) & y_2+y_3 \end{pmatrix}$$

方法二：利用节点电压法求解。

列节点电压方程

$$\begin{cases}(y_1+y_2)U_1-y_2U_2=I_1\\ -y_2U_1+(y_2+y_3)U_2=I_2+g_{in}U_1\end{cases}$$

整理方程得

$$\begin{cases}I_1=(y_1+y_2)U_1-y_2U_2\\ I_2=-(y_2+g_{in})U_1+(y_2+y_3)U_2\end{cases}$$

$$\begin{pmatrix} I_1 \\ I_2 \end{pmatrix} = \begin{pmatrix} y_1 + y_2 & -y_2 \\ -(y_2 + g_{in}) & (y_2 + y_3) \end{pmatrix} \begin{pmatrix} U_1 \\ U_2 \end{pmatrix}$$

10-2　求图 10-20 所示二端口的混合参数(H)矩阵。

解: 为了更好地求解关于 H 参数矩阵方面的问题，应该熟记 H 参数方程

$$\begin{cases} \dot{U}_1 = H_{11}\dot{I}_1 + H_{12}\dot{U}_2 \\ \dot{I}_2 = H_{21}\dot{I}_1 + H_{22}\dot{U}_2 \end{cases}$$

首先用定义法来求参数，把 2-2′端口短路，电路如图 10-21 所示，有

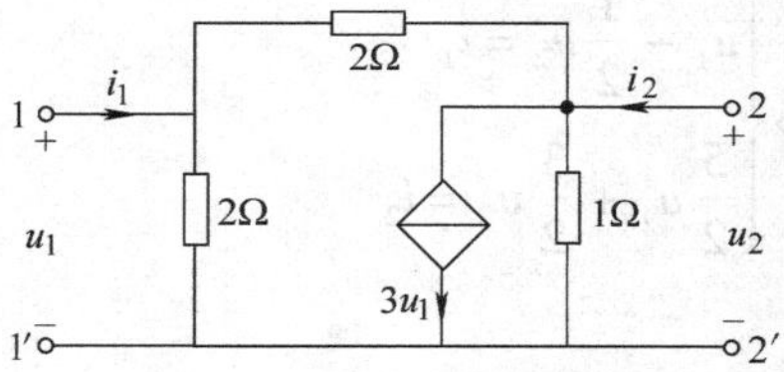

图 10-20　题 10-21 图

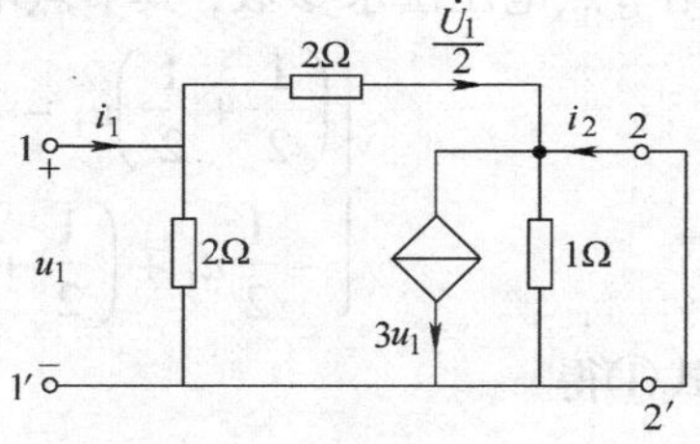

图 10-21　2-2′端口短路

$$H_{11} = \left.\frac{\dot{U}_1}{\dot{I}_1}\right|_{\dot{U}_2=0}$$

式中

$$\dot{I}_1 = \frac{\dot{U}_1}{2} + \frac{\dot{U}_1}{2} = \dot{U}_1$$

所以

$$H_{11} = \left.\frac{\dot{U}_1}{\dot{I}_1}\right|_{\dot{U}_2=0} = \left.\frac{\dot{U}_1}{\dot{U}_1}\right|_{\dot{U}_2=0} = 1$$

$$\dot{I}_2 + \frac{\dot{U}_1}{2} - 3\dot{U}_1 = 0 \qquad \dot{I}_2 = -\frac{\dot{U}_1}{2} + 3\dot{U}_1 = \frac{5}{2}\dot{U}_1$$

$$H_{21} = \left.\frac{\dot{I}_2}{\dot{I}_1}\right|_{\dot{U}_2=0} = \left.\frac{\frac{5}{2}\dot{U}_1}{\dot{U}_1}\right|_{\dot{U}_2=0} = \frac{5}{2}$$

把 1-1′端开路，$\dot{I}_1 = 0$，求参数 H_{12}，H_{22}，其电路如图 10-22 所示。

由图 10-22 可得

$$\dot{U}_1 = \frac{2}{2+2}\dot{U}_2 = \frac{1}{2}\dot{U}_2$$

所以

$$H_{12} = \left.\frac{\dot{U}_1}{\dot{U}_2}\right|_{\dot{I}_1=0} = \frac{1}{2}$$

对节点 A 列写 KCL 方程

$$i_2 = \frac{u_2}{4} + 3u_1 + u_2 = \frac{1}{4}u_2 + \frac{3}{2}u_2 + u_2 = \frac{11}{4}u_2$$

所以

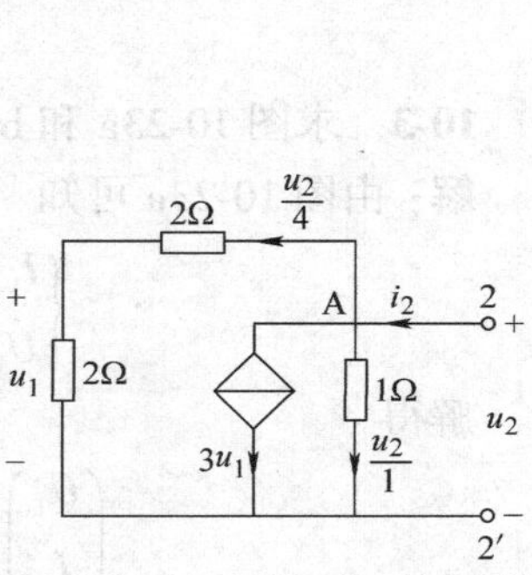

图 10-22　1-1′端口开路

$$H_{22} = \frac{\dot{I}_2}{\dot{U}_2}\bigg|_{\dot{I}_1=0} = \frac{11}{4}$$

故

$$\boldsymbol{H} = \begin{pmatrix} 1 & \frac{1}{2} \\ \frac{5}{2} & \frac{11}{4} \end{pmatrix}$$

再用节点电压法求参数，其节点电压方程为

$$\begin{cases} \left(\frac{1}{2}+\frac{1}{2}\right)u_1 - \frac{1}{2}u_2 = i_1 \\ -\frac{1}{2}u_1 + \left(\frac{1}{2}+1\right)u_2 = i_2 - 3u_1 \end{cases} \Rightarrow \begin{cases} u_1 - \frac{1}{2}u_2 = i_1 & ① \\ \frac{5}{2}u_1 + \frac{3}{2}u_2 = i_2 & ② \end{cases}$$

由式①得

$$u_1 = i_1 + \frac{1}{2}u_2 \qquad ③$$

把式③代入式②得

$$\frac{5}{2}\left(i_1 + \frac{1}{2}u_2\right) + \frac{3}{2}u_2 = i_2$$

整理得

$$i_2 = \frac{5}{2}i_1 + \frac{11}{4}u_2 \qquad ④$$

即

$$\begin{cases} u_1 = i_1 + \frac{1}{2}u_2 \\ i_2 = \frac{5}{2}i_1 + \frac{11}{4}u_2 \end{cases}$$

故

$$\boldsymbol{H} = \begin{pmatrix} 1 & \frac{1}{2} \\ \frac{5}{2} & \frac{11}{4} \end{pmatrix}$$

10-3 求图 10-23a 和 b 所示网络的正向 T 参数方程。

解：由图 10-23a 可知

$$\begin{cases} I_1 = -I_2 \\ U_1 = -sL_1 I_2 + U_2 \end{cases}$$

解得

$$\begin{pmatrix} U_1 \\ I_1 \end{pmatrix} = \begin{pmatrix} 1 & sL \\ 0 & 1 \end{pmatrix}\begin{pmatrix} U_2 \\ -I_2 \end{pmatrix}$$

由图 10-23b 可知

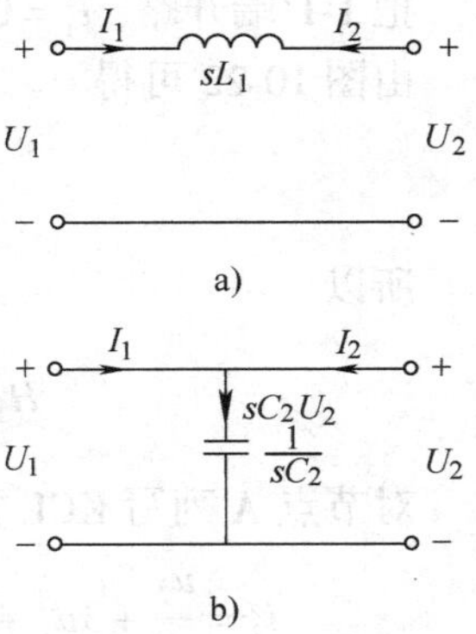

图 10-23 题 10-3 图

$$\begin{cases}U_1 = U_2\\ I_1 = sC_2 U_2 - I_2\end{cases}$$

解得

$$\begin{pmatrix}U_1\\ I_1\end{pmatrix} = \begin{pmatrix}1 & 0\\ sC_2 & 1\end{pmatrix}\begin{pmatrix}U_2\\ -I_2\end{pmatrix}$$

10-4　求图 10-24a、b 所示星形和三角形二端口网络的等效条件。

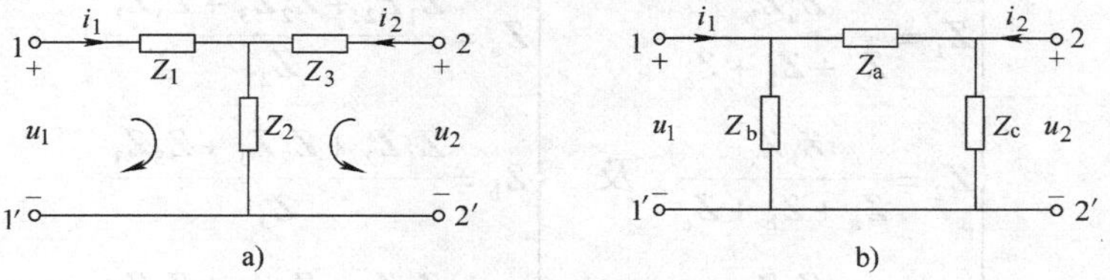

图 10-24　题 10-4 图

解：(1) 图 10-24a 中，用网孔电流法求解

$$\begin{cases}(Z_1 + Z_2)i_1 + Z_2 i_2 = u_1\\ Z_2 i_1 + (Z_2 + Z_3)i_2 = u_2\end{cases}$$

$$\begin{pmatrix}u_1\\ u_2\end{pmatrix} = \begin{pmatrix}Z_1 + Z_2 & Z_2\\ Z_2 & Z_2 + Z_3\end{pmatrix}\begin{pmatrix}i_1\\ i_2\end{pmatrix}$$

$$\boldsymbol{Z}_Y = \begin{pmatrix}Z_1 + Z_2 & Z_2\\ Z_2 & Z_2 + Z_3\end{pmatrix}$$

(2) 图 10-24b 中，用节点电压法求解

$$\begin{cases}\left(\dfrac{1}{Z_a} + \dfrac{1}{Z_b}\right)u_1 - \dfrac{1}{Z_a}u_2 = i_1 & ①\\ -\dfrac{1}{Z_a}u_1 + \left(\dfrac{1}{Z_a} + \dfrac{1}{Z_c}\right)u_2 = i_2 & ②\end{cases}$$

由式①得

$$u_2 = -Z_a i_1 + \left(1 + \frac{Z_a}{Z_b}\right)u_1 \qquad ③$$

由式②得

$$u_1 = -Z_a i_2 + \left(1 + \frac{Z_a}{Z_c}\right)u_2 \qquad ④$$

把式③代入④，整理得

$$u_1 = \frac{Z_b(Z_a + Z_c)}{Z_a + Z_b + Z_c}i_1 + \frac{Z_b Z_c}{Z_a + Z_b + Z_c}i_2$$

把式④代入式③，整理得

$$u_2 = \frac{Z_b Z_c}{Z_a + Z_b + Z_c}i_1 + \frac{(Z_b + Z_a)Z_c}{Z_a + Z_b + Z_c}i_2$$

所以

$$Z_\Delta=\begin{pmatrix}\dfrac{Z_b(Z_a+Z_c)}{Z_a+Z_b+Z_c} & \dfrac{Z_bZ_c}{Z_a+Z_b+Z_c}\\ \dfrac{Z_bZ_c}{Z_a+Z_b+Z_c} & \dfrac{(Z_b+Z_a)Z_c}{Z_a+Z_b+Z_c}\end{pmatrix}$$

星形和三角形等效，即 $Z_Y=Z_\Delta$，那么

$$\begin{cases}Z_1=\dfrac{Z_aZ_b}{Z_a+Z_b+Z_c}\\ Z_2=\dfrac{Z_bZ_c}{Z_a+Z_b+Z_c}\\ Z_3=\dfrac{Z_aZ_c}{Z_a+Z_b+Z_c}\end{cases} \text{及} \begin{cases}Z_a=\dfrac{Z_1Z_2+Z_2Z_3+Z_3Z_1}{Z_2}\\ Z_b=\dfrac{Z_1Z_2+Z_2Z_3+Z_3Z_1}{Z_3}\\ Z_c=\dfrac{Z_1Z_2+Z_2Z_3+Z_3Z_1}{Z_1}\end{cases}$$

10-5 利用网络连接关系，求出图 10-25 所示桥 T 形网络的一组参数矩阵。

解：利用网络并联，其电路如图 10-26 所示。

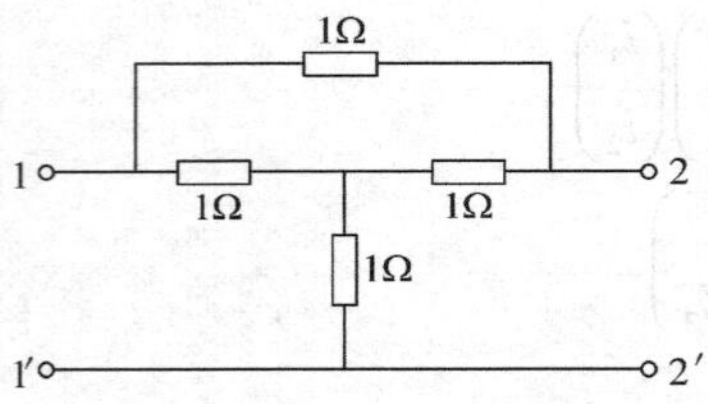

图 10-25 题 10-5 图

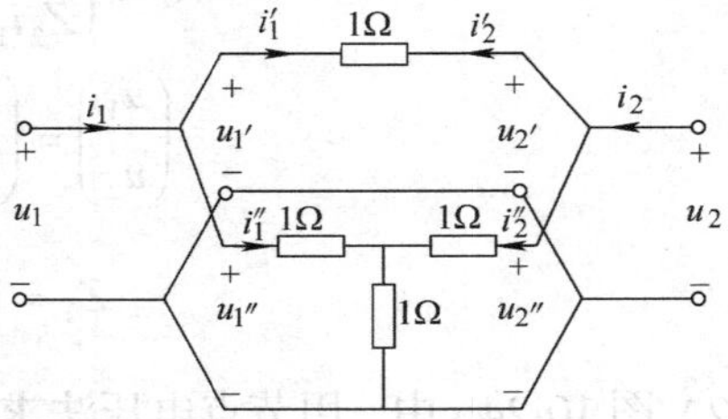

图 10-26 两端口并联

由网络 1 得

$$\begin{cases}i_1'=-i_2'\\ u_1'=-i_2'+u_2'\end{cases}\Rightarrow\begin{cases}i_1'=u_1'-u_2'\\ i_2'=-u_1'+u_2'\end{cases}$$

$$Y'=\begin{pmatrix}1 & -1\\ -1 & 1\end{pmatrix}$$

由网络 2 得

$$\begin{cases}u_1''=(1+1)i_1''+i_2''\\ u_2''=i_1''+(1+1)i_2''\end{cases}\Rightarrow\begin{cases}i_1=\dfrac{2}{3}u_1''-\dfrac{1}{3}u_2''\\ i_2''=-\dfrac{1}{3}u_1''+\dfrac{2}{3}u_2''\end{cases}$$

$$Y''=\begin{pmatrix}\dfrac{2}{3} & -\dfrac{1}{3}\\ -\dfrac{1}{3} & \dfrac{2}{3}\end{pmatrix}$$

网络的 Y 参数为

$$\boldsymbol{Y}=\boldsymbol{Y}'+\boldsymbol{Y}''=\begin{pmatrix}1 & -1\\ -1 & 1\end{pmatrix}+\begin{pmatrix}\frac{2}{3} & -\frac{1}{3}\\ -\frac{1}{3} & \frac{2}{3}\end{pmatrix}$$

$$=\begin{pmatrix}\frac{5}{3} & -\frac{4}{3}\\ -\frac{4}{3} & \frac{5}{3}\end{pmatrix}$$

10-6 分析图 10-27 所示网络输入端的输入阻抗与负载的关系，并计算当 $Z_L=3\Omega$ 时的输入阻抗及二端口网络的输入端、输出端的电压和电流。

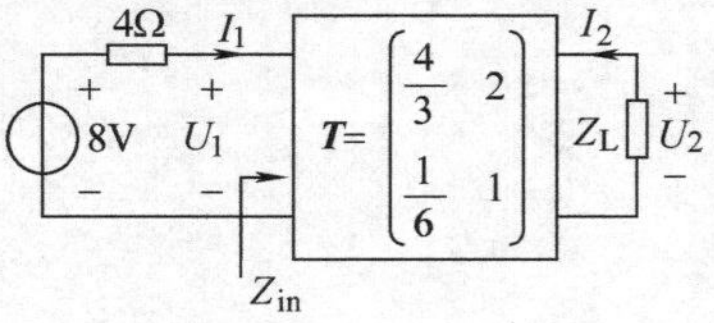

图 10-27 题 10-61 图

解：根据 T 参数方程，有

$$\begin{pmatrix}U_1\\ I_1\end{pmatrix}=\begin{pmatrix}\frac{4}{3} & 2\\ \frac{1}{6} & 1\end{pmatrix}\begin{pmatrix}U_2\\ -I_2\end{pmatrix}$$

即

$$\begin{cases}U_1=\frac{4}{3}U_2-2I_2 & ①\\ I_1=\frac{1}{6}U_2-I_2 & ②\end{cases}$$

因为

$$U_2=-Z_LI_2$$

所以

$$\begin{cases}U_1=\left(\frac{-4}{3}Z_L-2\right)I_2\\ I_1=\left(-\frac{1}{6}Z_L-1\right)I_2\end{cases}$$

$$Z_{in}=\frac{U_1}{I_1}=\frac{-\frac{4}{3}Z_L-2}{-\frac{1}{6}Z_L-1}=\frac{\frac{4}{3}Z_L+2}{\frac{1}{6}Z_L+1}=\frac{8Z_L+12}{Z_L+6}$$

当 $Z_L=3\Omega$ 时，有

$$Z_{in}=\frac{8\times3+12}{3+6}\Omega=4\Omega$$

从输入端可得

$$4I_1+4I_1=8$$

$$\begin{cases} I_1 = 1\text{A} \\ U_1 = Z_{\text{in}} I_1 = (4 \times 1)\text{V} = 4\text{V} \end{cases}$$

代入式①、式②得

$$\begin{cases} 4 = \dfrac{4}{3}U_2 - 2I_2 \\ 1 = \dfrac{1}{6}U_2 - I_2 \end{cases}$$

解得

$$\begin{cases} U_2 = 2\text{V} \\ I_2 = -\dfrac{2}{3}\text{A} \end{cases}$$

参 考 文 献

[1] 邱关源，罗先觉. 电路[M]. 5版. 北京：高等教育出版社，2006.
[2] 刘巽亮，倪国强译. 电路基础[M]. 北京：电子工业出版社，2003.
[3] 江缉光，刘秀成. 电路原理[M]. 2版. 北京：清华大学出版社，2007.
[4] 詹姆斯W尼尔森，苏珊A里德尔. 电路(英文)[M]. 7版. 北京：电子工业出版社，2006.
[5] 高赟，刘骏跃，黄向慧. 电路[M]. 西安：西安电子科技大学出版社，2007.
[6] 王松林，吴大正，李小平，等. 电路基础[M]. 西安：西安电子科技大学出版社，2008.
[7] 周守昌. 电路原理：上、下册[M]. 2版. 北京：高等教育出版社，2004.
[8] 陈希有. 电路原理基础[M]. 3版. 北京：高等教育出版社，2004.
[9] 狄苏尔CA，葛守仁. 电路基本理论[M]. 林争辉，译. 北京：高等教育出版社，1979.
[10] 李瀚荪. 电路分析基础[M]. 3版. 北京：高等教育出版社，1993.
[11] 俞大光. 电工基础：中册[M]. 2版. 北京：高等教育出版社，1965.
[12] 吴锡龙. 电路分析[M]. 北京：高等教育出版社，2004.
[13] 周长源. 电路理论基础[M]. 2版. 北京：高等教育出版社，1996.
[14] 吴大正. 电路基础[M]. 2版. 西安：西安电子科技大学出版社，2000.
[15] 姚仲兴，姚维. 电路分析原理[M]. 北京：机械工业出版社，2005.
[16] 王仲奕，蔡理. 电路习题解析[M]. 西安：西安交通大学出版社，2003.
[17] 薛同泽. 电路实验技术[M]. 北京：人民邮电出版社，2003.
[18] 甘祥根. 电路基础[M]. 北京：清华大学出版社，2006.
[19] 曾建唐. 电工电子基础实践教程：上册[M]. 北京：机械工业出版社，2007.
[20] 王冠华，王伊娜. Multisim8电路设计及应用[M]. 北京：国防工业出版社，2006.